国防科技图书出版基金

装备采购评估理论与实践

Theory and Practice of Weapon Equipment Acquisition Evaluation

李晓松　李增华　吕　彬　肖振华　著
蒋　娇　闫州杰　刘　同　周　静

国防工业出版社

·北京·

图书在版编目（CIP）数据

装备采购评估理论与实践/李晓松等著. —北京：国防工业出版社，2024.1
ISBN 978-7-118-13025-6

Ⅰ.①装… Ⅱ.①李… Ⅲ.①武器装备-采购管理-研究-中国 Ⅳ.①E243

中国国家版本馆 CIP 数据核字（2023）第 136917 号

※

国防工业出版社 出版发行
（北京市海淀区紫竹院南路 23 号 邮政编码 100048）
三河市腾飞印务有限公司印刷
新华书店经售

*

开本 710×1000 1/16 印张 23 字数 395 千字
2024 年 1 月第 1 版第 1 次印刷 印数 1—2000 册 定价 185.00 元

（本书如有印装错误，我社负责调换）

国防书店：（010）88540777　　书店传真：（010）88540776
发行业务：（010）88540717　　发行传真：（010）88540762

致 读 者

本书由中央军委装备发展部**国防科技图书出版基金**资助出版。

为了促进国防科技和武器装备发展，加强社会主义物质文明和精神文明建设，培养优秀科技人才，确保国防科技优秀图书的出版，原国防科工委于1988年初决定每年拨出专款，设立国防科技图书出版基金，成立评审委员会，扶持、审定出版国防科技优秀图书。这是一项具有深远意义的创举。

国防科技图书出版基金资助的对象是：

1. 在国防科学技术领域中，学术水平高，内容有创见，在学科上居领先地位的基础科学理论图书；在工程技术理论方面有突破的应用科学专著。

2. 学术思想新颖，内容具体、实用，对国防科技和武器装备发展具有较大推动作用的专著；密切结合国防现代化和武器装备现代化需要的高新技术内容的专著。

3. 有重要发展前景和有重大开拓使用价值，密切结合国防现代化和武器装备现代化需要的新工艺、新材料内容的专著。

4. 填补目前我国科技领域空白并具有军事应用前景的薄弱学科和边缘学科的科技图书。

国防科技图书出版基金评审委员会在中央军委装备发展部的领导下开展工作，负责掌握出版基金的使用方向，评审受理的图书选题，决定资助的图书选题和资助金额，以及决定中断或取消资助等。经评审给予资助的图书，由国防工业出版社出版发行。

国防科技和武器装备发展已经取得了举世瞩目的成就，国防科技图书承担着记载和弘扬这些成就，积累和传播科技知识的使命。开展好评审工作，使有限的基金发挥出巨大的效能，需要不断摸索、认真总结和及时改进，更需要国防科技和武器装备建设战线广大科技工作者、专家、教授，以及社会各界朋友的热情支持。

让我们携起手来，为祖国昌盛、科技腾飞、出版繁荣而共同奋斗！

国防科技图书出版基金
评审委员会

国防科技图书出版基金
2019 年度评审委员会组成人员

主 任 委 员　吴有生
副主任委员　郝　刚
秘 书 长　　郝　刚
副 秘 书 长　刘　华　袁荣亮
委　　　员　（按姓氏笔画排序）

于登云　王清贤　王群书　甘晓华　邢海鹰
刘　宏　孙秀冬　芮筱亭　杨　伟　杨德森
肖志力　何　友　初军田　张良培　陆　军
陈小前　房建成　赵万生　赵凤起　郭志强
唐志共　梅文华　康　锐　韩祖南　魏炳波

前　言

武器装备采购是武器装备建设的重要工作内容，也是武器装备现代化的根本保证之一，其基本任务是根据军事需求和经济能力，以合理的价格获取功能完备、性能先进、质量优良的装备，并协助部队在维修保障和联合运用中形成作战能力。当前，我军装备采购正处于深化改革关键期，在各业务领域不同程度地存在着台子搭起来角色不配套、角色跑起来衔接不顺畅、门户开起来竞争效率低、信息有交流壁垒依然在、政策有突破效果不突出等现实困境；全面建设已进入深水区和攻坚区，面临的现实需求愈发多元，矛盾问题愈发突出，形势任务愈发紧迫。如何运用科学的理论方法和先进的技术手段，对装备采购工作体系及其分系统运行情况进行总体和分项评估及深度分析，是当前和未来一个时期支撑装备采购领域管理改革创新、效率提升、绩效增值，保障联合作战体系作战效能增长、建设效益提升的重大理论和实践命题。

装备采购评估贯穿于装备采购的全阶段、全要素和全领域，是装备采购管理增效与创新发展的核心工作和关键所在。可以说，装备采购评估是客观展示装备采购效益水平的"晴雨表"，科学检验装备采购效果的"质检台"，精准发现装备采购价值洼地的"探测器"，有效引导装备采购创新发展的"风向标"，全程监督装备采购绩效的"纪检员"。

"实践发展永无止境，认识真理永无止境，理论创新永无止境。"本书针对装备采购评估范围大、领域广、层级多、类型杂，指标设计难、量化难、实施难，统计数据标准不一致、口径不统一、流程不规范等装备采购评估工作中的"痛点"和"要害"，综合运用系统工程、项目管理、国防经济、运筹学等理论,深入论述了装备采购评估的概念内涵和特点规律,全面介绍了装备采购评估基础理论,构建了基于综合集成的装备采购评估体系,建立了面向宏观、中观和微观多个层次的装备采购评估指标和标准,构建了"德尔菲法、熵值法、云推理、马尔可夫链、模糊综合、数据包络分析、人工神经网络、粗糙集、系统动力学"等19类装备采购评估模型,阐述了装备采购评估组织管理、计划管理和监督管理,设计了装备采购评估系统,提出了装备采购评估未来发展趋势和重点,形成了装备采购评估的体系化、系统化和科学化的新思路、新方法和新举措。本书核心是剖析现状、查找问题、科学谋划、引导发展、精准施策、支撑决策,为有效支撑装备采购评估与优化提供理论支撑,为主管机关科学评估我军装备采购发展态势、发现装备采购薄弱环节、科学实施管理决策提供理论和方法支撑。

本书由吕彬、李晓松策划,李晓松、李增华、吕彬、肖振华、蒋玉娇、闫州杰、刘同、周静等具体撰写,各章编写分工如下:第1章装备采购评估概述,由李晓松、吕彬和刘同撰写;第2章装备采购评估基础理论,由周静、闫州杰和李晓松撰写;第3章装备采购评估体系,由李晓松撰写;第4章装备采购评估指标和标准,由李增华、蒋玉娇、李晓松和吕彬撰写;第5章装备采购评估模型,由李晓松撰写;第6章装备采购评估管理,由李晓松和蒋玉娇撰写;第7章装备采购评估系统需求与设计,由李晓松和李增华撰写;第8章装备采购评估未来发展趋势,由李晓松、吕彬和肖振华撰写。

装备采购如浩瀚宇宙,迈出一步,依然渺小;装备采购如波涛汹涌的大海,后浪推前浪,一望无际;装备采购如连绵不断的山峦,翻过一峰,又见一峰。作者们始终坚持"问题牵引、理技融合、研用一体"的总体思路,聚焦装备采购实践的热点、难点和焦点问题,2012年以来,先后出版了《装备采购风险管理理论和方法》《线性规划问题的新算法》《系统工程理论与实践》《运筹学(第十版)》(译著)等著作,希望能够通过理论研究尽自己绵薄之力推动装备采购评估与实践工作。

由于保密原因,本书案例中的部分数据进行了一定的模糊处理,但这并不影响模型的可信度和结论的拟真性。闫州杰、刘同等参与了本书前期资料准备工作。在本书写作过程中,作者阅读了大量国内外相关学者的文献,从中吸收了许多重要研究成果。作者对这些学者在评估领域和装备采购等领域所做出的重要贡献表示崇高的敬意,并对引用他们的成果表示感谢。感谢国

第 2 章　装备采购评估基础理论 …… 27

2.1　装备采购理论 …… 27
2.1.1　装备采购阶段划分 …… 27
2.1.2　装备采购构成要素 …… 28
2.1.3　装备采购方式 …… 29
2.1.4　装备采购理论应用 …… 29

2.2　系统工程理论 …… 30
2.2.1　系统工程概念 …… 30
2.2.2　系统工程方法论 …… 31
2.2.3　系统工程理论应用 …… 34

2.3　项目管理理论 …… 35
2.3.1　项目管理概念 …… 35
2.3.2　项目管理知识体系 …… 35
2.3.3　项目管理理论应用 …… 36

2.4　国防经济理论 …… 37
2.4.1　国防经济概念 …… 37
2.4.2　国防经济学理论体系 …… 37
2.4.3　国防经济理论应用 …… 38

2.5　资源配置理论 …… 38
2.5.1　资源配置概念 …… 38
2.5.2　国防资源配置模式 …… 39
2.5.3　资源配置理论应用 …… 40

2.6　大数据理论 …… 40
2.6.1　大数据概念 …… 41
2.6.2　大数据技术 …… 41
2.6.3　大数据理论应用 …… 42

2.7　区块链理论 …… 42
2.7.1　区块链概念 …… 43
2.7.2　区块链特点 …… 44
2.7.3　区块链理论应用 …… 44

参考文献 …… 45

目 录

第1章 装备采购评估概述 ... 1

1.1 背景意义 ... 1
1.1.1 理论价值 ... 1
1.1.2 实践意义 ... 2
1.2 基本概念 ... 2
1.2.1 装备采购 ... 2
1.2.2 评估 ... 3
1.2.3 装备采购评估 ... 4
1.3 国外装备采购评估实践主要做法 ... 5
1.3.1 国防采办年度评估 ... 5
1.3.2 国防工业能力评估 ... 6
1.3.3 国防工业基础的健康状况和准备就绪情况 ... 10
1.4 国内装备采购评估研究现状 ... 14
1.4.1 总体情况 ... 14
1.4.2 研究现状 ... 16
1.4.3 存在主要问题 ... 19
1.5 研究内容 ... 21
参考文献 ... 23

防科技图书出版基金对本书出版给予的资助,感谢相关装备采购专家的关心、指导和帮助。

由于时间仓促和作者水平有限,书中部分论述和研究内容可能有失偏颇,不妥之处敬请批评指正。谨以此书,向装备采购理论研究和实践应用的改革推进者、理论先行者、坚定实践者、默默付出者和忠实拥护者们表示最崇高敬意!

第 3 章 装备采购评估体系 ... 46

3.1 装备采购评估现状 ... 46
3.1.1 评估目标分散性 ... 46
3.1.2 评估认知差异性 ... 46
3.1.3 评估指标复杂性 ... 47
3.1.4 评估数据零散性 ... 47
3.1.5 评估结果低量化性 ... 47

3.2 装备采购评估功能、作用、原则和类型 ... 48
3.2.1 评估功能 ... 48
3.2.2 评估作用 ... 49
3.2.3 评估原则 ... 50
3.2.4 评估类型 ... 50

3.3 装备采购评估体系构建 ... 51
3.3.1 评估目标的集成 ... 54
3.3.2 评估组织的集成 ... 54
3.3.3 评估过程的集成 ... 56
3.3.4 评估方法的集成 ... 58
3.3.5 评估数据的集成 ... 59
3.3.6 评估决策的集成 ... 60
3.3.7 评估资源的集成 ... 61

3.4 装备采购评估流程分析 ... 63
3.4.1 矩阵式流程图 ... 63
3.4.2 装备采购评估准备流程 ... 64
3.4.3 装备采购评估实施流程 ... 71
3.4.4 装备采购评估处理流程 ... 75

参考文献 ... 78

第 4 章 装备采购评估指标和标准 ... 79

4.1 评估指标概述 ... 79
4.1.1 基本概念 ... 79
4.1.2 常用评估指标构建方法 ... 80

4.1.3　评估指标构建原则 ……………………………… 82
　　4.1.4　评估指标体系和标准构建流程 …………………… 83
4.2　装备采购评估指标总体框架 …………………………………… 87
4.3　装备采购整体评估指标和标准 ………………………………… 88
　　4.3.1　装备采购浓缩评估指标和标准 ……………………… 88
　　4.3.2　装备采购全口径评估指标 …………………………… 90
4.4　装备采购要素评估指标和标准 ………………………………… 90
　　4.4.1　装备采购要素评估指标 ……………………………… 90
　　4.4.2　装备采购要素评估标准 ……………………………… 91
4.5　装备采购阶段评估指标和标准 ………………………………… 94
　　4.5.1　装备预研评估指标和标准 …………………………… 94
　　4.5.2　装备研制评估指标和标准 …………………………… 100
　　4.5.3　装备订购评估指标和标准 …………………………… 106
　　4.5.4　装备维修评估指标和标准 …………………………… 109
4.6　装备采购效益评估指标和标准 ………………………………… 113
　　4.6.1　装备采购效益评估指标 ……………………………… 113
　　4.6.2　装备采购效益评估标准 ……………………………… 114
4.7　装备采购其他评估指标和标准 ………………………………… 116
　　4.7.1　装备采购项目管理评估指标和标准 ………………… 116
　　4.7.2　装备采购承制单位评估指标和标准 ………………… 123
参考文献 ……………………………………………………………… 125

第5章　装备采购评估模型

5.1　评估模型总体思路 ……………………………………………… 127
　　5.1.1　模型描述 ……………………………………………… 127
　　5.1.2　模型建立 ……………………………………………… 128
　　5.1.3　模型计算 ……………………………………………… 128
5.2　装备采购评估模型分类 ………………………………………… 129
　　5.2.1　按照层次分类 ………………………………………… 129
　　5.2.2　按照形式分类 ………………………………………… 130
　　5.2.3　按照对象分类 ………………………………………… 130
　　5.2.4　按照类型分类 ………………………………………… 130

####### 5.2.5 按照内容分类 ………………………………………… 131
5.3 常用评估模型 ……………………………………………… 132
####### 5.3.1 德尔菲法评估模型 …………………………………… 132
####### 5.3.2 层次分析法评估模型 ………………………………… 134
####### 5.3.3 熵值法评估模型 ……………………………………… 138
####### 5.3.4 模糊隶属函数评估模型 ……………………………… 140
####### 5.3.5 云推理评估模型 ……………………………………… 144
####### 5.3.6 马尔可夫链评估模型 ………………………………… 150
####### 5.3.7 模糊综合评估模型 …………………………………… 152
####### 5.3.8 变权模糊综合评估模型 ……………………………… 155
####### 5.3.9 数据包络分析评估模型 ……………………………… 158
####### 5.3.10 人工神经网络评估模型 ……………………………… 166
####### 5.3.11 证据推理评估模型 …………………………………… 172
####### 5.3.12 未确知数评估模型 …………………………………… 177
####### 5.3.13 质量机能展开评估模型 ……………………………… 182
####### 5.3.14 模糊 Petri 网评估模型 ……………………………… 189
####### 5.3.15 模糊物元评估模型 …………………………………… 201
####### 5.3.16 聚类分析模型 ………………………………………… 205
####### 5.3.17 灰色评估模型 ………………………………………… 208
####### 5.3.18 粗糙集评估模型 ……………………………………… 212
####### 5.3.19 系统动力学评估模型 ………………………………… 221
参考文献 ………………………………………………………… 230

第 6 章 装备采购评估管理 ……………………………………… 234

6.1 基础理论 ………………………………………………………… 234
####### 6.1.1 项目组织结构理论 …………………………………… 234
####### 6.1.2 工作分解结构 ………………………………………… 236
####### 6.1.3 箭头图法 ……………………………………………… 237
####### 6.1.4 计划评审技术 ………………………………………… 237
####### 6.1.5 责任矩阵 ……………………………………………… 238
6.2 装备采购评估组织结构 ………………………………………… 239
####### 6.2.1 装备采购评估组织结构类型 ………………………… 239

  6.2.2 装备采购评估组织结构优选方法 ·················· 242
  6.2.3 装备采购评估组织结构分析 ······················ 244
6.3 装备采购评估计划管理 ································ 246
  6.3.1 装备采购评估计划管理步骤 ······················ 246
  6.3.2 装备采购评估活动定义 ·························· 247
  6.3.3 装备采购评估活动排序 ·························· 248
  6.3.4 装备采购评估资源估算 ·························· 248
  6.3.5 装备采购评估活动进度估计 ······················ 249
  6.3.6 装备采购评估计划编制 ·························· 250
6.4 装备采购评估监督管理 ································ 251
  6.4.1 评估准备阶段监督 ······························ 251
  6.4.2 评估实施阶段监督 ······························ 251
  6.4.3 评估处理阶段监督 ······························ 251
6.5 案例分析 ·· 253
  6.5.1 装备采购评估组织结构 ·························· 253
  6.5.2 装备采购评估活动定义与排序 ···················· 257
  6.5.3 装备采购评估进度估计 ·························· 261
6.6 装备采购评估责任矩阵 ································ 267
参考文献 ·· 268

第7章 装备采购评估系统需求与设计 ···················· 270

7.1 研制意义 ·· 270
  7.1.1 有助于精准掌握装备采购态势 ···················· 270
  7.1.2 有助于构建装备采购的权威档案 ·················· 271
  7.1.3 有助于支持装备采购规划的实施 ·················· 271
  7.1.4 有助于形成数据驱动的装备采购管理模式 ············ 271
7.2 装备采购评估系统需求分析 ···························· 271
  7.2.1 概念内涵 ······································ 271
  7.2.2 多视图需求树理论 ······························ 273
  7.2.3 需求分析框架 ·································· 275
  7.2.4 业务需求 ······································ 275
  7.2.5 功能需求 ······································ 275

7.2.6　用户需求 ………………………………………… 281
　　　7.2.7　数据需求 ………………………………………… 283
　　　7.2.8　技术需求 ………………………………………… 283
　7.3　装备采购评估系统总体设计 ……………………………… 285
　　　7.3.1　设计原则 ………………………………………… 286
　　　7.3.2　总体架构设计 …………………………………… 286
　　　7.3.3　应用系统设计 …………………………………… 288
　　　7.3.4　功能设计 ………………………………………… 289
　　　7.3.5　数据设计 ………………………………………… 315
　　　7.3.6　模型设计 ………………………………………… 326
　　　7.3.7　关键技术设计 …………………………………… 327

第8章　装备采购评估未来发展趋势 ……………………… 332

　8.1　装备采购评估更加注重目标导向性 ……………………… 332
　　　8.1.1　评估目标更加多元化 …………………………… 332
　　　8.1.2　评估目标更加聚焦化 …………………………… 333
　　　8.1.3　评估目标更加多功能化 ………………………… 333
　8.2　装备采购评估更加注重指标体系针对性 ………………… 334
　　　8.2.1　评估指标体系由统一向多维化转变 …………… 334
　　　8.2.2　评估指标体系由评工作向评效果转变 ………… 335
　　　8.2.3　评估指标体系由综合性指标向专项指标转变 … 335
　8.3　装备采购评估更加注重数据全维应用 …………………… 335
　　　8.3.1　以数据全面感知为牵引，破解评估"瞎子摸象"
　　　　　　难题 ………………………………………………… 336
　　　8.3.2　以数据融合汇聚为重点，破解评估"粗放低效"
　　　　　　难题 ………………………………………………… 336
　　　8.3.3　以数据智能分析为核心，破解评估"数据不敢
　　　　　　说话"难题 ………………………………………… 336
　　　8.3.4　以信息平台建设为基础，畅通评估数据"任督
　　　　　　二脉" ……………………………………………… 337
　8.4　装备采购评估更加注重实施高效科学性 ………………… 337
　　　8.4.1　评估主体更加多样化和差异化 ………………… 337

8.4.2 评估队伍更加专业化 ……………………………… 338
8.5 装备采购评估更加注重关键技术突破 ……………………… 338
　　8.5.1 评估目标深度挖掘技术 ……………………………… 338
　　8.5.2 评估指标自适应构建技术 …………………………… 338
　　8.5.3 评估标准系统化构建技术 …………………………… 339
　　8.5.4 基于大数据技术的评估数据统计分析方法 ………… 339
　　8.5.5 评估模型差异化构建技术 …………………………… 339
　　8.5.6 评估系统自主可控设计技术 ………………………… 339
　　8.5.7 评估区块链和智能合约技术 ………………………… 339

Contents

Chapter 1 Overview of Equipment Acquisition Evaluation 1

    1.1 Background and Significance 1
        1.1.1 Theoretical Value 1
        1.1.2 Practical Significance 2
    1.2 Basic Concepts 2
        1.2.1 Equipment Acquisition 2
        1.2.2 Evaluation 3
        1.2.3 Equipment Acquisition Evaluation 4
    1.3 Main Practices of Equipment Acquisition Evaluation in Foreign Countries 5
        1.3.1 Annual Evaluation of National Defense Acquisition 5
        1.3.2 Defense Industrial Capability Assessment 6
        1.3.3 Health and Readiness of Defense Industrial Base 10
    1.4 Research Status of Equipment Acquisition Evaluation in China 14
        1.4.1 Overall Situation 14
        1.4.2 Current Status of Equipment Acquisition Evaluation 16
        1.4.3 Major Problems 19
    1.5 Research Content 21
    References 23

Chapter 2　Basic Theory of Equipment Acquisition Evaluation　27

2.1　Equipment Acquisition Theory　27
2.1.1　Division of Equipment Acquisition Stages　27
2.1.2　Components of Equipment Acquisition　28
2.1.3　Mode of Equipment Acquisition　29
2.1.4　Application of Equipment Acquisition Theory　29

2.2　System Engineering Theory　30
2.2.1　Concept of System Engineering　30
2.2.2　Methodology of System Engineering　31
2.2.3　Application of System Engineering Theory　34

2.3　Project Management Theory　35
2.3.1　Concept of Project Management　35
2.3.2　Knowledge System of Project Management　35
2.3.3　Application of Project Management Theory　36

2.4　National Defense Economic Theory　37
2.4.1　Concept of Defense Economy　37
2.4.2　Theory System of National Defense Economic　37
2.4.3　Application of National Defense Economic Theory　38

2.5　Resource Allocation Theory　38
2.5.1　Concept of Resource Allocation　38
2.5.2　Mode of Defense Resource Allocation　39
2.5.3　Application of Resource Allocation Theory　40

2.6　Big Data Theory　40
2.6.1　Concept of Big Data　41
2.6.2　Technology of Big Data　41
2.6.3　Application of Big Data Theory　42

2.7　Blockchain Theory　42
2.7.1　Concept of Blockchain　43
2.7.2　Features of Blockchain　44
2.7.3　Application of Blockchain Theory　44

References　45

Chapter 3 Equipment Acquisition Evaluation System 46

3.1 Current Status of Equipment Acquisition Evaluation 46
  3.1.1 Dispersed Evaluation Objectives 46
  3.1.2 Different Evaluation Cognitive 46
  3.1.3 Complex Evaluation Index 47
  3.1.4 Scattered Evaluation Data 47
  3.1.5 Low Quantized Evaluation Results 47
3.2 Equipment Acquisition Evaluation Functions, Roles, Principles and Types 48
  3.2.1 Functions of Evaluation 48
  3.2.2 Roles of Evaluation 49
  3.2.3 Principles of Evaluation 50
  3.2.4 Types of Evaluation 50
3.3 Construction of Equipment Acquisition Evaluation System 51
  3.3.1 Integration of Evaluation Objectives 54
  3.3.2 Integration of Evaluation Organization 54
  3.3.3 Integration of Evaluation Process 56
  3.3.4 Integration of Evaluation Methods 58
  3.3.5 Integration of Evaluation Data 59
  3.3.6 Integration of Evaluation Decisions 60
  3.3.7 Integration of Evaluation Resources 61
3.4 Analysis of Equipment Acquisition Evaluation Flow 63
  3.4.1 Matrix Flow Chart 63
  3.4.2 Preparation Flow of Equipment Acquisition Evaluation 64
  3.4.3 Implementation Flow of Equipment Acquisition Evaluation 71
  3.4.4 Processing Flow of Equipment Acquisition Evaluation 75
References 78

Chapter 4 Equipment Acquisition Evaluation Index and Criteria 79

4.1 Overview of Evaluation Index 79

      4.1.1 Basic Concepts ································· 79
      4.1.2 Commonly Used Evaluation Index Construction
           Methods ································· 80
      4.1.3 Principles of Evaluation Index Construction ············· 82
      4.1.4 Flow of Evaluation Index System and Criteria
           Construction ······························· 83
  4.2 Overall Framework of Equipment Acquisition Evaluation Index ······· 87
  4.3 Overall Index and Criteria of Equipment Acquisition
     Evaluation ··································· 88
      4.3.1 Enriched Index and Criteria of Equipment
           Acquisition Evaluation ························· 88
      4.3.2 Full-Caliber Index of Equipment Acquisition
           Evaluation ································ 90
  4.4 Index and Criteria of Equipment Acquisition Element
     Evaluation ··································· 90
      4.4.1 Index of Equipment Acquisition Element Evaluation ········ 90
      4.4.2 Criteria of Equipment Acquisition Element Evaluation ······ 91
  4.5 Index and Criteria of Equipment Acquisition Evaluation in
     Different Stages ······························· 94
      4.5.1 Index and Criteria of Evaluation in Pre-Research Stage ······ 94
      4.5.2 Index and Criteria of Evaluation in Researchment Stage ····· 100
      4.5.3 Index and Criteria of Evaluation in Acquisitcon Stage ······ 106
      4.5.4 Index and Criteria of Evaluation in Maintenance Stage ····· 109
  4.6 Index and Criteria of Equipment Acquisition Benefit
     Evaluation ··································· 113
      4.6.1 Index of Benefit Evaluation ······················ 113
      4.6.2 Criteria of Benefit Evaluation ···················· 114
  4.7 Other Index and Criteria of Equipment Acquisition Benefit
     Evaluation ··································· 116
      4.7.1 Index and Criteria of Project Management Evaluation ······ 116
      4.7.2 Index and Criteria of Contractors Evaluation ··········· 123
References ······································ 125

Chapter 5　Equipment Acquisition Evaluation Model　127

5.1　The Overall Idea of Evaluation Model　127
    5.1.1　Model Description　127
    5.1.2　Model Establishment　128
    5.1.3　Model Calculation　128
5.2　Classification of Equipment Acquisition Evaluation Model　129
    5.2.1　Classification by Hierarchy　129
    5.2.2　Classification by Form　130
    5.2.3　Classification by Object　130
    5.2.4　Classification by Type　130
    5.2.5　Classification by Content　131
5.3　Commonly Used Evaluation Model　132
    5.3.1　Delphi Evaluation Model　132
    5.3.2　AHP Evaluation Model　134
    5.3.3　Entropy Evaluation Model　138
    5.3.4　Fuzzy Membership Function Evaluation Model　140
    5.3.5　Cloud Reasoning Evaluation Model　144
    5.3.6　Markov Chain Evaluation Model　150
    5.3.7　Fuzzy Comprehensive Evaluation Model　152
    5.3.8　Variable Weight Fuzzy Comprehensive Evaluation Model　155
    5.3.9　Data Envelopment Analysis Evaluation Model　158
    5.3.10　Artificial Neural Network Evaluation Model　166
    5.3.11　Evidence Reasoning Evaluation Model　172
    5.3.12　Unascertained Number Evaluation Model　177
    5.3.13　Quality Function Deployment Evaluation Model　182
    5.3.14　Fuzzy Petri Net Evaluation Model　189
    5.3.15　Fuzzy Matter-Element Evaluation Model　201
    5.3.16　Cluster Analysis Model　205
    5.3.17　Grey Evaluation Model　208
    5.3.18　Rough Set Evaluation Model　212
    5.3.19　System Dynamics Evaluation Model　221

References ……………………………………………………… 230

Chapter 6 Equipment Acquisition Evaluation Management ………… 234

6.1 Basic Theory ……………………………………………… 234
    6.1.1 Project Organization Structure Theory …………… 234
    6.1.2 Work Breakdown Structure ………………………… 236
    6.1.3 Arrow Graph Method ……………………………… 237
    6.1.4 Plan Review Techniques …………………………… 237
    6.1.5 Responsibility Matrix ……………………………… 238
6.2 Organization Structure of Equipment Acquisition Evaluation ……… 239
    6.2.1 Types of Equipment Acquisition Evaluation Organization Structure ……………………………… 239
    6.2.2 Optimization Method of Equipment Acquisition Evaluation Organization Structure ……………………………… 242
    6.2.3 Analysis of Equipment Acquisition Evaluation Organization Structure ……………………………… 244
6.3 Equipment Acquisition Evaluation Plan Management ……………… 246
    6.3.1 Management Steps of Equipment Acquisition Evaluation Plan ……………………………………… 246
    6.3.2 Definition of Equipment Acquisition Evaluation Activities ……………………………………………… 247
    6.3.3 Sequence of Equipment Acquisition Evaluation Activities ……………………………………………… 248
    6.3.4 Estimation of Equipment Acquisition Assessment Resource ……………………………………………… 248
    6.3.5 Estimation of Equipment Acquisition Evaluation Activities Progress ……………………………………… 249
    6.3.6 Formulation of Equipment Acquisition Evaluation Plan … 250
6.4 Equipment Acquisition Evaluation Supervision Management ……… 251
    6.4.1 Supervision Management in Preparation Stage ……… 251
    6.4.2 Supervision Management in Implementation Stage …… 251

6.4.3 Supervision Management in Processing Stage 251
6.5 Case Analysis 253
 6.5.1 Organization Structure of Equipment Acquisition Evaluation 253
 6.5.2 Definition and Sequence of Equipment Acquisition Evaluation Activities 257
 6.5.3 Process Estimation of Equipment Acquisition Evaluation 261
6.6 Responsibility Matrix of Equipment Acquisition Evaluation 267
References 268

Chapter 7 Requirements and Design of Equipment Acquisition Evaluation Software System 270

7.1 Significance of Software System Development 270
 7.1.1 Contributing to Accurately Grasp the Situation of Equipment Acquisition 270
 7.1.2 Contributing to Establish Authoritative Archive of Equipment Acquisition 271
 7.1.3 Contributing to Support the Implementation of Equipment Acquisition Plan 271
 7.1.4 Contributing to Form Data-Driven Equipment Acquisition Management Mode 271
7.2 Requirement Analysi of Equipment Acquisition Evaluation Software System 271
 7.2.1 Concept and Connotation 271
 7.2.2 Multi-View Demand Tree Theory 273
 7.2.3 Requirement Analysis Framework 275
 7.2.4 Business Requirements 275
 7.2.5 Functional Requirements 275
 7.2.6 User Requirements 281
 7.2.7 Data Requirements 283
 7.2.8 Technical Requirements 283
7.3 Overall Design of Equipment Acquisition Evaluation Software System 285

7.3.1 Design Principles 286
7.3.2 Overall Architecture Design 286
7.3.3 Application System Design 288
7.3.4 Function Design 289
7.3.5 Data Design 315
7.3.6 Model Design 326
7.3.7 Key Technology Design 327

Chapter 8 Future Development Trend of Equipment Acquisition Evaluation 332

8.1 Goal Orientation Will Be Paid More Attention 332
    8.1.1 Evaluation Goal being More Diverse 332
    8.1.2 Evaluation Goal being be More Focused 333
    8.1.3 Evaluation Goal being be More Multi-Functional 333
8.2 Pertinence of Index System Will Be Paid More Attention 334
    8.2.1 Evaluation Index System Being More Multidimensional Than Unified 334
    8.2.2 Evaluation Index System More Foucsing on Effect Than on Work 335
    8.2.3 Evaluation Index System Being More Special Than Comprehensive 335
8.3 Full-Dimensional Application of Data Will Be Paid More Attention 335
    8.3.1 Taking Data Comprehensive Perception as Traction 336
    8.3.2 Taking Data Fusion and Convergence as Keypoint 336
    8.3.3 Taking Data Intelligent Analysis as Core in Evaluation 336
    8.3.4 Taking Information Platform Construction as Base in Evaluation 337
8.4 High Efficiency and Scientificity Will Be Paid More Attention 337
    8.4.1 Evaluation Subjects Being More Diverse and Differentiated 337
    8.4.2 Evaluation Team Being More Professional 338
8.5 Key Technological Breakthroughs Will Be Paid More Attention 338

8.5.1 Depth Mining Technology for Evaluation Target 338
8.5.2 Adaptive Construction Technology for Evaluation Index ... 338
8.5.3 Systematic Construction Technology for
      Evaluation Criteria 339
8.5.4 Evaluation Data Statistical Analysis Methods Based on
      Big Data Technology 339
8.5.5 Differentiation Construction Technology for
      Evaluation Model 339
8.5.6 Independent and Controllable Design Technology for
      Evaluation System 339
8.5.7 Blockchain and Smart Contract Technology for
      Evaluation 339

第 1 章 装备采购评估概述

当前,我国装备采购正处于深化改革的关键时期,存在着管理体制不健全、运行机制不顺畅、市场开放程度低、信息交流难度大、技术壁垒很突出、政策不公平等现实困境,全面发展已进入深水区和攻坚区,面临的现实需求愈发多元,矛盾问题愈发突出,形势愈发紧迫。如何运用科学方法和先进技术,对装备采购状况进行评估,是当前和未来一个时期装备采购深度发展的重大理论和实践命题。

1.1 背景意义

1.1.1 理论价值

马克思指出:"一种科学只有成功地运用数学时,才算达到了真正完善的地步。"美国管理学家、统计学家爱德华·戴明指出:"除了上帝,任何人都必须用数据说话。"由此可见,任何理论研究只有成功地运用了科学工具,建立在大量数据统计和分析的基础上,才能真正走向成熟。装备采购评估研究是当前装备采购理论研究的重点和难点问题之一,也是各级首长机关非常关注的热点问题。本书将围绕装备采购评估体系、评估指标、评估方法、评估系统等内容,综合运用系统科学、运筹学、经济学、管理学、统计学等多学科定量分析理论和方法,深入研究和解决装备采购评估关键科学问题,创新该领域的研究方法和技术,不断拓展装备采购评估研究的广度和深度,进一步丰富和完善我国装备采购评估理论体系。

1.1.2 实践意义

1. 准确研判装备采购态势，为装备采购战略决策奠定基础

准确研判装备采购态势，是开展装备采购战略决策的前提和基础。本书通过综合权衡装备采购"全要素、多阶段、高效益"发展情况，研判装备采购整体情况和趋势，从多个维度、多个层次和多个视角透析装备采购现状、问题和矛盾，深度揭示装备采购特点规律，为科学实施和评估装备采购战略提供有效的技术支撑。

2. 量化分析装备采购构成要素，为装备采购要素建设提供支撑

装备采购是艰巨而复杂的系统工程，影响其发展的要素包括管理体制、运行机制、政策法规、资本、信息、人才等。系统分析装备采购关键要素，深度剖析不同要素之间的关联关系和作用机理，客观评估和动态仿真装备采购"全要素"建设情况，对于科学规划装备采购重点，明确发展主要要素和关键环节具有重要的实践应用价值。

3. 量化分析各领域装备采购情况，为装备采购阶段建设提供支撑

装备采购涉及阶段多、内容复杂，且每个阶段的特殊性较大，因此需要针对装备预研、装备研制、装备订购和装备维修等不同阶段，围绕阶段特点开展评估工作，准确把握不同阶段的装备采购现状、趋势，以及存在的问题，为分类制订各阶段装备采购战略规划和政策法规提供重要的方法手段。

4. 量化分析装备采购建设效益，为装备采购效益建设提供支撑

装备采购核心是最大限度地实现资源优化配置和高效利用，全面提升武器装备建设水平和能力，并有效提升国家整体经济社会运行效率和效益，实现"一份投入，多份产出"多赢格局。从军事效益、经济效益、社会效益、政治效益等多个维度对装备采购效益进行评估，能够真实掌握装备采购质量和效果，准确识别装备采购的程度和取得的成效，以及未来的上升空间，为充分发挥装备采购效益提供方法手段。

1.2 基本概念

1.2.1 装备采购

国内关于装备采购的定义有"狭义、中义、广义"3种不同的观点。现将这3种观点的相关文献总结如下[1-3]。

狭义的装备采购就是指工业部门作为供给方（亦称卖方），军方作为需求方（买方）在军贸市场上进行军品交易的行为。

中义的装备采购就是指完成从提出采购需求到交付部队的一系列有组织的活动，主要包括提出采购需求，制订采购计划，选择采购方式，确定承研承制单位，签订采购合同，进行价格管理，实施质量监督，检验验收，交接发运，协助部队形成作战能力等方面内容。

广义的装备采购不仅包括装备研制、订货和保障工作，而且还包括这些工作之前和之后与装备发展密切相关的一些活动，它涵盖装备的全寿命过程。这个过程始于立项论证工作，中间经过研制、试验、生产、部署和保障活动，最后直到装备退役处置。广义的装备采购概念和内涵，与美国等西方国家的"国防采办"（defense acquisition）即装备采办概念是相通的。

结合我国装备采购工作实际，本书装备采购采用"中义的装备采购"的概念，具体是指获取遂行作战任务所需的装备及相关服务的活动，主要包括从装备立项论证、方案论证、工程研制、试验鉴定、购置部署直至交付部队以后的技术服务等环节的活动。这里所说的技术服务，主要是指装备交付部队以后，承包商为装备使用部门提供的技术培训、技术咨询、备品备件的供应、现场维修以及返厂维修等活动，不涉及装备交付部队以后日常的使用管理、日常维护和维修活动本身。

1.2.2 评估

评估是指依照一定的标准对客观事物进行分析，并做出价值判断的过程，即评价与估量。《辞海》对"评价"的定义为："①评定货物价格；②评论价值高低。"《辞海》对"评判"的定义为："评定判断。"《现代汉语词典》对"评比"的定义为："通过比较，评定高低。"

评估是科学分析对象的活动，也可以理解为评估主体选择合适的对象，依据科学的标准，采取规定的模型，对评估对象信息进行全面客观采集，最终得出评估对象高低、好坏、优劣等结论的过程。

评价、评判、评比、评估既相互联系又相互区别。①从评价、评估、评比结论准确程度看：评估往往是一种模糊的估量，其结论带有概略、预测性；评价是对现存人或已经发生的事的价值进行测量；评比是在评估和评价的基础上，对若干个评比对象进行排序；评判主要对已经发生或正在发生的事情进行主观判断。②从评价、评判、评估、评比对象的范围看：评估、评判和评价既可以是对单个对象，也可以是对多个对象进行；评比必须在两个以上对象中进行。

需要说明的是，评价和评估具有相同的内涵，评价是指"评定价值高低"，而评估也有此概念。只是评估相对于评价多了"估算"的解释。两者区别仅体现在不同场景和习惯用法，以及使用场合与范围。特别是在装备采购评估领域经常被当作同一概念、在同一意义上加以使用。综上，本书对评估与评价不作严格词义上的区分[1-3]。

1.2.3 装备采购评估

装备采购评估，是指依据装备采购价值、理念和原则，以实现装备采购目标为核心，以具体指标和标准为尺度，运用科学的方法和手段，对装备采购情况进行科学、客观和系统的价值判断[1-3]。装备采购评估包含以下4个方面的内涵：

1. 评估必须依据装备采购目标和原则

装备采购评估是以装备采购"是否达到了预先设定的目标""是否实现了基础目标""是否快速实现了目标""是否低成本高质量完成了目标"等为评判依据；同时，要以"是否科学""是否全面""是否客观""是否合理""是否符合基本要求"等原则为评判依据。只有依据装备采购目标和原则，评估工作才具有客观性和规范性，评估结果才具有较高的可信度。

2. 评估内容应当是多角度、全方位

装备采购评估要对装备采购体制机制、发展态势、发展趋势等关键环节和核心问题进行评估。既要考虑单一问题的评估，又要考虑系统的评估；既要考虑静态的评估，又要考虑动态的评估；既要宏观评估，又要微观评估；既要通过评估发现问题，又要通过采取有效措施解决问题。

3. 评估结论包括价值判断和量化分析

装备采购评估结论，既要有定性的价值判断又要有定量的模型分析。价值判断，主要是给出定性描述，如装备采购体制机制的适应性和可行性，装备采购最优机制和对策建议，装备采购优势体现在哪些方面，以及哪些方面还可以进行优化，发展重要因素在哪些方面、激发发展动因的方式方法等；量化分析，主要是给出量化评估结论，比如装备采购具体分值、发展预期、发展差距值等。

4. 评估贯穿装备采购全过程

装备采购评估是一个动态变化、循序渐进、不断完善的过程,要根据装备采购决策和管理需要进行不断的全过程动态评估,才能及时修正装备采购目标和方式,解决发展过程中出现的矛盾和问题,实现资源的优化配置,追求装备采购的最佳效果和目标的快速实现。

1.3 国外装备采购评估实践主要做法

近年来,美国关于武器装备采购评估报告,主要包括美国政府问责局的"国防采办年度评估"、美国国防部的"国防工业能力评估"、美国国防工业协会的"国防工业基础的健康状况和准备就绪情况"等。其中,"国防采办年度评估"重点评估国防采办重大项目的绩效,"国防工业能力评估"重点评估国防工业基础情况,"国防工业基础的健康状况和准备就绪情况"重点评估国防工业基础健康状态。

1.3.1 国防采办年度评估

美国政府问责局(GAO)每年定期发布"国防采办年度评估报告",主要目的是评估国防部重大武器系统采办进展情况,重点查找装备采办的"拖进度、涨成本、降性能"等问题及其原因,并为相关部门提供改革建议。

2020年《国防采办年度评估报告》[4]指出,美国重大国防采办项目成本增长和进度推迟情况已基本稳定,如图1-1所示。2018年至2019年,国防部85个重大国防采办项目的采办成本合计增加了640亿美元(增长4%),主要原因是武器采购数量的增加。重大国防采办项目的能力交付进度也有所延长,平均延长1个月以上(即延长1%)。此外,重大武器装备交付初始能力所需的时间也增加了30%,导致平均延迟时间已超过2年。

2020年《国防采办年度评估报告》特别指出,国防采办项目相比以往越来越以软件为导向。从现在来看,及时开发并交付软件能力对于项目的成功通常至关重要。但是,由于国防部经常偏离商业行业所依赖的可靠实践,因此,软件开发仍旧是许多项目的绊脚石。与此同时,国防部的武器和业务信息系统正面临着全球网络安全威胁,但是国防部在识别和消除漏洞方面的进展却十分有限,在这种环境下,软件开发方面的挑战依然存在。

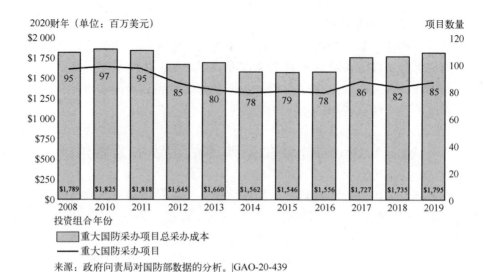

图 1-1 2008 至 2019 年重大国防采办项目的历史数量与成本（美国）

1.3.2 国防工业能力评估

美国通过必要的行政干预和政策引导，定期开展国防工业能力评估，加快国防工业改革步伐，追求与未来作战相匹配的国防工业能力。美国国防部每年都要向国会提交"行业到行业，层到层（S2T2）"的《国防工业年度能力评估报告》，对各层次的承包商和各行业的工业基础能力进行全面评估，分析国防工业存在的主要问题以及制约因素，并提出改进措施。下面以《2020财年工业能力年度评估报告》[5]为例（图 1-2），分析美国国防工业能力评估主要结论和举措。《2020 财年工业能力年度评估报告》指出，美国国防工业基础有效支持了美国及其盟国的军事准备，对于维持国防科技，特别是新兴技术领域的长期优势地位，起到了至关重要作用。该报告还提出了支撑实现 21 世纪国防工业战略目标的主要举措：一是从微电子领域开始，将国防工业基础和供应链重新部署到美国和盟国，并恢复造船工业基础；二是建立现代化制造工程人才队伍以及研发力量；三是继续推进适应时代发展的国防采办程序现代化改革；四是寻找有效途径，促进私营部门的创新能力与公共部门的需求与资源紧密融合。

1. 主要结论

1）国防工业盈利能力持续增长，非国防业务不断拓展

过去一段时间，美国国防工业领域市值占道琼斯指数总市值的比例维持

图1-2 2020财年工业能力年度评估报告（美国）

在2.0%~2.5%之间，升值速度媲美科技领域，整体经济表现优于普通股市，投资者对国防工业的整体健康状况、盈利能力和发展前景持乐观态度。美国洛克希德·马丁、波音、诺斯罗普·格鲁曼、雷声、通用动力和BAE系统等国防采办6大主供应商财务状况良好，市场份额持续扩大，2014年至2019年，收入年均复合增长率为5.6%。同时，为了保持收入增长并降低国防开支周期性影响，6大主供应商持续拓展非国防业务，约占总业务收入的40%。2019年由于受到大型企业兼并重组、波音737-MAX停飞等影响，非国防业务收入份额略有下降（约占30%）。

2) 国防部投资更加集中，但国防工业主体自身研发投入不高

美国国防部仍然是国防工业基础新技术、新系统、新能力开发的主要投资者，且资金投入主要集中在少数供应商。其中，6大国防采办主供应商和排名前25的供应商分别获取了约30%和50%的投资额度。2018年以来，国防部资金投入主要集中在科研、建筑与工程、飞机制造、造船与维修，以及炼油厂等国防工业领域。但是，美国国防采办6大主供应商自主投入的研发资金仅占总收入的2.5%，远低于FAANG公司（脸书、亚马逊、苹果、奈飞和谷

歌）等科技行业巨头 10%的水平。

3）国防工业基础保持领先，但地位受到挑战

美国是世界上最大的武器装备研制生产国和出口国，国际市场占比从 2009 年的 28.3%增加到 2019 年的 39.5%。《2020 财年工业能力年度评估报告》指出，2007 年以来中国对美国高科技等特定关键行业的投资日益增多，表明中国通过投资获取知识产权，并将美国先进技术转移到中国，对美国国防工业优势造成严重威胁。为此，美国出台了《2018 年外国投资风险审查现代化法》《2018 年出口管制改革法》等法规政策，加紧了对外国资本投入的审查力度，导致中国对美国高新技术企业并购活动呈显著下降趋势（2016 年约 40 家，2018 年少于 20 家）。

4）加大国际合作，建立国防工业基础国际联盟

美国将英国、澳大利亚和加拿大等纳入了"国家技术与工业基础"计划，并签署原则声明，承诺定期会晤以分析和消除工业基础合作壁垒，加大关键生产要素信息共享，力求进一步整合国防工业基础，构建全球化盟友和合作伙伴体系。此外，美国与澳大利亚、加拿大、芬兰、意大利、西班牙等 9 个国家建立了供应安排安全协议，优先支持上述国家的企业承担美国国防采办项目，并规定优先交付与美国公司签订的合同。

2. 风险分析

《2020 财年工业能力年度评估报告》重点分析了航空、地面系统、弹药与导弹、核弹头、雷达与电子战、舰船、士兵系统、航天等 9 个领域，以及材料、制造业网络安全、电子、机床、军内国防工业基础、软件工程、劳动力等 7 个交叉领域面临的风险。上述行业领域的共性风险主要为单一来源、国外依赖、人才断档和新冠疫情影响等。

1）单一来源供应商风险加剧

美国航空、舰船等领域采办需求持续下降，给供应商带来了较大财务压力，迫使主要供应商进行整合，却将最终导致单一来源供应商风险。飞机、地面系统、弹药等领域的采办量主要取决于战时需求，需求不稳定不仅给供应商带来了重大的管理和生存风险，而且迫使供应商进行并购和行业整合，行业竞争大幅降低。此外，国防部独特的军事需求和设计要求，使得国防工业领域普遍存在技术含量高、市场规模小等问题，也加剧了单一来源供应商风险。

2）国外依赖风险激增

年度评估报告指出在过去 50 年里，美国推行本土去工业化政策，制造业在 GDP 中的比重持续下降，由 20 世纪 60 年代的 40%降到目前的 12%以下，

对国防工业基础带来了严重危害。过去 20 年里,美国国防工业供应链从本土日益向全球扩大,许多技术密集型跨国公司在印度和中国等国家建立了研发机构,以获得廉价的高技能劳动力,本土制造业和基础产业逐渐萎缩,导致多种关键产品严重依赖国外供应商,包括"非友好"国家。如武器装备使用的关键稀土元素、军工电池等,严重依赖中国市场,若中美冲突升级,将导致供货中断。同时,主要竞争对手在美国国防部不知晓的情况下,大力并购关键的底层供应商,使美国国防工业供应链面临的风险和复杂性日益提升。

3) 人才断档风险升高

近年来,美国国防工业普遍存在劳动力短缺和大龄化等风险。一方面,随着"婴儿潮"一代人的老去,劳动力进入退休年龄,导致关键人才青黄不接。如导弹和弹药工业基础中,55 岁以上的员工占比逐年升高;航空航天领域大量劳动力退休,知识传承受限,导致关键软硬件设计人员短缺。另一方面,"科学、技术、工程与数学"领域后备人才不足,削弱了行业竞争潜力。而中国人口是美国的 4 倍,但"科学、技术、工程与数学"领域毕业生人数却是美国的 8 倍。如雷达与电子战领域,由于理工和软件工程专业学生比例较小,且商业市场软件开发需求增加,导致该领域可用软件开发人员减少。

4) 新冠疫情影响较大

为了有效预防和应对新冠疫情,2020 年 3 月美国国会通过了《冠状病毒援助、救济和经济安全法案》,向国防部拨付了 6.76 亿美元,用于缓解国防工业基础风险。尽管如此,众多供应商仍不同程度出现间接成本增加、大幅裁员、财务困难、民用市场萎缩等方面问题,加剧了国防工业基础不确定性。如波音等供应商宣布了裁员计划,大量航空工业供应商停工停产并面临财务问题,且航空客运量受新冠疫情影响严重,导致 2020 年航空行业股价低于美国股票市场平均水平。

3. 主要举措

随着大国竞争加剧以及供应链的全球化,国防工业基础管理变得日益复杂,为应对未来不确定性以及竞争对手带来的系列风险,美国国防部采取了完善组织体系、加大本土供应商投资、突出新兴领域安全、创新人才培养策略等方式,持续降低国防工业基础风险。

1) 完善组织体系,加强国防工业基础风险防控

美国国防部高度重视供应链安全管理,提出并实施"识别—分析—降低—监测"四步循环管理原则。2019 年组建工业基础委员会,重点分析工业基础趋势,评估工业基础风险,并按照国防部战略优先事项安排调整工业基础项

目，制订政策填补工业基础漏洞。特别是针对国防工业可能面临的单一来源供应商、脆弱供应链、产品安全、依赖国外、产能受限等10余种风险，专门成立了"减少制造来源与材料短缺工作组""航天工业基础工作组""工业基础联合工作组"等专业化组织，促进国防部与工业组织之间共享信息、识别供应链风险和确定风险优先级，加快实施风险降低策略和措施。

2）加大本土供应商投资，摆脱对外依赖风险

美国国防部加大对供应商的引导和投资，优先支持供应商在本土建立生产基地，解决供应链的脆弱性和依赖性问题。如美国国防部通过实施"核武器延寿计划"，发展本土核弹供应链，摆脱材料、零部件等国外依赖风险；通过"工业基础分析与维持计划"，投资新一代固体火箭发动机、石墨烯、定向能和无人机等项目，推动国防工业领域制造业"回流"。此外，美国国防部继续推进"可信资本计划"，确保中小企业获得本土可靠资本支持，防止"非友好"国家进行资本控制。

3）突出新兴领域安全可控，持续扩大竞争优势

美国国防部持续关注新兴关键技术领域的发展优势和供应链安全，并从技术成熟度、劳动力、供应链、技术优势和基础设施等5个方面，分析评估了高超声速、微电子、人工智能、量子科学、生物技术、5G等技术领域发展态势与产业基础面临的风险机遇，以及与相关国家的竞争力和差距。同时，国防部与相关部门合作，对关键技术领域并购活动以及出口管制许可进行了审查，确保关键技术安全可控。

4）创新人才培养策略，降低劳动力短缺风险

美国国防部实施了工业技能劳动力发展生态构建、终身学习等规划，通过技能竞赛、快速项目支持、终生培训等方式，持续培养产业工人，扩大国防工业劳动力规模，提升劳动力能力水平，有效解决产业工人严重短缺以及"科学、技术、工程与数学"教育短板。另外，美国国防部提出加大云技术、数字孪生、机器人等新兴领域人才培养力度，抢占发展先机。

1.3.3 国防工业基础的健康状况和准备就绪情况

2018年，美国国防部发布了"评估并强化美国国防制造业和国防工业基础及供应链弹性"报告，详细论述了国防工业基础面临"前所未有的一系列挑战"。由于报告缺乏有关国防工业基础健康和准备情况的描述，也没有提供监控国防工业基础"脉搏"和关键"生命体征"的具体手段和方法，因此难以有效跟踪国防工业基础长期健康状况。为填补上述空白，2020年美国国防

工业协会发布了首份有关国防工业基础的健康状况和准备就绪情况的年度报告，2021 年发布了第 2 份年度报告，量化评估了 2018 年至 2020 年近 3 年国防工业基础的健康状态。该报告量化评估了美国国防工业基础"生命体征"，并识别和诊断了"疾病"情况，为国防预算制订、国防采办战略优化等提供了参考。下面以 2021 年报告为例进行详细分析[6]（图 1-3）。

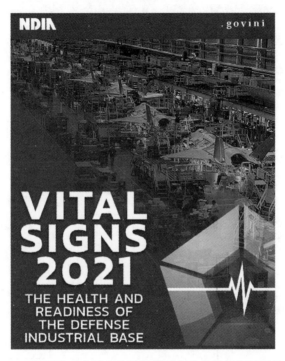

图 1-3 2021 年国防工业基础的健康状况和准备就绪情况报告（美国）

1. 基本情况

1）评估指标体系

该报告从需求、投入、创新、供应链、竞争、安全、政治与监管、准备等维度，构建了由 8 个一级指标、31 个二级指标和 55 个三级指标等组成的基于实证数据的国防工业基础的健康状况和准备就绪情况评估指标体系，如图 1-4 所示。一是需求指标，重点考察了国防部合同需求等。二是投入指标，重点考察了产品、服务和材料成本，战略物资获取能力，劳动力生产能力、规模、薪酬和多样性，科学、技术、工程和数学（STEM）人才以及人员安全审查等。三是创新指标，重点考察了国防工业创新投入、产出和竞争力的情况。四是供应链指标，重点考察了供应链动态变化对国防工业绩效的影响，包括合同履行、供应链财务表现、供应链库存管理、供应链进度管理和供应链成本管理等。五是竞争指标，重点考察了合同竞争、市场集中度、外资占比、盈利能力、流动性、杠杆作用和资本投资等。六是安全指标，重点考察了知识产权威胁，以及信息安全威胁等。七是政治与监管指标，重点考察了民意满意度、国会预算程序和监管负担等。八是准备指标，重点考察了国防工业基础有效应对国防采办需求变化的能力，包括产出效率和资金利用率等。

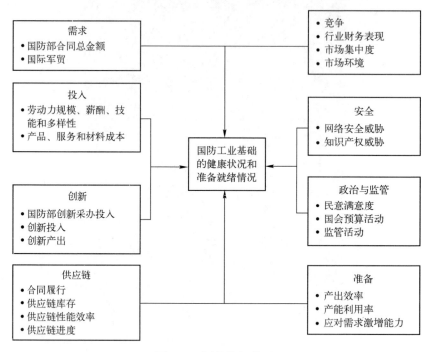

图 1-4　评估指标体系

2）评估结果

该报告将国防工业基础健康状态评估结果划分为 A（90~100 分）、B（80~90 分）、C（70~80 分）、D（60~70 分）等 4 个等级，计算得到了 2020 年美国国防工业基础健康状况的总评分为 74 分（略低于 2019 年 75 分），评分等级为"C"级，如表 1-1 所列。《报告》指出尽管评估结果为"C"级仍算及格，但美国国防工业基础可谓喜忧参半，工业安全和网络风险仍然是国防工业基础面临的主要挑战，不断上升成本和国防科研生产准入限制，也将深度威胁国防工业基础。特别强调，完全依赖国外稀土供应是美国国防工业供应链安全的重大风险隐患。

表 1-1　国防工业基础健康状态评估结果

指　　标	2018	2019	2020	2018—2020 变化情况
需求	77	85	93	+16
投入	68	68	68	0
创新	73	70	71	−2
供应链	83	68	77	−6
竞争	89	92	91	+2
安全	57	56	56	−1
政治与监管	82	76	72	−10
准备	54	81	66	+12
整体情况	73	75	74	+1

2. 主要观点

1) 美国国防工业基础需求和竞争力非常"健康"

该报告指出，需求和竞争是美国国防工业基础的两大优势领域，得分均高于 90 分。其中，需求指标 93 分，主要得益于国防部合同金额的显著增加，从 2017 财年的 3290 亿美元增长至 2019 财年的 3940 亿美元（增幅为 20%），且同期对外军售合同总额也增长了 20%。竞争指标 91 分，主要得益于合同授予金额市场集中度低（表示有较多承包商获得了合同）、外国承包商占合同授予金额中的份额相对较低，以及国防工业基础支出水平较高等。

2) 美国国防工业基础生产投入、产业安全、生产能力与战备状态等 3 个方面存在"疾病"

该报告指出美国国防工业基础投入、安全和准备等 3 个指标的得分低于 70 分（属于不及格范畴），表明美国国防工业投入不能完全满足需求，产业存在安全漏洞，生产效率不高，需及时采取有效措施积极应对。其中，生产投入方面得分较低（68 分），主要原因包括美国本土稀土产量偏低、与国防相关直接就业人数规模萎缩、工资投入较高、就业存在种族差异，以及安全审查效率较低等。产业安全方面连续 3 年低于 60 分，主要原因包括近年来大规模数据泄露、经济间谍行为频发和知识产权威胁等；生产能力与战备状态方面得分较低（66 分），主要原因包括生产效率不高，即实际生产能力与期望产出存在较大差异。

3) 美国国防工业基础创新、政治与监管处于"疾病边缘"

该报告指出美国国防工业基础创新指标得分 71 分。该指标得分不高的主要原因包括科研经费投入规模受限（仅占全球 28%，远低于 2001 年峰值时的

38%），以及年均专利申请规模较少等。政治与监管指标得分为72分，主要原因包括国防支出社会关注度下降、国防预算程序不畅、监管负担较高等。调研发现美国公众认为国防支出"太少"的人数不到2018年的50%，说明公众对大幅增加国防支出"兴趣"下降。

此外，该报告还指出国防采办改革与国防预算稳定是国防工业基础关注的重点内容，也是美国国防工业协会研究的重要方向。调查表明美国政府繁琐文案负担（占受访者的41.5%）和采办量不确定性（占受访者的47.8%），是制约承包商加大军事生产投入的重要因素。为此，受访者认为简化采办流程（占受访者的35.3%）以及提高预算稳定性（占受访者的31.7%），对于维持国防工业健康发展十分重要。

1.4 国内装备采购评估研究现状

1.4.1 总体情况

近年来，随着装备采购制度改革的不断深入，装备采购已成为学术界研究的热点和焦点。截至2020年12月底，以《中国知网》中文期刊数据库为检索源，按照题名为"装备采购"和"评估（评价）"进行检索，共检索到59篇文献。有关装备采购评估的文献数量分布，如图1-5所示。从图中可以看出，近几年有关装备采购评估的文献相对较少（2016—2018年平均每年两篇）。

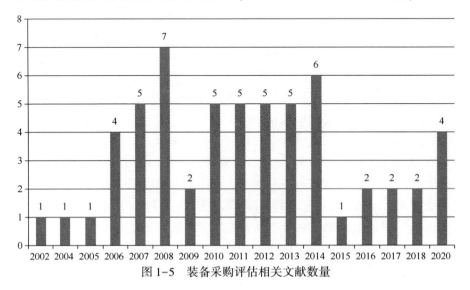

图1-5 装备采购评估相关文献数量

装备采购评估研究的主要主题分布，如图 1-6 所示。主要主题是概括文献重点、中心内容的主题，也是重点论述的主题或称为中心主题。装备采购评估研究的主要主题包括装备采购、采购风险、效益评价、采购效益和绩效评估等。装备采购评估研究的次要主题，如图 1-7 所示。次要主题是指主要主题以外的，不属于论述重点的主题。装备采购评估研究的次要主题包括指标体系、效益评价指标、军队装备、采购方案等。

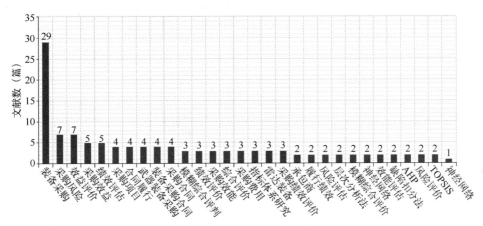

图 1-6　装备采购评估研究的主要主题分布

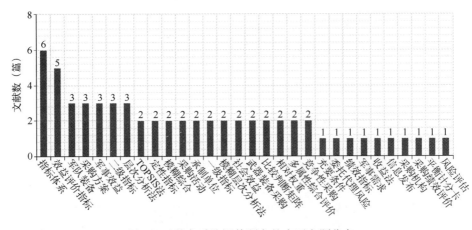

图 1-7　装备采购评估研究的次要主题分布

装备采购评估研究的关键词共现网络，如图 1-8 所示。从图中可知，有关装备采购评估研究的文献关键词主要围绕层次分析法、综合评价、军事效益、评价指标、指标体系等展开。

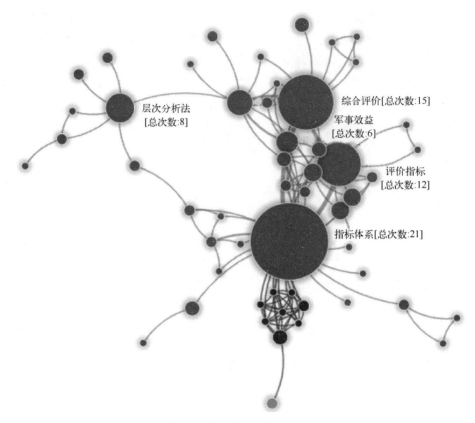

图 1-8 装备采购评估研究的关键词共现网络

1.4.2 研究现状

1. 装备采购评估总体框架研究现状

曲毅（2019 年）[7]从绩效评价的组织体系、指标体系、标准体系、方法体系以及实施体系等 5 个方面，系统构建了装备维修保障项目绩效评价的体系架构。薛奇等[8]（2017 年）设计了开展装备采购领域绩效评价的总体思路、主要范围、组织模式，并提出了相关的措施建议。尹铁红等[9]（2014年）构建了基于平衡计分卡的武器装备采购绩效评价体系。张雪胭等[10]（2006 年）构建了以装备采购成本、装备采购业绩、装备采购内部运行和装备采购发展潜力为主体的基于平衡计分卡装备采购绩效评价构架设计。

2. 装备采购评估指标体系研究现状

（1）装备采购效益评估指标体系研究重点分析了关于装备采购效益评估

指标体系研究文献。梁展等[11]（2018年）建立了由商务因素、技术因素和部队因素等组成的装备采购评价指标体系。谢超等[12]（2012年）构建了由军事效益（装备质量合格率、品种规格符合率、保障数量准确率、部队满意率）、经济效益（装备采购节约额、装备采购节约率、装备采购间接成本、装备采购盈余率）和发展效益（管理水平和发展潜力）等组成的装备采购项目效益评价指标。董建等[13]（2010年）建立了由军事、经济、政治和社会效益等4个方面组成的装备采购效益评价指标体系。经济效益指标主要包括装备采购节约指标、装备采购费用和装备采购盈余总额等。军事效益指标主要包括采购装备的先进程度、采购装备的质量、采购装备形成战斗力的时间以及装备使用单位满意度。社会效益包括对良好社会风气、对国民经济发展、对装备采购部门自身建设等。路旭等[14]（2009年）从政治效益、军事效益、经济效益和社会效益4个方面，构建了装备采购效益评估指标体系。刘国庆等[15]（2008年）从军事效益、经济效益和社会效益等方面，建立了装备采购效益评价指标体系。胡玉清等[16]（2008年）从政治效益、军事效益、经济效益和社会效益4个方面，构建了装备采购效益评价指标体系。

（2）装备采购各阶段评估指标体系研究重点分析了关于装备预研、研制、订购和维修等阶段的评估指标体系研究文献。尹旭阳等[17]（2021年）针对装备维修保障演练评估，提出了评估目标、评估指标、评估标准、指标权重、评估人员、评估课目、组织实施等7个方面的影响因素。张祥等[18]（2020年）构建了由理论创新、产品创新、工艺创新和管理创新等组成的装备采购技术创新评价指标体系。卢天鸣等[19]（2020年）构建了由综合实力、价格和技术支持等组成的竞争性装备采购多方案综合评价指标体系。王晶等[20]（2020年）构建了由计划总体执行、竞争性采购、合同订立履行、项目监督管理、经费监督管理等5个方面的装备采购计划执行情况绩效评估指标体系。岳地久等[21]（2020年）建立了由维修资源配置、维修管理效益、装备维修效率等组成的新体制下导航装备维修保障效能评估指标体系。杨华等[22]（2019年）以平衡计分卡为基础，设计了由经费使用效益、组织实施流程、装备动用使用情况、人员素质与水平组成的车辆装备维修管理经费绩效评估指标。宋翠薇等[23]（2014年）构建了由合同条款、质量条款、经费条款、进度条款等组成的装备采购合同履行绩效评估指标体系。马永楠等[24]（2014年）建立了由效能指标、成本指标、进度指标和风险指标等组成的装备采购规划评估指标体系。

（3）装备采购项目评估指标体系研究重点分析了关于装备采购项目评估

指标体系研究文献。苗欣宇等[25]（2020年）建立了由招标过程、采购质量、采购成本、采购时间和企业管理等组成的装备科研项目采购绩效评估影响因素。蔡万区等[26]（2018年）利用质量损失函数和挣值分析法分别构建了装备采购合同项目属性质量、成本和进度的绩效指数。刘瑜等[27]（2017年）提出了由技术、基础能力和进度费用等组成的装备预研项目竞争性采购评价指标体系。郭杰等[28]（2016年）建立了由项目完成的品质水平、对技术理论的促进情况和服务装备服务部队情况等武器装备科研项目综合效益评估指标。王英华等[29]（2013年）建立由中期（研究进展和科研管理水平）、验收（完成情况、成果情况和科研管理水平）和转化应用（学术价值、军事价值、经济价值）等组成的装备科研项目。评价指标体系林名驰等[30]（2013年）构建了由合同完成情况、合同支撑条件和环境适应性等组成的装备采购合同效益评价指标。

（4）装备采购承制商评估指标体系研究重点分析了关于装备采购承制商评估指标体系研究文献。王谦等[31]（2019年）建立了由合同商资质、技术能力、价格成本、管理水平和发展潜力等组成的通用装备维修合同商保障能力评估指标。

3. 装备采购评估模型研究现状

（1）装备采购效益评估模型研究现状。卢天鸣等[32]（2021年）运用群组层次分析方法，建立了装备采购综合评价指标权重，有效集成多个专家的判断信息，消解了专家之间的不一致性，提升了权重确定的合理性。习鹏等[33]（2020年）构建了基于质量指标改进EVM装备维修项目绩效评价模型，将质量、进度和费用三要素有机统一起来，形成三位一体式绩效评估。梁展等[11]（2018年）建立了基于模糊综合评价的装备采购评价模型。郭杰等[34]（2016年）建立了基于AHP-PCE的武器装备科研项目综合效益评估方法。郭健[35]（2013年）建立了基于直觉模糊和证据理论的装备研制立项评估模型。林名驰等[30]（2013年）构建了基于数据降噪的装备采购合同效益集对分析评价模型。谢超等[12]（2012年）构建了基于集对理论的装备采购项目效益评价模型。高翠娟等[36]（2008年）建立了基于模糊综合评判的装备采购效益评价模型。

（2）装备采购各阶段评估模型研究重点分析了关于装备采购预研、研制、订购和维修等装备采购各阶段的装备采购评估模型研究文献。尹旭阳等[37]（2021年）借助ISM方法建立了邻接矩阵，构造了各要素层次结构模型，明确了各因素相互之间的关系，建立了装备维修保障演练评估模型。连云峰等[38]（2021年）建立了基于云模型的装备维修保障系统评估模型。李慧珍等[39]（2020年）构建了基于数据包络分析的陆军装备维修保障能力评估优化模型。谢经伟等[40]（2020年）构建了基于AHP-云模型的部队装备维修保障效能评估模型。郭金茂等[41]（2020年）提出了一种"任务—任务需求—能力指标"的装备维修保障能力评估指标体系构建方法。杨超等[42]（2020年）提出了基于主成分和数据包络组合分析方法（PCA-DEA）的航天试验装备维修保障资源配置效率评价模型。连云峰等[38]（2020年）提出了基于DoDAF的装备维修保障能力评估模型。刘炳琪等[43]（2020年）建立了基于云模型的航空装备维修保障能力评估模型。肖雄等[44]（2020年）建立了基于模糊证据认知图的装备维修风险评估模型。雷宁等[45]（2019年）建立了基于AHP和模糊综合评价法的装备维修保障效能评估方法。谷亚辉等[46]（2019年）建立了基于贝叶斯网络的战时装备维修保障效能评估模型。史跃东等[47]（2019年）建立了一类基于生成函数的装备维修能力评估模型。朱敦祥等[48]（2019年）建立了基于云物元的装备维修保障能力评估模型。齐天乐等[49]（2019年）建立了基于AHP-熵权综合评价法的装备维修保障质量影响因素评估模型。任佳成等[50]（2018年）建立了基于模糊综合评判的装备维修保障能力评估模型。郭健等[51]（2018年）建立了基于Choquet积分和TODIM方法的装备研制方案评估模型。陈盖凯等[52]（2018年）建立了基于熵权的航空装备维修费用军事效益评估模型。赵鹏晧等[53]（2017年）构建了基于结构方程模型的军民融合装备科研风险评估模型。翟楠楠等[54]（2016年）运用典型相关分析方法（CCA）和数据包络法（DEA）构建了装备维修保障绩效模型。李建民[55]（2014年）建立了装备采购合同履行绩效模糊综合评估模型。陈方晓等[56]（2014年）建立了基于技术成熟度的装备预研评价方法。

（3）装备采购项目评估模型研究现状。苗欣宇等[25]（2020年）建立了基于系统动力学的装备科研项目采购绩效评估模型。耿伟波等[57]（2020年）建立了基于主成分分析法的装备采购合同履行综合评价模型。王谦等[58]（2019年）建立了基于网络分析法的通用装备维修合同商保障能力评估模型。吕瑞强等[59]（2017年）构建了基于复合语言表达的装备维修合同商评价与选择模型，将复合语言转换为犹豫模糊语言术语集（HFLTS），通过有序加权平均（OWA）算子计算HFLTS的模糊包络，最后应用逼近理想点（TOPSIS）法进行了合同商的评价和选择。王科文等[60]（2016年）建立了基于"缺陷扣分法"的舰船装备采购合同质量履行绩效评估分析。

1.4.3 存在主要问题

通过对国内外装备采购评估研究现状进行综合分析可以看出，当前装备采购评估工作已经陆续受到学术界的关注，多位学者都试图在该领域进行深入探索，并取得了比较丰富的研究成果。但从研究的深度和广度上看，关于装备采购评估的研究尚处于起步阶段。

1. 装备采购评估研究基础薄弱

随着我国装备采购步伐的加快，迫切需要相关理论和实践牵引指导。从研究现状来看，目前大部分理论研究和实践工作主要集中在装备采购目标、模式、原则、措施和手段等宏观层面，部分学者对装备采购评估的内涵、地位作用和组织实施等问题，在理解上还有一定差距，关于怎么搞评估、谁来主导评估，观点也存在分歧，无法满足装备采购决策和管理需要，甚至影响到装备采购科学发展和深入推进。同时，装备采购评估研究力量建设没有跟上形势的发展，评估队伍由什么样的专家组成、各领域现有专家能否胜任，如何组织评估专家队伍、评估结果是否具有权威性等问题还没有很好地明确或回答。因此，加强装备采购评估研究已刻不容缓，只有全面分析装备采购的构成要素，建立科学有效且可信度高的评估指标和评估模型，才能够适时、客观、动态、准确地评估装备采购的水平和能力，为装备采购目标的实现奠定坚实的理论和实践基础。

2. 缺乏宏观层面装备采购评估研究

当前对装备采购整体情况评估的理论研究和实践活动非常有限，仅有几篇文献从不同侧面笼统地提出了装备采购整体评估的构成要素和评估标准，无法对装备采购的全过程、全要素提供系统、有效的指导和参考。同时，从宏观发展规划到具体建设项目，由于并没有相应的硬性规定要求必须进行评估，以致造成行动上缺乏有力的依据。可以说，装备采购评估尚处于无据可依、无轨可循的状态。因此，本书将对装备采购"全要素、多阶段、高效益"进行系统梳理和分类分析，从中梳理出装备采购核心要素、关键指标和重要领域。在此基础上，从不同维度和不同层次，构建装备采购整体情况评估指标，并分析评估指标之间的相互作用机理，为开展装备采购宏观评估奠定基础。

3. 缺乏从多个维度开展装备采购评估研究

目前，有关装备采购评估的理论研究和实践工作主要从以下3个维度开展：一是从装备采购体制机制、人员、资源等构成要素维度，开展了装备采购评估研究；二是从装备预研、装备科研、装备订购和装备维修等阶段维度，开展了装备采购评估；三是从安全效益和经济效益等效益维度，开展了装备采购评估。现有理论研究和实践探索，缺乏对装备采购要素、领域和效益等的全面分析和量化评估，更重要的是缺乏实践操作的基础，无法为管理部门开展装备采购评估提供理论依据和实践参考。因此，本书将围绕不同层次的装备采购管理部门评估需求，深入研究和细化构建装备采购要素、阶段、效益，以及装备采购项目、承制单位等评估指标，为管理部门开展装备采购宏观、中观和微观评估奠定理论和实践基础。

4. 缺乏科学实用的装备采购评估模型

目前，整体上缺乏对装备采购评估等重难点问题的理论研究和实践探索，关于装备采购评估要素和指标、具体评估标准及内容、评估手段工具、评估组织实施要求等操作性的规定办法，尚不明确或存在空白，难以有效支撑评估工作的顺利开展。同时，从现有的评估模型可知，每种评估模型都有其适用性，并不是方法越复杂就越科学，反而是一些相对简单成熟的模型更能够反映实际情况。需要指出的是，单纯的定性模型容易使评估结果产生偏差，而单纯的定量模型又不能提供直接有效的评估意见。因此，本书要充分考虑装备采购评估的特点，选取科学、实用且操作性强的定性与定量相结合的评估模型，确保装备采购评估方法可靠，且简单易行。

5. 装备采购评估基础数据建设不充分，常常处于"巧妇难为无米之炊"的尴尬境地

目前，装备采购评估研究主要集中在评估指标构建和模型方法等理论层面，缺乏理论与实践层面的深度融合研究，特别是缺少实际数据的输入和验证，也没有相关信息化手段的支撑。因此，本书将开展装备采购评估系统和数据库建设等方面的研究工作，确保研究成果理论扎实和技术先进，能够为基于数据的装备采购评估奠定基础。

1.5 研究内容

本书在综述国内外装备采购评估研究现状基础上，研究了装备采购评估基础理论，设计了装备采购评估体系，构建了多层次、多维度、多角度的装备采购评估指标和评估标准，建立了装备采购评估模型，分析了装备采购评估管理，阐述了装备采购评估系统，提出了装备采购评估未来发展趋势。具体研究内容如图1-9所示。

（1）装备采购评估概述。分析装备采购评估背景意义，界定装备采购评估概念内涵，研究国外装备采购评估实践主要做法，综述国内装备采购评估研究现状，总结当前研究存在问题，提出装备采购评估主要内容。

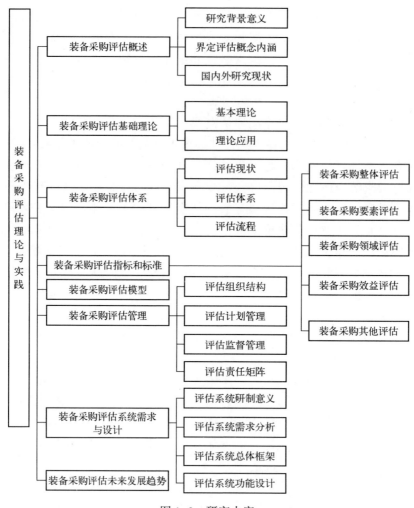

图 1-9 研究内容

（2）装备采购评估基础理论。分析装备采购评估涉及的装备采购、系统工程、项目管理、国防经济、资源配置、大数据和区块链等理论，并提出相关理论在装备采购评估中的应用方式和手段。

（3）装备采购评估体系。研究装备采购评估现状、提出评估功能、作用、原则和类型，构建装备采购评估体系，分析装备采购评估流程、关键步骤和主要内容。

（4）装备采购评估指标和标准。界定装备采购评估指标基本概念，提出评估指标构建主要方法，分析评估指标构建原则和流程，阐述装备采购评估指标总体框架。在此基础上，构建装备采购整体评估、要素评估、阶段评估、效益评估，以及装备采购其他评估（项目管理评估、承制单位评估）等指标和标准。

（5）装备采购评估模型。提出装备采购评估模型总体思路，分析装备采购评估模型主要分类，构建装备采购德尔菲法、层次分析法、熵值法、模糊隶属函数、云推理、马尔可夫链、模糊综合、变权模糊综合、数据包络、人工神经网络、证据推理、未确知数、质量机能展开、模糊 Petri 网、模糊物元、聚类分析、灰色评估、粗糙集、系统动力学等评估模型。

（6）装备采购评估管理。构建装备采购评估组织结构，分析装备采购评估计划管理，提出装备采购依据、装备采购评价流程，给出装备采购评估监督管理，研究装备采购评估责任矩阵。

（7）装备采购评估系统需求与设计。提出装备采购评估系统研制的背景意义，分析装备采购评估系统的需求，设计评估系统的总体框架，并阐述评估系统主要功能设计。

（8）装备采购评估未来发展趋势。从更加注重目标导向性、更加注重指标针对性、更加注重数据全维应用、更加注重实施的高效科学性和更加注重关键技术突破等方面，提出装备采购评估未来发展趋势。

参考文献

[1] 吕彬，李晓松，陈庆华. 装备采购风险管理理论和方法［M］. 北京：国防工业出版社，2011.

[2] 李晓松，吕彬，肖振华. 军民融合式武器装备科研生产体系评价［M］. 北京：国防工业出版社，2014.

[3] 李晓松，肖振华，吕彬. 装备建设军民融合评价与优化［M］. 北京：国防工业出版社，2017.

[4] United States Government Accountability Office. DEFENSE ACQUISITIONS ANNUAL ASSESSMENT Drive to Deliver Capabilities Faster Increases Importance of Program Knowledge and Consistent Data for Oversight［R］. GAO-20-439，2020.

[5] OSD A&S INDUSTRIAL POLICY. 2020 FY2019 INDUSTRIAL CAPABILITIES REPORT TO CONGRESS［R］. OSD A&S INDUSTRIAL POLICY，2021.

[6] The National Defense Industrial Association. VITAL SIGNS 2021 THE HEALTH ANDREADINESS OF THE DEFENSE INDUSTRIAL BASE［R］. The National Defense Industrial Association，2021.

[7] 曲毅. 装备维修保障项目绩效评价体系研究［J］. 海军工程大学学报（综合版），2019，16（04）：87-92.

[8] 薛奇，吴龙刚，江涌，等. 装备采购绩效评价问题研究［J］. 科研管理，2017，38（S1）：136-139.

［9］尹铁红，谢文秀．基于BSC的武器装备采购绩效评价体系设计［J］．装备学院学报，2014，25（05）：19-24．

［10］张雪胭，刘沃野，薛蕊．基于平衡计分卡的装备采购绩效评价构架设计［J］．装甲兵工程学院学报，2006（06）：25-27．

［11］梁展，狄娜，裴铮．基于模糊综合评价的装备采购评价指标与方法研究［J］．物流技术，2018，37（01）：145-149．

［12］谢超，马惠军，王俊，等．基于集对理论的装备采购项目效益分析及评价［J］．军事经济研究，2012，33（09）：21-24．

［13］董建，路旭，张鹏．装备采购效益评价意义及其指标体系研究［J］．中国物流与采购，2010（20）：66-67．

［14］路旭，张桦，高铁路．我军装备采购效益评估指标体系构建［J］．四川兵工学报，2009，30（02）：104-106．

［15］刘国庆，刘汉荣．装备采购效益评价指标体系研究［J］．装备指挥技术学院学报，2008，19（06）：11-14．

［16］胡玉清，柳自国，高翠娟，等．装备采购项目效益评价模型研究［J］．物流科技，2008（02）：64-67．

［17］尹旭阳，阮拥军，贾仪忠，等．基于ISM的装备维修保障演练评估影响因素分析［J］．科技与创新，2021（06）：38-40．

［18］张祥，刘陆洋，王中亨．基于层次分析法的装备采购技术创新评价［J］．兵工自动化，2020，39（11）：53-57+77．

［19］卢天鸣，曹林，夏梦雷．竞争性装备采购多方案综合评价方法研究［J］．中国设备工程，2020（21）：224-225．

［20］王晶，刘彬．装备采购计划执行情况绩效评估模型及方法［J］．项目管理技术，2020，18（10）：66-72．

［21］岳地久，何晶，程丽彬，等．新体制下导航装备维修保障效能评估研究［J/OL］．火力与指挥控制：1-7［2021-05-03］．http：//kns.cnki.net/kcms/detail/14.1138.TJ.20200727.1526.004.html．

［22］杨华，王晓虎，朱闽．基于平衡计分卡的车辆装备维修管理经费绩效评估研究［J］．价值工程，2019，38（33）：110-112．

［23］宋翠薇，罗朝晖．装备采购合同履行绩效评估研究［J］．舰船电子工程，2014，34（12）：115-118+121．

［24］马永楠，曹晓东，智海涛．装备采购规划评估指标体系研究［J］．价值工程，2014，33（23）：293-295．

［25］苗欣宇，程中华，李思雨，等．基于系统动力学的装备科研项目采购绩效评估模型［J］．军事运筹与系统工程，2020，34（03）：33-39+58．

［26］蔡万区，黄栋，郭昊．装备采购合同履行监督综合评价方法［J］．装甲兵工程学院学报，2018，32（04）：16-19．

［27］刘瑜，王婷婷，张凤娟，等．装备预研项目竞争性采购管理与评估方法研究［J］．中国航天，2017（10）：38-43．

［28］郭杰，何新华，王钰博．武器装备科研项目综合效益评估方法研究［J］．兵器装备工程学报，

2016, 37（04）：20-23.

[29] 王英华, 张丽叶. 武器装备科研项目科技成果评估指标及方法研究[J]. 装备学院学报, 2013, 24（06）：53-56.

[30] 林名驰, 杨怀宁, 纪荣勇. 基于数据降噪的装备采购合同效益集对分析评价模型[J]. 海军工程大学学报, 2013, 25（03）：103-108.

[31] 王谦, 程中华, 白永生, 等. 基于网络分析法的通用装备维修合同商保障能力评估[J]. 兵器装备工程学报, 2019, 40（02）：194-197.

[32] 习鹏, 梁新, 张侃. 基于质量指标改进EVM在装备维修项目绩效评价中的应用[J]. 海军工程大学学报（综合版）, 2020, 17（02）：78-82.

[33] 郭健. 基于直觉模糊和证据理论的装备研制立项评估[J]. 军事运筹与系统工程, 2013, 27（03）：53-58.

[34] 高翠娟, 胡玉清, 王建华. 基于模糊综合评判的装备采购效益评价[J]. 产业与科技论坛, 2008（03）：112-114.

[35] 连云峰, 代冬升, 李会杰, 等. 基于云模型的装备维修保障系统评估[J]. 兵工自动化, 2021, 40（02）：8-12+28.

[36] 李慧珍, 杜健, 胡红娟, 等. 基于数据包络分析的陆军装备维修保障能力评估优化[J]. 信息系统工程, 2020（12）：107-108+110.

[37] 谢经伟, 时扬, 尹东亮, 等. 基于AHP-云模型的部队装备维修保障效能评估[J]. 信息与电脑（理论版）, 2020, 32（20）：40-43.

[38] 郭金茂, 尹瀚泽, 徐玉国. 装备维修保障能力评估指标模糊聚类分析[J]. 兵器装备工程学报, 2020, 41（10）：76-80.

[39] 杨超, 侯兴明, 廖兴禾, 等. 航天试验装备维修保障资源配置效率评价研究[J]. 火力与指挥控制, 2020, 45（07）：172-176.

[40] 刘炳琪, 胡剑波, 李俊. 基于云模型的航空装备维修保障能力评估[J]. 火力与指挥控制, 2020, 45（03）：138-143.

[41] 肖雄, 董鹏. 基于模糊证据认知图的装备维修风险评估方法[J]. 兵工自动化, 2020, 39（02）：55-58+62.

[42] 雷宁, 曹继平, 王赛, 等. 基于AHP和模糊综合评价法的装备维修保障效能评估[J]. 兵工自动化, 2019, 38（10）：76-79.

[43] 谷亚辉, 程中华. 基于贝叶斯网络的战时装备维修保障效能评估[J]. 兵工自动化, 2019, 38（10）：80-82+92.

[44] 史跃东, 金家善, 罗忠. 一类基于生成函数的装备维修能力评估方法[J]. 火炮发射与控制学报, 2019, 40（03）：105-110.

[45] 朱敦祥, 史宪铭, 荣丽卿, 等. 云物元的军民融合装备维修保障能力评估[J]. 现代防御技术, 2019, 47（02）：130-136.

[46] 齐天乐, 胡惠军. 基于AHP-熵权综合评价法的装备维修保障质量影响因素评估[J]. 价值工程, 2019, 38（02）：66-69.

[47] 任佳成, 徐常凯, 陈博. 基于模糊综合评判的装备维修保障能力评估[J]. 物流科技, 2018, 41（09）：128-129+144.

[48] 郭健，蔡静茹. 基于Choquet积分和TODIM方法的装备研制方案评估［J］. 军事运筹与系统工程，2018，32（02）：36-41.

[49] 陈盖凯，张红斌，赵高峰，等. 基于熵权的航空装备维修费用军事效益评估方法［J］. 火力与指挥控制，2018，43（05）：17-22.

[50] 赵鹏皓，李其祥，段俊逸. 基于结构方程模型的军民融合装备科研风险评估［J］. 化学工程与装备，2017（07）：216-218.

[51] 翟楠楠，刘晓东，吴诗辉，等. 基于CCA/DEA的装备维修保障绩效评价［J］. 火力与指挥控制，2016，41（12）：44-49.

[52] 李建民. 装备采购合同履行绩效模糊综合评估模型［J］. 兵工自动化，2014，33（08）：39-43.

[53] 陈方晓，晏成立，余泳. 对技术成熟度评价应用于装备预研的若干问题分析［J］. 国防科技，2014，35（03）：40-46.

[54] 耿伟波，徐萍，张兵，等. 主成分分析法在装备采购合同履行综合评价中的应用［J］. 质量与可靠性，2020（02）：56-60.

[55] 王谦，程中华，白永生，等. 基于网络分析法的通用装备维修合同商保障能力评估［J］. 兵器装备工程学报，2019，40（02）：194-197.

[56] 吕瑞强，胡涛，杨阳. 基于改进熵值法的装备维修保障能力灰色评估［J］. 火力与指挥控制，2017，42（05）：108-111.

[57] 王科文，董鹏，卢苇. 基于"缺陷扣分法"的舰船装备采购合同质量履行绩效评估分析［J］. 装备制造技术，2016（10）：242-245.

[58] 辞海编写委员会. 辞海［M］. 第六版. 上海：上海辞书出版社，2009.

[59] 中国社会科学院语言研究所词典编辑室. 现代汉语词典［M］. 北京：商务印书馆.

第2章 装备采购评估基础理论

装备采购评估涉及的基础理论包括装备采购理论、系统工程理论、项目管理理论、国防经济理论、资源配置理论、大数据理论和区块链理论等。①装备采购理论主要利用装备采购理论，构建装备采购评估指标体系；②系统工程理论主要利用体系思维和系统方法，构建装备采购评估总体思路和体系框架；③项目管理理论主要利用项目整合管理、范围管理、进度管理和资源管理等理论，建立装备采购评估管理组织结构，明确评估主要流程和工作内容；④国防经济理论以国防经济的特点规律为出发点，设计和构建装备采购评估指标；⑤资源配置理论以资源配置的最优化为目标，利用资源配置基本原则，设计和构建装备采购评估指标；⑥大数据理论利用大数据技术和方法，开展装备采购评估数据采集、挖掘、分析和展示；⑦区块链理论利用最新的区块链思维和技术，展望装备采购评估的发展方向和趋势。

2.1 装备采购理论

2.1.1 装备采购阶段划分

装备采购主要包括装备预研、装备研制、装备试验鉴定、装备订购和装备维修等阶段，如图2-1所示。其中，装备预研阶段主要开展涉及装备研制的应用基础研究、应用技术研究和先期技术开发，为装备采购提供技术储备和技术成果；装备研制阶段主要是开展新型装备的研制和现有装备的改进；装备试验鉴定阶段主要是开展装备的战术技术指标性能，以及作战效能等方面的考核评估,为装备列装提供依据;装备订购阶段是指以合理的价格,获取性能先进、质量优良、配套齐全的装备以及相关服务;装备维修阶段主要是指为保持和恢复装备良好的技术状况而开展的装备维护、修理,以及维修器材设备筹措供应等活动[1,2]。

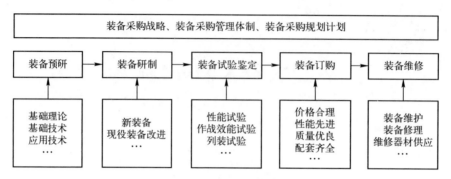

图 2-1 装备采购阶段

2.1.2 装备采购构成要素

装备采购构成要素主要包括装备采购任务、装备采购主体、装备采购资金、装备采购对象等,如图 2-2 所示。首先,装备采购的主要任务是依据装备采购规划和计划,按照规定的程序,获得性能优良、价格合理、质量可靠、配套齐全的武器装备和装备技术,满足部队遂行军事行动或非战争军事行动任务的需要。其次,装备采购主体是指各级装备采购管理部门,包括军委机关、军兵种机关、军队科研院所等单位的采购管理部门。再次,装备采购资金包括预算内资金和预算外资金,这两类资金来源于国防和军队建设经费,

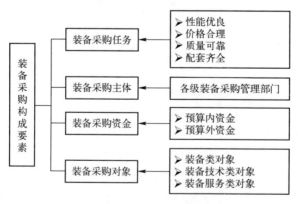

图 2-2 武器装备采购构成要素

以及军队单位依法获取的其他资金。最后，装备采购对象主要包括装备类对象、装备技术类对象和装备服务类对象。其中，装备类对象包括大型武器装备、军选民品的装备，以及装备配套产品等；装备技术类对象是指能够应用于武器装备，或具有军事应用价值的技术类成果；装备服务类对象主要包括装备综合论证、装备第三方服务等有形或无形的服务类成果。

2.1.3 装备采购方式

装备采购方式是指装备采购管理部门采取多样化途径获取装备的过程，主要包括竞争性与非竞争性方式，且以竞争性采购方式为主，非竞争性采购方式为辅，如图2-3所示。竞争性采购方式包括公开招标、邀请招标、竞争性谈判、询价等。非竞争性采购方式主要包括单一来源采购。

（1）公开招标是指装备采购管理部门按照法定程序，通过发布招标公告的方式，邀请所有潜在的、不特定的承制单位参加投标，装备采购管理部门通过事先确定的标准，从所有投标者中择优选择中标的承制单位。然后，装备采购管理部门与之签订装备采购合同的一种采购方式。

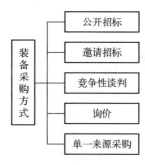

图2-3 装备采购方式

（2）邀请招标是指装备采购管理部门根据承制单位的资信和业绩，选择若干承制单位，向其发出投标邀请书，由被邀请的承制单位投标竞争，从中选定中标者的采购方式。

（3）竞争性谈判是指装备采购管理部门通过与多家承制单位进行谈判，最后从中确定最优承制单位的一种采购方式。

（4）询价是指装备采购管理部门向有关承制单位发出询价单让其报价，在报价基础上进行比较并确定最优承制单位的一种采购方式。

（5）单一来源采购是指只能从唯一承制单位获得的，在紧急情况下无法从其他承制单位采购的，为保证采购项目的一致性或者服务配套要求，必须继续从原承制单位采购的。

2.1.4 装备采购理论应用

本书重点利用装备采购理论构建装备采购评估指标体系。首先，根据装备采购阶段划分，构建装备采购"全流程"评估指标体系，包括装备预研、装备研制、装备订购和装备维修等阶段评估指标体系；其次，根据装备采购构成要素和采购方式等理论，构建装备采购"全口径"评估指标体系，确保覆盖装备采购所有构成要素，并满足不同类型的装备采购方式。

2.2 系统工程理论

2.2.1 系统工程概念

1978年，钱学森给出了系统工程的定义："把极其复杂的研制对象称为'系统'，即由相互作用和相互依赖的若干组成部分结合成具有特定功能的有机整体，而且这个系统本身又是它所从属的一个更大系统的组成部分。……系统工程是组织管理'系统'的规划、研究、设计、制造、试验和使用的科学方法，是一种对所有'系统'都具有普遍意义的科学方法。"因此，在组织管理技术上，系统工程属于工程技术；系统工程是解决工程活动全过程的技术，具有普遍的适用性。

系统工程不是一门具体的工程技术，也不是一种具体的方法，而是跨越各个科学技术领域，涉及经济、社会、心理、自然界等诸多领域的一门应用科学。从根本意义上来讲，系统工程是一种思维模式，而不是一种按照某种固定的方法就能得到预期结果的某种技术，研究如何使得组成系统整体的各子系统的功能全面、协调、可持续的发展，致使系统整体达到最优目标，还要充分发挥系统中人的作用。系统工程最基本的作用和意义就在于运用系统的观点，从整体上有效合理地开发工程的价值。将系统工程用于开发各专业领域的工程时，必然首先碰到与各种各样的工程领域环境密切相关的问题，自然也就产生了各种专业领域的系统工程，比如农业系统、水利系统、交通系统、军事系统工程等，各个专业领域的工程系统都是各专业系统工程的直接有关的研究对象。

虽然各个专业领域都建立了系统工程研究方向，但是不能说研究某个具体领域的系统工程问题，只要局限于该领域的知识就可以了，也就是说，研究具体领域的系统工程问题，也必须站在人和自然和谐相处的宏观系统上考虑。或者，更本质更直接地说，系统工程是一种哲学思想，不能把它局限在是处理农业问题的哲学，还是处理水利问题的哲学。比如研究装备采购评估的系统工程问题，不能只局限于武器装备发展自身问题，而应该从国际环境、国内环境、国防建设、经济建设等多层次全方位地考虑[3,4]。

2.2.2 系统工程方法论

1. 以霍尔为代表的硬系统工程方法论

1969年，美国贝尔电话公司的工程师霍尔总结开展系统工程的经验，出版了《系统工程方法论》，提出了著名的三维结构方法体系。该方法来源于"硬"的工程系统，适用于良性结构系统。这种思维过程，在解决大多数硬的或偏硬的工程项目中，是卓有成效的，受到了各国学者的普遍重视。霍尔提出的三维结构方法体系，对系统工程的一般过程作了比较清楚的说明，将系统的整个管理过程分为前后紧密相连的时间维和逻辑维，并同时考虑到为完成这些阶段和步骤的工作所需的各种专业知识和管理知识。三维结构由时间维、逻辑维和知识维组成，如图2-4所示。

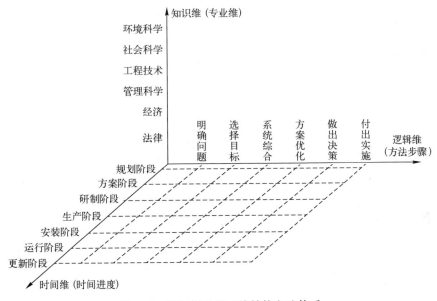

图2-4 霍尔提出的三维结构方法体系

2. 以切克兰德为代表的软系统工程方法论

软系统工程方法论是由英国学者切克兰德在20世纪80年代提出并创立的，该方法论的核心是一个学习的过程，而硬系统方法论的核心只是一个优化过程，即解决问题方案的优化。切克兰德认为：完全按照解决工程问题的思路来解决社会问题和软科学问题，将遇到很多困难，至于什么是"最优"，由于人们的立场、利益各异，判断价值观不同，很难简单地取得一致看法。

因此,"可行""满意""非劣"的概念逐渐代替了"最优"的概念。还有一些问题只有通过概念模型或意识模型的讨论和分析后,才能使得人们对问题的实质有进一步的认识,经过不断磋商、不断反馈,逐步弄清楚问题,得出满意的可行解。切克兰德根据以上思路提出"软系统方法论"。

软系统方法论的核心不是寻求最优化,而是"调查、比较"或"学习",即从模型和现状比较中学习改善现存系统的途径。因此,又被称为"调查学习法"。其方法步骤如图 2-5 所示。

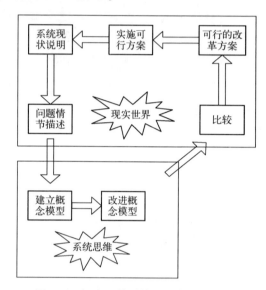

图 2-5　切克兰德系统工程方法论步骤

3. 综合集成方法论

1989 年,钱学森在对开放的复杂巨系统长期研究基础上,提出了综合集成法,简称综合集成(meta-synthesis)。1992 年,钱学森又提出了该方法应用形式"从定性到定量综合集成研讨厅体系"(hall for work shop of meta-synthetic Engineering,HWSME)。综合集成的基础,如图 2-6 所示。

综合集成方法论采取人机结合、以人为主的思维方法,从整体上研究和解决问题,并综合集成不同层次、不同领域信息和知识,达到整体的认知和理解。综合集成方法的实质是构建以人为主高度智能的人机结合系统,由专家经验、统计数据和信息资料、计算机技术三者构成,发挥系统整体优势,解决复杂的决策问题。运用综合集成方法解决开放复杂巨系统问题的基本步骤和要点,如图 2-7 所示。

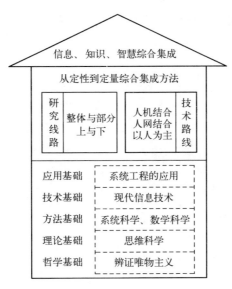

图 2-6 综合集成的基础

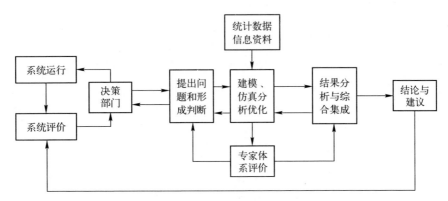

图 2-7 综合集成方法的步骤

4. 物理—事理—人理系统方法论

1994年，我国著名系统科学专家顾基发教授和朱志昌博士提出了"物理（Wuli）—事理（Shili）—人理（Renli）系统方法论"（简称WSR）。WSR属于定性与定量分析综合集成的东方系统思想，不仅是一种方法论，还是一种用来解决复杂问题的工具。该方法论核心是在处理复杂问题时既要考虑对象"物"的方面（物理，W），又要考虑"物"如何更好地被运用"事"的方面（事理，S），最后，由于认识问题、处理问题和实施管理决策都离不开人的因素，因此还要考虑"人"的方面（人理，R），最终达到知物理、明事理、通人理，从而系统、完整、分层次地来对复杂问题进行研究。WSR 主要内容见表 2-1。

表 2-1　物理—事理—人理系统方法论内容

要　素	含　　义
物理（W）	涉及物质运动的原则和理论，一般是用自然科学的相关知识来答复"物"是什么
事理（S）	解决事的方法，主要是如何去安排所有的物体和人员，一般是运用管理科学和运筹学等知识来说明"如何做"
人理（R）	如何做人的事理，一般要用到人文与社会科学方面的知识去答复"理当如何做"与"最应该怎么做"的问题

2.2.3　系统工程理论应用

运用系统工程理论开展装备采购评估工作，主要体现在以下几个方面：

1. 评估思路整体化

运用系统工程理论开展装备采购评估，既要把评估要素看成是一个系统整体，又要把评估过程看成是一个整体。一方面，要深入分析评估主体、评估对象、评估内容、评估指标等评估要素，将各个要素看成整体进行综合考虑；另一方面，要系统考虑评估准备、实施和结果分析等整个过程，分析各个环节的组成和联系，从整体出发掌握评估工作各环节之间的信息及其关系，全面地考虑和改善整个评估工作过程，以实现整体最优化。

2. 评估方法的综合化

应用系统工程理论开展装备采购评估工作，就是要对各种方法进行综合应用，不是简单将这些方法进行排列组合，而是要从整体出发，将各种相关的方法协调配合、互相渗透、融合处理及综合运用，并进行方法再创新。核心是强调综合运用各个学科和各个技术领域的先进技术和方法，使得各种方法相互配合，达到系统整体最优化。

3. 评估管理的科学化

应用系统工程理论开展装备采购评估工作，核心是实现评估管理科学化，没有管理上的科学化和现代化，就难以实现评估思路上的整体化和评估方法的综合化，也就不能充分发挥出系统的效能。管理科学化就是要按科学规律办事，所涉及的内容极其广泛，包括对组织结构、体制和人员配备的分析，程序步骤的组织，以及评估进度的计划与控制等问题的研究。

2.3 项目管理理论

2.3.1 项目管理概念

现代项目管理的概念来自美国。项目管理是为了实现具体的目标，在规定的时间内，对组织机构的资源进行计划、引导和控制。20世纪50年代后期，美国的Booz-Aleen Lockheed公司首次在北极星导弹计划中使用了"计划评审技术"。同时期的Dupont and Ramintonn Rand公司创造了"关键路径法"，用于研究和开发、生产控制、技术安排。项目管理理论就是在这两项技术的基础上发展起来的，并且融合了工作分解技术、蒙特卡罗模拟技术和挣值技术等，形成了有关项目资金、时间、人力等资源控制的管理科学[5-8]。

美国项目管理学会（Project Management Institute）在项目管理知识体系（Project Management Book）指南中指出"项目"是指为创造独特的产品、服务或成果而进行的临时性工作。"临时性"是指项目有明确的起点和终点，当项目目标达成，或因不会或不能达到目标而中止，或当需求不复存在时，项目就结束。临时性并不一定意味着持续时间短，项目所创造的产品、服务或成果一般不具有临时性，大多数项目都是为了创造持久性的结果。项目是为了创造某项独特的产品或服务而被承担的一项临时性努力。

美国项目管理学会指出，"项目管理"是指将知识、技能、工具与技术应用于项目活动，以满足项目的要求。项目管理有以下特征：

（1）复杂性。项目管理跨越多个层级，由多个部分组成，通常需要运用多种学科知识解决许多未知且复杂的问题。

（2）创造性。项目具有临时性和一次性等特点，项目组织实施者必须发挥主观性和创造性，才能有效实施项目管理。

（3）集权性。项目管理强调经理负责制，有效避免多头负责造成的职责不清、效益低下等问题，确保项目集中统一管理。

2.3.2 项目管理知识体系

项目管理包括9大知识体系和5个具体阶段。9大知识体系包括：整合管理、进度管理、范围管理、质量管理、成本管理、资源管理、沟通管理、风险管理、采购管理。①整合管理包括为识别、定义、组合、统一和协调各项目管理过程中的各种过程和活动而开展的过程与活动。②进度管理是指管理项目按时完成工作内容。③范围管理确保项目做且只做所需的全部工作，以成功完成项目的各个过程。定义和控制哪些工作应该包括在项目内，哪些不在项目内。④质量管理规划、监督、控制和确保达到项目质量要求的全过程。⑤成本管理保证项目在批准的预算内完成，并对成本进行规划、估算、预算、融资、筹资、管理和控制。⑥资源管理着重于人员的管理能力，如高效率的组织结构规划、团队构建与运作、冲突的处理、人员工作动力激励等。⑦沟通管理要求项目管理者能与上下级、客户进行有效的交流。⑧风险管理旨在识别和管理未被其他项目管理所管理的风险，利用或强化正面风险，规避或减轻负面风险。⑨采购管理是指为项目采购或获取产品、服务或成果的全过程。此外，项目管理5个具体阶段包括项目启动、项目计划、项目执行、项目控制和项目收尾。

2.3.3 项目管理理论应用

装备采购评估具备项目独特性、一次性、目标性、资源有限性和风险性等特点，符合项目的基本要素和特征，因此装备采购评估具备了引入项目管理的内在条件和基础环境。①独特性。每一次装备采购评估，虽然在目标和要求上存在相似性，但在评估对象、评估内容和评估形式等方面具有很强的独特性。②一次性。装备采购评估一般具有固定的开始和结束时间，具备项目"一次性"的特点。③目标性。装备采购评估在开始之前总会根据评估要求和目的制订总目标、分目标和阶段性目标，在完成评估工作之后通过效果检验等方式判断目标是否实现，以及实现的程度，具备"目标性"的特点。④资源限制性。装备采购评估全寿命过程中都要受人力、进度、资金、技术、信息和环境等资源的限制，具备项目"资源限制性"的特点。⑤风险性。装备采购评估受自然环境、人员、数据、进度等不确定因素的影响，可能导致评估偏离既定目标，造成不可预知的风险，具备项目"风险性"的特点。

本书中的装备采购评估主要运用了项目管理的整合管理、资源管理、范围管理、进度管理等理论和方法。

1. 运用了项目整合管理理论开展评估体系研究

本书在开展装备采购评估体系分析时，运用项目整合管理理论，整合评估各要素，提出评估体系框架，实现评估全寿命周期、全要素、全层次的全方面深度整合。

2. 运用了项目资源管理理论开展评估组织结构研究

本书在研究装备采购评估管理组织结构过程中，运用项目资源管理理论详细分析评估管理组织结构，以及组织结构的人员构成、职责分工以及责任清单等。

3. 运用了项目范围管理和进度管理理论开展评估计划管理研究

本书在研究开展装备采购评估计划管理过程中，运用项目范围管理理论对评估所涉及的活动进行分解、排序、定义和控制。同时，运用项目进度管理理论对评估实施各阶段时间进行估算、并提出控制进度的方式方法。

2.4 国防经济理论

2.4.1 国防经济概念

国防经济是国民经济体系中用于满足国防需求、保障国家安全的经济部门、国防经济活动以及与此相适应的经济关系的总称。与其他经济形式相比，国防经济具有以下特性：①国防经济是经济与国防建设交叉形成的一种特殊的经济形态，依存于国民经济，服从和服务于国防安全；②国防经济既具有生产性，又具有纯消耗性；③国防经济以国防需求为牵引，其规模、结构、布局随国防需求的变化而变化；④国防经济是国家严格控制的经济，虽然受市场机制的调节，但是总体上是由国家计划主导的经济。简而言之，国防经济是社会经济的"军事因素"，也是军事的"经济因素"，具有军事和经济双重属性，受军事规律和经济规律双重制约。

国防经济重点反映国防与社会生产力的关系，具体包括：①国防经济的基本关系问题，即国防与经济之间作用与反作用、决定与被决定的关系；②国防经济规模关系问题，即经济资源在民用领域与国防领域的分配关系、国防产业与民用产业布局问题等[9-11]。

2.4.2 国防经济学理论体系

目前，学界对于国防经济学理论体系的研究，主要分为以下几种观点：

1. "四环节"研究体系

该理论体系以军品全寿命周期活动为研究对象，重点研究军品的生产、交换、分配、消费等4个环节，以此为国防经济学理论体系的研究范畴与逻辑起点。

2. "基础—应用"研究体系

该理论体系重点以国防经济学基础理论和应用理论为研究对象。其中，国防经济学基础理论是国防经济的基石，主要任务是探索国防经济领域的变化、发展规律。国防经济学应用理论，是以基础理论为基础，结合国防经济实践，研究国防经济在战时经济准备、经济保障、经济动员等具体领域中的特定问题。

3. "微观—宏观"研究体系

该理论体系重点以国防经济微观问题和宏观问题为研究对象。其中，微观问题主要研究军品供求关系以及军品价格、竞争行为等。宏观问题主要从宏观层面研究国防经济政策制度、国防与经济建设供求关系等。

4. "军品经济、军队经济、战争经济三位一体"研究体系

该理论体系重点以军队经济、军品经济、战争经济等3部分为研究对象。其中，军品经济重点研究武器装备的试制、科研、生产、交易等经济活动。军队经济重点研究武器装备体制编制建设，与军事人力结合起来形成战斗力的一切经济活动。战争经济重点研究军队的作战对象与战斗力相结合而产生的经济活动。从军品经济、军队经济到战争经济是国防经济相互衔接的"供给链"；从战争经济、军队经济到军品经济，是"需求链"。

2.4.3 国防经济理论应用

本书构建装备采购评估指标体系，将充分借鉴国防经济的基础理论，统筹考虑国防建设、装备建设、经济建设的关联关系和作用准则，既要体现装备生产、交换、分配和消费全过程的国防经济活动，又要反映国防与生产力、军品经济与战争经济等国防经济关系，确保建立的装备采购评估指标符合国防经济理论的基本要求和原则。

2.5 资源配置理论

2.5.1 资源配置概念

《现代汉语词典》（第7版）关于资源的定义是："生产资料或生活资料的来源，包括自然资源和社会资源"。资源是人类赖以生存的物质基础，资源在一定时间与空间范围内总量是有限的。资源的相对有限性与人类需求的绝对增长性的矛盾，导致了资源的稀缺性。为此，资源配置显得尤为重要，资源配置是指通过一定的调节机制，将各种资源在不同的用途和不同的使用者之间进行分配。资源配置核心是解决资源由谁分配、配置给谁、怎么配置等问题。资源配置具有以下特征[11-13]：

（1）资源的稀缺性是指，一方面，一定时期内资源本身是有限的；另一方面，利用资源进行生产的技术条件是有限的。

（2）合理配置资源是经济活动必须解决的根本问题。资源配置的目标是根据经济社会基础和技术条件，优化组合资源要素，确保在时间上合理分配，在空间上合理布局，在利益相关者间合理调配，充分利用已有资源，使资源产出的总体效益最大化，尽量满足各方面需求。

（3）资源配置属于政治经济研究范畴。资源配置一方面体现了谁拥有分配资源决策的权力，另一方面也反映了不同利益集团采取什么手段对资源分配决策产生影响，最后也体现了资源配置结果对不同利益群体的影响。

（4）资源配置与经济制度、经济体制紧密相关。由于资源具有稀缺性特征，经济制度和经济体制决定了资源配置的方式和效果。对于计划经济体制和市场经济体制来说，资源配置的目标、原则、方法和体系大相径庭。

2.5.2　国防资源配置模式

国防资源是指可用于国防的人力、物力、财力及信息等资源的统称，是国家资源的组成部分。国防资源配置就是在保障国家安全和军队建设需要基础上，依据社会经济条件对国防建设资源在各部门、各领域进行布置和配备，简单说就是资源在国防建设中的分配、布局和组成。国防资源配置活动通常包括两个阶段：首先是确定国家对国防资源投入总量，然后是投入资源的具体方向和重点，即国防资源投向不同部门、不同领域的规模。国防资源配置模式主要包括计划配置、市场配置，以及计划与市场混合配置等模式。

1. 计划配置模式

国防资源计划配置模式，即指令性配置，是指国家依据国防和军队建设需要，采取行政计划、指令和命令等手段，开展国防资源配置活动。具体方式为国家和军队通过发布战略规划、重大项目和军事需求等方式，主导市场主体承担相关任务，实现国防资源的整体布局和优化配置。该种配置模式由于计划与市场信息不对称，以及市场主体参与资源配置积极性和主动性不高，可能导致资源配置布局不合理、效率低下和结构失衡等问题。

2. 市场配置模式

市场配置模式是以市场机制为基础的国防资源配置方式。该模式主要是在完全自由竞争的市场经济条件下，市场作为一只看不见的手充分发挥竞争激励和利益调节等功能，实现国防资源最优配置。但是该种模式可能造成市场失调、生产过剩、无序竞争，以及资源浪费等问题。

3. 计划与市场混合配置模式

计划与市场混合配置模式，是指充分发挥计划宏观调节和市场微观调控等优势，也能够有效规避"政府失效""市场失灵"等问题，形成一个高效、协调、开放的国防资源配置体系，实现国防资源的最优最科学配置。

2.5.3　资源配置理论应用

资源配置理论是有关国防建设和经济社会建设资源统筹协调和高效配置的基础理论，对于构建装备采购评估指标体系具有重要意义。建立装备采购评估指标体系，重点考虑装备建设与经济社会发展相协调等方面资源配置的基本原则。国防资源具有社会经济属性，是促进社会经济发展的重大基础。由于资源的相对有限性和稀缺性，国家如果将大量的资源用于装备建设，必然导致经济社会领域资源配置比例减少，不利于经济社会健康发展；如果国家减少对装备建设投入，又面临国家安全受到威胁，军队建设不能满足国家安全需求等问题。因此，建立装备采购评估指标体系，既要遵循经济社会发展规律以及装备现代化建设要求，也要确保装备建设需求和经济供给在国防资源配置方面保持协调。

2.6　大数据理论

习主席强调指出："大数据、人工智能、量子信息、生物技术等新一轮科技革命和产业变革正在积聚力量，催生大量新业态、新模式、新产业，给全球发展和人类生产生活带来翻天覆地的变化。"互联网时代和智能化时代，数据意味着生产力，将会对军事、经济与社会等产生革命性影响和深刻变革。大数据不仅仅是技术的突破和变革，更重要的是大数据技术广泛应用于各行各业，将产生新的数据思维，促进装备采购评估从传统行政计划方式向技术驱动方式转型发展。

2.6.1 大数据概念

麦肯锡最早提出大数据时代:"数据已经渗透到当今每一个行业和业务职能领域,成为重要的生产因素。人们对于海量数据的挖掘和运用,预示着新一波生产率增长和消费者盈余浪潮的到来。"关于大数据,人们总结为4个"V",即多样Variety,大量Volume,价值Value,速度Velocity[14-16]:

(1) 数据量巨大。大数据计量单位至少是P(1000个T),E(100万个T)或Z(10亿个T)。

(2) 数据类型多样,既包括结构化数据,也包括非结构化数据。如:视频、图片、网络观点、地理信息等。

(3) 数据质量较低、整体价值密度低,但是商业应用价值高。

(4) 数据存储量大,且处理速度快。

大数据涉及大数据科学、大数据工程、大数据应用和大数据技术等领域和方向:

(1) 大数据科学是指大数据的基础理论和应用理论,重点研究大数据的特点规律,与自然环境、社会活动,以及应用场景的作用关系和机理;

(2) 大数据工程是指开展大数据规划,以及大数据相关基础设施建设、运营和管理的系统工程活动;

(3) 大数据应用是指面向大数据应用场景和需求,开展大数据的挖掘分析,为用户提供辅助决策,实现大数据价值的过程。

(4) 大数据技术是指获取、存储、挖掘、分析和应用大数据全过程的技术。主要包括数据采集、数据存储及管理、数据检索、数据预处理、数据挖掘、数据分析、数据应用、数据可视化、大数据安全等技术。

2.6.2 大数据技术

大数据技术主要包括大数据存储技术、大数据挖掘技术、大数据可视化技术和大数据分析技术等。

1. 大数据存储技术

大数据存储技术是指实现海量数据的获取、存储、管理、隐私保护,以及安全管控等技术。大数据存储技术是大数据技术体系的重要基础,重点解决海量非结构化数据的一体化存储、全寿命周期的一站式管理,以及数据安全与隐私问题。

2. 大数据挖掘技术

数据挖掘技术是指从海量、不明确、不完整的原始数据中提取高价值信息的技术。数据挖掘技术，是以算法和模型为基础，重点实现从大量无序数据中提取出面向需求的知识和信息，特别是隐藏在数据背后的知识，并以特定形态直观地呈现出来为决策服务。

3. 大数据可视化技术

数据可视化是指实现面向用户需求的数据多样化展示技术。从展示方式看，数据可视化技术，重点实现运用柱状图、曲线图、动态图等方式，展示已获取和分析的数据。从展示重点看，数据可视化重点展示数据多重多维属性。从展示效果看，数据可视化技术不仅能够简单展示已有数据，还能够展示用户与数据交互过程和结果。

4. 大数据分析技术

大数据分析技术是指根据用户需求，实现数据应用、辅助决策的技术。大数据分析技术，是以数据挖掘和可视化分析结果为输入，利用数据模型，针对具体问题，开展基于数据的分析研判，辅助管理与决策。

2.6.3 大数据理论应用

数据是装备采购评估的生命线。在装备采购评估工作中，加强大数据全方位和多层次应用，通过数据分析、挖掘和利用，发现数据背后隐藏的新价值和知识，让数据无缝嵌入到评估工作和决策中，是提升装备采购评估的核心和关键。大数据理论在装备采购评估中的应用主要表现在以下几个方面：

（1）有利于装备采购评估数据采集的快捷化，评估数据共享和使用高效化，从而提高评估工作效率。

（2）能够基于动态装备采购评估数据，精准掌握装备采购整体情况，准确识别装备采购薄弱环节和存在问题，督促不同主体改进装备采购工作模式和机制，提升装备采购管理水平和质量。

（3）利用大数据技术，开发基于数据的装备采购评估信息系统，能够辅助评估主体开展评估全流程管理与服务，减少人为因素干扰，消除虚假错误信息，降低人力、物力及财力损耗，提升装备采购评估质量效率。

2.7 区块链理论

习主席强调："我们要把区块链作为核心技术自主创新的重要突破口，明确主攻方向，加大投入力度，着力攻克一批关键核心技术，加快推动区块链技术和产业创新发展"。人类社会历经了机械革命、电气自动化革命、电子信息化革命以及互联网技术革命，每一次革命都对军事、社会和经济产生了深远的影响。未来区块链将引领新的技术革命，成为推动军事、政治、经济、文化、生活变革发展的重要技术源泉。

2.7.1 区块链概念

区块链技术主要包括共识机制、加密算法、智能合约、隐私保护、网络协议、数据存储等技术。区块链技术也可以理解为网络传输、分布式存储、加密算法、共识机制等计算机技术在互联网时代的创新应用。从技术视角分析，区块链本质就是去中心化、分布式、可共同维护的共享数据库；从应用视角分析，区块链实现了用户之间的交易以及资产转移的快捷化、安全化和可追溯；从法律视角分析，区块链可以逐步取代现有金融信用实体，实现交易全流程管理[17-19]。

区块链工作原理是运用密码学知识记录数据，形成数字签名，通过签名验证数据有效性和真实性，同时，前后数据块链接起来形成主链，用户共同维护这个大账簿，确保数据不被伪造和篡改，实现去中心化效果。区块链工作原理如图 2-8 所示。

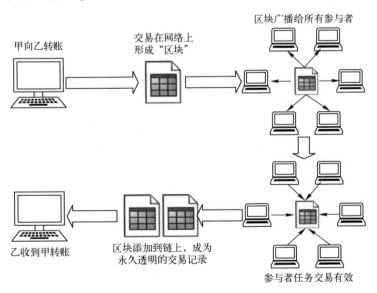

图 2-8　区块链工作原理

2.7.2 区块链特点

区块链具有去中心化、信息不可篡改、隐私性和可追溯性等特点。

1. 去中心化

区块链是分布式数据库账本,数据被存储在所有节点,而不是某一个中心节点,并且数据通过多个节点共同维护且实时同步。区块链系统中任何节点的权利与义务是相同的,任意节点的失效都不会影响区块链系统的完整性。

2. 信息不可篡改

区块链的所有节点都有完备的数据库,个别节点数据篡改无法影响其他节点的数据,如果篡改区块链的数据必须同时控制51%以上节点。

3. 隐私性

区块链的交易信息是在全网广播,虽然交易情况会被所有节点了解,但是交易者的隐私可以得到有效保护。区块链节点信息只是交易情况的记录,没有关联任何特定人,外部很难确定交易双方的身份。

4. 可追溯性

区块链能够通过所有节点有效记录用户交易等数据,任何节点不能丢弃和排斥用户数据,确保数据可追溯性。

2.7.3 区块链理论应用

传统模式下的装备采购评估实践工作会遇到诸多问题,如,评估工作严重影响评估对象的日常业务工作,评估数据需要人工处理和审校,评估数据可追溯性差,评估历史数据持续滚动使用效率低。

区块链技术兼具数据处理和分布记账功能,具有不可篡改性和可追溯性,可以作为底层支撑技术,解决装备采购评估的痛点和难点,提高评估工作质量和效果。①提高装备采购评估数据透明度。通过区块链技术,装备采购评估数据存储在区块链的分布式账本内,数据更透明化,且可实时更新。②提高装备采购评估数据处理效率。通过区块链技术,能够对评估数据进行自动审计,减少执行这些活动的时间和资源,减少数据错误。③提高装备采购评估公信力。根据区块链的信任机制和数据安全性,开展装备采购评估工作,评估对象和评估主体都在控制整个区块链系统,管理部门可进行查询、访问,信任机制的存在使评估工作更便于监管,提升评估工作公信力。④提升装备采购评估历史数据使用效率。每次装备采购评估过程和结果数据能够自动长期保持,快速应用到下一次评估活动中,减少重复劳动,促进评估工作可持续发展。

参考文献

[1] 魏刚，陈浩光. 武器装备采办制度概述 [M]. 北京：国防工业出版社，2008.

[2] 余高达. 军事装备学 [M]. 北京：国防大学出版社，2000.

[3] 钱学森，等. 论系统工程 [M]. 新世纪版. 上海：上海交通大学出版社，2007.

[4] （美）项目管理协会. 项目管理知识体系指南（PMBOK）[M]. 六版. 美国：（美）项目管理协会，2017.

[5] 霍亚楼. 项目管理基础 [M]. 北京：对外经济贸易大学出版社，2008.

[6] F·泰勒. 科学管理原理 [M]. 韩放，译. 北京：团结出版社，1999.

[7] 吴之明. 项目管理引论 [M]. 北京：清华大学出版社，2000.

[8] 姜大谦，岳公正，等. 国防经济概论 [M]. 北京：国防大学出版社，2013.

[9] 武希志. 国防经济学教程 [M]. 北京：军事科学出版社，2012.

[10] 秦红燕，胡亮. 中国国防经济可持续发展研究 [M]. 北京：国防工业出版社，2015.

[11] 张远军. 国防工业科技资源配置及优化 [M]. 北京：国防工业出版社，2015.

[12] 武希志. 国防建设资源配置制度研究 [M]. 北京：军事科学出版社，2013.

[13] 高奇琦，等. 大数据时代的国家治理 [M]. 上海：上海人民出版社，2017.

[14] 彭乐蕊. 大数据环境下政府信息资源服务质量评价 [D]. 湖南：湘潭大学，2016.

[15] 吴军. 智能时代大数据与智能革命重新定义 [M]. 北京：中信出版集团，2017.

[16] 唐文剑，吕雯，等. 区块链将如何定义世界 [M]. 北京：机械工业出版社，2016.

[17] 熊海芳. 区块链技术在金融领域应用研究 [D]. 辽宁：东北财经大学，2017.

[18] 张鹏. 区块链技术对商业银行传统贸易结算方式的影响研究 [D]. 北京：对外经济贸易大学，2017.

[19] 熊维祥. 基于区块链技术的学分认证系统研究 [D]. 北京：北京邮电大学，2018.

第3章 装备采购评估体系

3.1 装备采购评估现状

尽管装备采购评估在理论和实践层面取得了一定的进展，但是装备采购评估的复杂性、体系性和不确定性，使得该项工作仍然存在评估目标分散性、评估认知差异性、评估指标复杂性、评估数据零散性和评估结果低量化性等问题。

3.1.1 评估目标分散性

装备采购评估目标是评估实践工作的基本指导和重要依据。简单明确的装备采购评估目标，能够有效牵引评估指标的构建，指导评估工作的执行，也能够检验评估结果是否满足评估目标要求。装备采购评估目标是多层次、广范围和多来源的，具有分散性特点，评估目标既有管理体制、运行机制、政策制度等要素评估目标，又有预研、科研、订购和维修等多个阶段评估目标，还有社会效益、经济效益、军事效益等效益评估目标；既有宏观目标，又有中观目标，还有微观目标；既有长期目标，又有中期目标，还有近期目标等。由于每次装备采购评估活动的对象不同，评估目标也大相径庭。即便是同样评估活动，由于评估主体关于评估目标的认识不同，也会导致评估目标难以形成共识。

3.1.2 评估认知差异性

装备采购评估的核心就是价值判断，关键是评估主体关于评估对象的认知。评估认知差异性，不仅影响评估主体关于评估活动的价值取向和导向判断，也可能影响评估结果准确性和全面性。装备采购评估认知差异性，主要包括首因效应、晕轮效应、近因效应和定势效应等。首因效应是指装备采购评估主体由于受到海量评估信息影响，更容易倾向于第一印象，而忽视真实有效或更加关键的滞后评估信息；晕轮效应是指装备采购评估主体从自身专业领域出发或主观视角，对评估对象局部信息或某些特征积极肯定或消极否定，从而推导出偏离评估对象整体认知的评估结果；近因效应是指装备采购评估主体仅关注最后收集的评估信息，而忽视早期的评估信息；定势效应是指装备采购评估主体存在固定化思维和认知，基于过去长期形成的印象或感觉，得到有关评估对象的评估结论。

3.1.3 评估指标复杂性

评估指标是装备采购评估工作的"纲"，是影响评估结果的关键所在。由于装备采购工作涉及管理部门多、政策制度复杂、流程烦琐，且内部关系和外部联系也非常复杂，导致难以构建满足所有部门需求、覆盖装备采购全寿命阶段特点的科学且完备评估指标。因此，装备采购评估指标复杂性特点决定每次装备采购评估活动需要在现有装备采购评估指标体系基础上，进行针对性修改完善。

3.1.4 评估数据零散性

装备采购评估核心是收集、加工和分析有价值的评估数据。评估结论的科学性和有效性很大程度上取决于评估数据的规模、质量和可靠性。如果评估数据规模不足，无法全面地了解和真实反映评估对象全貌；如果评估数据质量不高，无法准确、科学识别和认识评估对象，更加无法得到令人信服的评估结论；如果评估数据可靠性差，无法验证评估对象的真实状态。因此，装备采购评估既要广泛获取分散在不同领域的评估信息，更要通过数据处理和校验等方式，确保数据质量。但是，在装备采购评估实际工作中，一方面装备采购评估数据往往是定性数据，且深度渗透到了装备采购方方面面，难以正确和充分地获取；另一方面，由于缺乏装备采购评估信息系统等条件支撑，无法快速真实获取第一手装备采购评估数据。

3.1.5 评估结果低量化性

装备采购工作是全面性工作，往往具有宏观性和无形性，且采购效果基本体现在宏观层面，而不是大量有形的可量化效果，造成装备采购评估结果往往以定性为主，定量化程度较低。同时，装备采购评估具有非赢利性特点，使其产出的效果很难以简单货币价格进行衡量。装备采购评估结果往往具有间接性特征，装备采购一般通过宏观指导和政策文件等间接作用反映到装备采购结果。

3.2 装备采购评估功能、作用、原则和类型

3.2.1 评估功能

装备采购评估功能是指装备采购评估工作具有的效能，以及发挥的积极作用。评估功能通常通过评估活动与结果，作用于评估对象而充分展示出来。装备采购评估过程应成为"指导—发现—调节—改进—完善"的不断迭代完善的全过程，首先通过装备采购评估工作指导日常建设，然后根据评估结果发现问题和薄弱环节，并改进装备采购工作，最后不断完善装备采购政策制度，提升装备采购质量效益。可以说，装备采购评估是促进评估对象自我认知、自我挖掘、自我调节、自我改进、自我完善、自我提高的过程。装备采购评估主要功能如图3-1所示。

图3-1 装备采购评估主要功能

1. 指挥功能

装备采购评估是以武器装备建设宏观需求和装备采购工作指导为牵引，有较为明确的目标与方向，具有"指挥棒"作用。装备采购评估指标体系明确了装备采购工作建设重点内容和发展方向，能够为评估对象开展装备采购建设提供参考，为装备采购评估对象发展指明了方向，奠定了基础。因此，建立全面科学的装备采购评估指标或标准，是牵引装备采购建设的核心和关键，对于加强与深化装备采购改革起到了重要导向作用。

2. 质检功能

装备采购评估质检功能是指通过装备采购评估能够获取大量数据，从而有效地诊断装备采购发展状态和水平，为全面加强和改进装备采购工作提供重要依据。一是目标诊断。通过装备采购评估能够客观反映评估对象实际建设情况与理想目标之间的差距，真实体现评估对象优势和不足，为有针对性地推动装备采购向理想目标发展提供参考。二是过程诊断。通过装备采购评估，能够有效分析装备采购建设过程中存在的问题或薄弱环节，以及影响装

备采购工作最直接和关键因素，为决策者改进装备采购工作提供支撑。三是结果诊断。通过装备采购评估，可以全面掌握装备采购经验、成绩、优势，以及存在的问题，为改进装备采购工作提供重要支撑。

3. 改进功能

装备采购评估改进功能是指通过评估获得装备采购过程和结果数据，及时调节、矫正不良的、不利于装备采购的政策、体制和措施，从而全面提升装备采购工作质量效益。

4. 激励功能

装备采购评估激励功能是指科学有效地运用评估结果，挖掘评估对象内在动力和积极性，激发工作潜能，提高评估对象开展装备采购工作积极性、主动性和创造性等。

5. 服务功能

装备采购评估服务功能是指评估工作和结果全面服务于武器装备建设实践工作，为管理部门开展装备建设工作提供决策支撑。一是服务于日常工作。通过开展装备采购评估，正确认识装备采购工作现状，发现存在不足，从日常工作层面采取体系化系列化的措施，加强装备采购过程管理和风险防控，不断提高发展质量效益。二是服务于宏观决策。通过开展装备采购评估，装备采购管理部门能够更加全面客观地了解装备采购水平，为装备采购规划计划、重大项目立项、重要政策制度等管理决策提供参考。三是服务于改革创新。装备采购评估核心是查找装备采购薄弱环节和实践缺陷，并针对问题提出创新性和针对性的改革措施，全方位高质量推进装备采购工作。

3.2.2 评估作用

装备采购评估功能作用包括：掌握装备采购态势的"感应器"，识别装备采购趋势的"风向标"，检验装备采购效果的"质检台"和推动装备采购改革创新的"助推器"。

1. 掌握装备采购态势的"感应器"

通过装备采购评估，能够及时获取装备采购数据，全面摸清装备采购的进程和效果，准确掌握装备采购的程度，为提高装备采购质量效益提供支持。

2. 识别装备采购趋势的"风向标"

通过装备采购评估，提高信息传递效率和质量，收集整理装备采购第一手资源，全流程、零距离、高效率地参与到装备采购进程中，及时准确发现和掌握装备采购的基础、重点、方向和潜力，全面识别装备采购的标杆和旗帜，以评估带动全社会快速形成装备采购的共同价值取向和共识，推动装备采购深度发展。

3. 检验装备采购效果的"质检台"

通过装备采购评估，让装备采购落实情况暴露在阳光之下，让装备采购推进过程中的问题和束缚真实展现，便于管理部门及时发现装备采购存在的问题和薄弱环节，为监督和问责装备采购落实效果提供支持。

4. 推动装备采购改革创新的"助推器"

通过装备采购评估，实时掌握装备采购战略落实情况，感知装备采购舆情，以评估为手段从政策探索、手段创新、技术突破等多个维度总结装备采购的先进事迹、成功经验和创新手段，形成可复制、可推广的创新经验，倒逼装备采购管理制度、运行机制和政策制度的改革创新。

3.2.3 评估原则

装备采购涉及面广、参与主体多、层次复杂，因此其评估必须以固定的职能任务为主线。同时，评估工作不是越复杂越好，而是尽可能简单、易行，尽可能定性与定量相结合，得到量化结果为定性决策提供依据。

1. 任务牵引

装备采购应紧贴军委机关装备采购职能，以装备采购主要任务为基础，设置装备采购评估指标，确保评估指标来源可靠、有理有据，同时将评估活动深度融入到任务活动中，与任务同步推进、相互协调。

2. 简单易行

一方面评估指标要有明确的责任主体和便于收集的渠道，另一方面评估指标要便于信息系统采集、统计和分析。

3. 定性与定量相结合

装备采购指标涉及定性和定量两个方面的指标，定性指标主要采取专家评估方式获取，定量指标主要采取模型计算方式获取。

4. 指标可测度

为了真实反映装备采购情况，报告采用相对值的方式衡量装备采购评估指标，即设置每个指标的理想值，由输出值与理想值的比例得到指标的评估值。

3.2.4 评估类型

从不同角度出发，装备采购评估可以分为不同的类型。

1. 按照层次分类

按照层次不同,装备采购评估可分为战略评估、战役评估和战术评估。一是战略评估。主要从国家层面评估装备采购的管理体制、运行机制和政策法规等。二是战役评估。主要针对装备采购重要要素和关键阶段进行评估,比如装备预研评估、装备研制评估等。三是战术评估。主要针对装备采购的具体活动进行评估,比如装备采购项目评估等。

2. 按照目的分类

按其目的和用途不同,装备采购评估可分为总结性评估和预测性评估两大类。一是总结性评估。主要是以对某一阶段装备采购的效果进行总结为依据,对装备采购现状作出鉴定和评估。总结性评估所关注的是效果,以及对随后装备采购的影响,属于事后评估。二是预测性评估。在装备采购规划制订前,通过对装备采购的预期效果进行评估,及时修正装备采购规划的优缺点,提高装备采购可行性和实用性,以确保装备采购的高效实施。

3. 按照对象分类

按照装备采购评估对象不同,装备采购评估可分为海军、空军、火箭军等军兵种装备采购评估,以及南部战区、中部战区等战区装备采购评估等。其中,军兵种装备采购评估重点评估军兵种装备采购计划管理、体制机制,以及采购效果等;战区装备采购评估重点评估战区装备采购执行的效果等。

4. 按照状态分类

按照状态不同,装备采购评估可分为静态评估与动态评估。一是静态评估,是指按照固定标准对某一时刻(阶段)装备采购状态进行评估;二是动态评估,是指根据装备采购指标的相互作用和影响,动态分析和评估装备采购情况。

5. 按照范围分类

按照评估范围与内容不同,装备采购评估可分为单项评估与综合评估。一是单项评估,主要是针对装备采购的重点内容进行评估,比如装备采购运行机制评估、装备采购人才评估;二是综合评估,主要是对装备采购进行全面、系统的评估。

3.3 装备采购评估体系构建

首先分析装备采购评估的系统思想,在此基础上,构建基于综合集成的装备采购评估体系总体框架。

装备采购评估体现出来的最基本的思想就是系统思想。装备采购评估系统思想包含了两个含义：①将装备采购评估工作自身作为一个系统来管理，也就是运用系统科学方法，利用系统反馈与调控，通过装备采购评估的全面综合管理以实现系统的总目标；②将装备采购评估作为一个系统，同时作为装备采购大系统的一个子系统。装备采购评估是一项复杂的系统工程，其复杂性突出地表现在如下几个方面：

（1）自身复杂性。装备采购评估是装备采购工作与评估理论方法的结合体，本身就是一个复杂的巨系统。各系统之间的功能、性能制约关系错综复杂，是一个立体的、多层面系统的聚合体。

（2）环境复杂性。装备采购评估涉及面广、流程复杂，必须与周围环境进行不间断的交互，形成错综复杂的多重反馈关系，从而使得装备采购评估的外部环境较为复杂。

（3）知识复杂性。装备采购评估涉及管理学、军事装备学、经济学和运筹学等学科专业，需要多学科多专业知识的融合，从而导致了知识的复杂性。

（4）多层次性。装备采购评估可以在装备采购的不同阶段、不同领域、不同层次分别进行。同时装备采购评估本身也是一个多层次、多阶段的活动，是伴随着装备采购进行不断循环的过程。

（5）多主体性。装备采购评估涉及的主体包括政府、军队、军工企事业单位、民口企事业单位、社会团队和大众等，各主体之间相互联系、相互支持，形成了密不可分的关系。同时，由于各主体存在相对独立、分散行动、缺乏有效的协商与合作等风险，因此装备采购评估工作必然存在较大的不确定性和复杂性。

由此可见，装备采购评估已经超出了普通系统的范畴，它是一个既具备自然属性、又具有社会属性和人文属性的复杂巨系统，因此必须采用综合集成的方法构建装备采购评估体系。

根据前文分析装备采购评估复杂性特点可知，装备采购评估需要综合运用定性与定量相结合、科学理论与经验知识相结合、宏观规划与微观研究相结合等方式，对装备采购评估体系进行探索性和系统性研究。装备采购评估体系由7个部分构成，评估目标的集成、评估组织的集成、评估过程的集成、评估方法的集成、评估数据的集成、评估决策的集成以及评估资源的集成。其中，评估目标是体系的核心，评估组织、过程、方法、数据和资源是实现目标的手段，评估决策是体系作用的直接体现。基于综合集成法的装备采购评估体系如图3-2所示。

第 3 章 装备采购评估体系

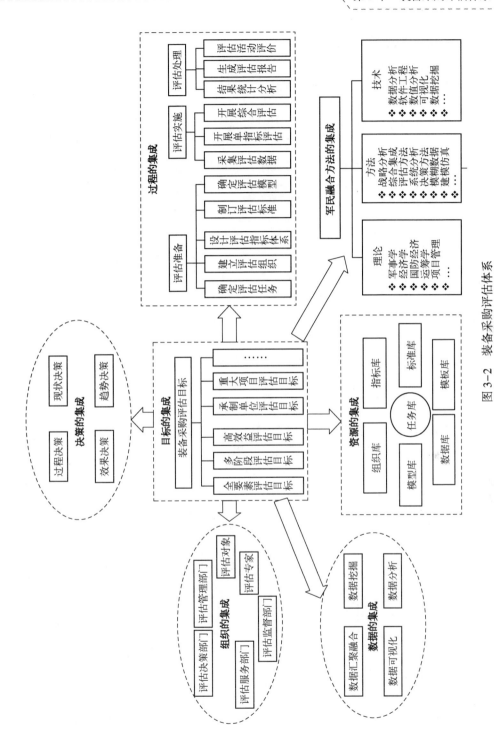

图 3-2 装备采购评估体系

3.3.1 评估目标的集成

装备采购评估目标的集成如图 3-3 所示。装备采购评估目标是装备采购管理部门开展装备采购的价值导向，是以合理的价格获取性能先进、质量优良的装备，并协助部队形成作战能力。装备采购评估总目标之下又包括装备采购"全要素"评估目标、装备采购"多阶段"评估目标、装备采购"高效益"评估目标、装备承制单位评估目标、装备采购重大项目评估目标等。

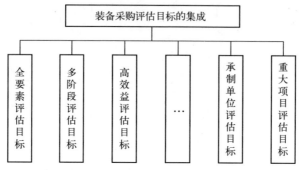

图 3-3　装备采购评估目标的集成

3.3.2 评估组织的集成

装备采购评估组织包括评估决策部门、评估管理部门、评估对象、评估专家、评估服务部门和评估监督部门等，如图 3-4 所示。

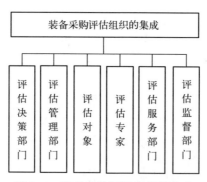

图 3-4　装备采购评估组织的集成

1. 评估决策部门

装备采购评估决策部门主要是指装备采购的决策机构，如军委装备发展部、海军装备部等部门。主要规划装备采购评估活动，监测装备采购评估全过程，查询装备采购评估结果，开展装备采购评估决策分析。

2. 评估管理部门

装备采购评估管理部门主要是指组织开展装备采购评估的人员，如军委装备发展部，以及军兵种装备部。管理部门能够制订装备采购评估任务，建立评估组织管理，构建评估指标体系，组织开展装备采购评估工作。

3. 评估对象

装备采购评估对象主要是指装备采购被评估单位、项目或相关工作，如装备采购业务部门、企事业单位、装备采购重大项目等。评估对象主要负责采集和上报相关装备采购评估数据，获取装备采购评估结果等。

4. 评估专家

装备采购评估专家主要是指协助开展装备采购评估的专家。评估专家主要协助管理部门开展装备采购评估工作。

5. 评估服务部门

装备采购评估服务部门主要是指在装备采购评估管理部门授权下开展装备采购评估具体工作的部门。服务部门主要负责装备采购评估数据的采集、评估系统开发、评估结果的分析等。

6. 评估监督部门

装备采购评估监督部门主要是指在装备采购评估决策部门授权下对装备采购评估过程和结果进行监督检查，确保每个环节可追溯，提高装备采购评估质量效益。

装备采购评估组织的职责列表，见表3-1。

表3-1 装备采购评估组织职责列表

部门	主要职责
评估决策部门	下达装备采购评估任务 审批装备采购评估组织 督导装备采购评估活动 综合应用装备采购评估结果
评估管理部门	建立装备采购评估指标体系 设计装备采购评估标准 确定装备采购评估模型 组织开展装备采购评估 生成装备采购评估报告 发布装备采购评估信息 回复装备采购评估咨询建议 开展装备采购评估决策支撑

续表

部　门	主　要　职　责
评估对象	查看装备采购评估任务 查看装备采购评估指标体系 查看装备采购评估标准 上报装备采购评估数据
评估专家	协助确定装备采购评估指标权重 协助开展装备采购评估 回复装备采购评估咨询建议
评估服务部门	采集装备采购评估数据 管理装备采购评估资源库（指标库、标准库、组织库、任务库、模型库、数据采集模板库等） 辅助开展装备采购评估工作
评估监督部门	跟踪检查装备采购评估全过程 评价装备采购评估效果 受理装备采购评估投诉质疑

3.3.3 评估过程的集成

装备采购评估过程主要包括评估准备、评估实施和评估处理等阶段，如图 3-5 所示。其中，评估准备阶段主要包括制订装备采购评估任务、设立装备采购评估组织、设计装备采购评估指标体系、制订装备采购评估标准、确定装备采购评估模型等步骤；评估实施阶段主要包括采集装备采购评估数据、开展装备采购单指标评估、开展装备采购综合评估；评估处理阶段主要包括装备采购评估结果统计分析、生成装备采购评估报告、评估装备采购评估效果等步骤。

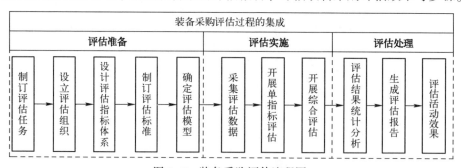

图 3-5　装备采购评估流程图

1. 评估准备阶段

装备采购评估准备包括制订装备采购评估任务、设立装备采购评估组织、设计装备采购评估指标体系、制订装备采购评估标准、确定装备采购评估模型等步骤。

1) 制订装备采购评估任务

依据装备采购评估服务部门的职能任务和评估目标，设计装备采购评估任务，明确装备采购评估对象。装备采购评估任务可分为宏观装备采购评估任务、中观装备采购评估任务和微观装备采购评估任务等。如，装备采购"全要素"评估任务、装备采购"多阶段"评估、装备采购"高效益"评估、装备采购项目评估任务、海军装备采购评估任务、战区装备采购评估任务等；围绕上述评估目标分别建立装备采购评估指标体系、评估标准和评估模型，运用科学的手段全面加以分析研究，客观反映装备采购深度发展的水平、规模、布局等。

2) 设立装备采购评估组织

根据装备采购评估任务，设立由装备采购评估决策部门、管理部门、服务部门和专家等组成的装备采购评估组织，具体负责装备采购评估工作。

3) 设计装备采购评估指标体系

根据装备采购评估任务，从装备采购评估指标库中，选择和增加装备采购评估指标，邀请专家对评估指标体系进行研讨和论证，并根据专家意见和建议形成针对评估任务的装备采购评估指标体系。评估指标分为定量评估指标和定性评估指标。其中，定量评估指标是指该指标需通过数学公式计算得到；定性评估指标是指该指标通过专家打分得到。

4) 制订装备采购评估标准

装备采购评估标准是指衡量装备采购评估指标的具体标尺。装备采购评估标准应根据装备采购评估指标体系，调用评估标准和新增评估标准。定量评估指标的评估标准采用数学公式进行计算；定性评估指标采用"优、合格和不合格"等评估标准。

5) 确定装备采购评估模型

装备采购评估模型包括权重模型、单指标评估模型和综合评估模型等。权重模型是指评估指标重要程度的模型。根据装备采购评估指标，邀请专家运用权重模型，确定装备采购评估指标权重。单指标模型是指计算每个指标的模型方法。根据装备采购指标类型（定性指标或定量指标），确定装备采购单指标评估模型。综合评估模型是指根据综合指标权重和单指标评估结果，得到的综合评估模型。根据装备采购权重模型和单指标模型情况，确定装备采购综合评估模型。

2. 评估实施阶段

装备采购评估实施包括采集装备采购评估数据、开展装备采购单指标评估、开展装备采购综合评估、生成装备采购评估报告等步骤。

1) 采集装备采购评估数据

根据装备采购评估指标体系类型，采取自动抓取、数据导入、专家评判、评估对象上报等方式，收集装备采购评估指标数据。其中，自动抓取是指利用大数据手段，抓取相关网站的数据；数据导入是指从第三方平台或互联网导入相关数据，主要用于专用评估指标的数据采集；专家评判是指专家采取听取咨询汇报、现场考察、资料查验等方式，了解评估对象情况，给出的评判数据，主要用于定性指标的数据采集；评估对象上报是指评估对象按照评估标准上报的数据，主要用于定量指标的数据采集。

2) 开展装备采购单指标评估

收集装备采购单指标评估数据，按照单指标评估类型，计算得到单指标评估结果。

3) 开展装备采购综合评估

根据装备采购评估指标权重和单指标评估结果，调用综合评估模型，计算得到装备采购评估结果。

3. 评估处理阶段

1) 装备采购评估结果统计分析

根据装备采购评估指标权重、单指标评估结果和综合评估结果，深入分析指标之间的相互关系，结合决策支持需求，多层次、多途径和多方式展示装备采购评估结果。

2) 生成装备采购评估报告

根据装备采购单指标评估和综合评估结果和结论，生成评估报告。邀请军地专家对评估结果和评估报告进行研讨和论证，分析评估结果的科学性和合理性，并根据专家意见进一步修改完善装备采购评估报告。

3) 评估装备采购评估效果

评估装备采购评估效果，就是对整个评估活动进行评价，即效果评估。包括过程性评估和总结性评估。过程性评估即在整个评估过程随时对评估指标、评估方法、评估数据和评估活动进行评估。总结性评估是指在装备采购评估结束后，对此次评估活动效果进行评估和总结。

3.3.4 评估方法的集成

装备采购评估方法，是指装备采购评估体系建设、指标构建、模型建立、评估实施等过程中所运用的理论、方法和技术等，如图3-6所示。装备采购评估是集军事、经济、社会、管理等多领域，包括评估准备、评估实施和评估处理等多阶段，以决策人员、管理人员、研究人员和实践人员等为代表的多学科知识相互迭代、融合发展和反馈改进的复杂过程。因此，装备采购评估需要运用到多学科知识和理论体系。其中，理论主要包括经济学、军事学、管理学、运筹学等基础理论；方法主要包括战略分析、综合集成、系统工程、项目管理等方法。技术主要包括数据分析、软件工程、数据挖掘、数据可视化和数据库等技术。

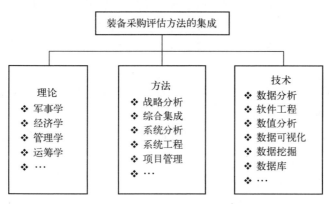

图 3-6　装备采购评估方法体系

3.3.5　评估数据的集成

装备采购评估数据的集成，主要包括数据汇聚融合、数据挖掘、数据分析和数据可视化等，如图 3-7 所示。

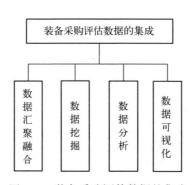

图 3-7　装备采购评估数据的集成

1. 数据汇聚融合

通过装备采购评估，实现多源装备采购数据汇聚管理、融合处理和清洗。

2. 数据挖掘

通过装备采购评估，实现装备采购评估数据统计分析、深度搜索、机器学习和模糊识别，建立装备采购评估数据知识图谱，挖掘隐藏信息，发现有效知识。

3. 数据分析

通过装备采购评估，实现装备采购评估数据的提炼、统计、归类和研判，分析数据之间的关联关系、内在联系、相关性和作用机理。特别是利用语义分析技术，对评估过程中产生的文件资料进行深度语义理解和智能化的分析。

4. 数据可视化

通过装备采购评估，利用计算机图形学和图像处理技术，将数据转化为静态和动态相结合，多维、多层、多角度的图像或图形，支持柱状图、饼状图、折线图等多种展示形式，为装备采购评估数据表示、数据处理和决策分析提供手段。

3.3.6 评估决策的集成

装备采购评估决策的集成，主要包括装备采购评估过程决策、装备采购现状决策、装备采购趋势决策、装备采购效果决策等，如图3-8所示。

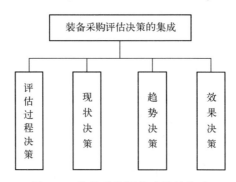

图3-8 装备采购评估决策的集成

1. 装备采购评估过程决策

根据装备采购评估过程数据，评估装备采购评估任务情况、整体进度情况、实施效果情况、评估模型情况、指标得分情况等，便于管理部门宏观把握装备采购评估情况。

2. 装备采购现状决策

根据装备采购评估数据和结果，评估当前军兵种、战区等装备采购现状，以及军兵种之间、要素之间、阶段之间装备采购对比情况，同时，形成装备采购现状的"一张图"，便于装备采购管理部门真实全面了解装备采购现状、态势和差异。

3. 装备采购趋势决策

开展装备采购评估数据和结果的关联分析，根据装备采购评估结果，运用趋势预测模型等方法，评估装备采购变化趋势，便于装备采购管理部门科学预测装备采购态势。

4. 装备采购效果决策

根据装备采购评估结果，精准描述装备采购的典型经验和存在问题。同时，根据装备采购评估指标之间的相互关系，深度挖掘装备采购典型的主要做法和特点规律，以及存在问题的真实原因。

3.3.7 评估资源的集成

装备采购评估资源的集成，主要由装备采购评估任务库、组织库、指标库、标准库、模型库、数据库和模板库等组成，如图3-9所示。

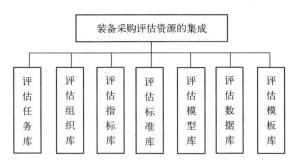

图3-9 装备采购评估资源的集成

1. 装备采购评估任务库

装备采购评估任务库主要包括宏观、中观和微观等各个层面、各个领域和各个战区的装备采购评估任务等信息。

2. 装备采购评估组织库

装备采购评估组织库主要包括参与装备采购评估工作的决策部门、管理部门、服务部门，以及评估专家等信息。

3. 装备采购评估指标库

装备采购评估指标库主要包括覆盖各类装备采购评估任务的指标体系。

4. 装备采购评估标准库

装备采购评估标准库主要包括各类装备采购评估指标的衡量标准和准则。

5. 装备采购评估模型库

装备采购评估模型库主要包括装备采购评估权重模型、单指标评估模型、综合评估模型和数据分析模型等。

6. 装备采购评估数据库

装备采购评估数据来源广泛、种类繁多、用途各异,可从多个维度进行划分,如图 3-10 所示。

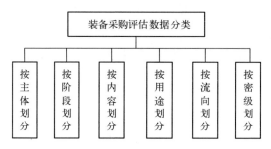

图 3-10 装备采购评估数据库

1) 按主体分

数据类别按主体可分为海军装备采购评估数据、空军装备采购评估数据、火箭军装备采购评估数据,以及战区装备采购评估数据。

2) 按阶段划分

数据类别按阶段可分为装备预研、装备研制、装备订购和装备维修等阶段的装备采购评估数据。其中,装备预研阶段评估数据可进一步分为立项、合同、项目等数据。

3) 按内容划分

数据类别按内容可分为装备采购评估任务数据、指标数据、标准数据、模型数据和采集数据等。

4) 按用途划分

数据类别按用途可分为面向领导机构的决策支持类信息,面向管理部门的评估过程和结果数据,面向专家的评估数据,面向系统管理员的管理数据,以及面向广大装备采购参与主体的服务数据等。

5）按流向划分

从上下流向角度，可分为"上向下"任务信息和"下向上"汇总信息。从内外网流向角度，可分为"内向外"的数据信息和"外向内"集成和引接数据。

6）按密级划分

数据类别按密级可分为公开数据、敏感非涉密数据、涉密数据等。其中，公开信息可向社会发布，敏感非涉密信息面向特定部门发布，涉密信息仅向具有相应保密资质和授权资格的部门发布。

7. 装备采购评估模板库

装备采购评估模板库主要包括装备采购评估指标、标准、评估报告、数据分析报表等各类模板。

3.4 装备采购评估流程分析

3.4.1 矩阵式流程图

矩阵式流程图由纵向和横向组成。其中，横向为承担该项工作的单位或部门，纵向为工作的先后顺序。该流程图既能表示工作由谁负责，又能描述工作的流程和环节。矩阵式流程图的符号定义如下，如图 3-11 所示。

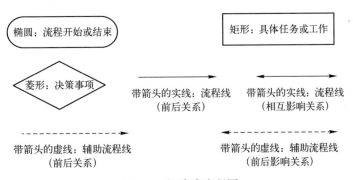

图 3-11 矩阵式流程图

（1）椭圆：流程的开始或结束。
（2）矩形：具体任务或工作。
（3）菱形：需要进行决策的事项。
（4）带箭头的实线：流程线，包括单箭头和双箭头。其中，单箭头为任务前后关系，双箭头为任务相互影响或同时进行。

（5）带箭头的虚线：辅助流程线，包括单箭头和双箭头。其中，单箭头表示任务前后关系，双箭头表示任务相互影响或同时进行。

根据装备采购评估体系，采用矩阵式流程图，重点分析装备采购评估流程。装备采购评估总体流程包括装备采购评估准备和评估实施，如图 3-12 所示。其中，装备采购评估准备流程包括装备采购评估任务管理、组织管理、指标体系管理、标准管理、模型管理等；装备采购评估实施流程包括装备采购评估数据采集管理、单指标评估管理、综合评估管理、评估结果统计分析和评估报告管理等。

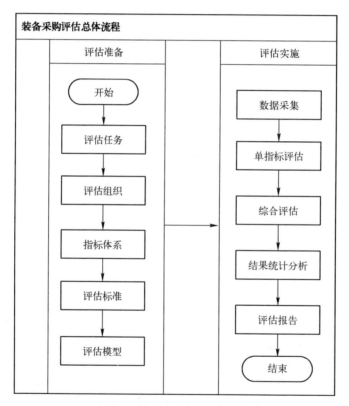

图 3-12 装备采购评估总体流程

3.4.2 装备采购评估准备流程

装备采购评估准备流程主要包括装备采购评估任务管理、组织管理、指标体系管理、标准管理、模型管理等流程。

1. 装备采购评估任务管理流程

装备采购评估任务管理流程设计包括下达计划、设计任务、上报任务和审核批准等步骤，如图 3-13 所示。

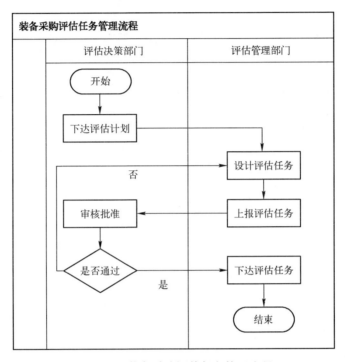

图 3-13　装备采购评估任务管理流程

1）下达计划

装备采购评估决策部门根据装备采购需要，下达装备采购评估计划，包括装备采购总体评估、全要素评估、多阶段评估、高效益评估、共性评估，以及装备采购其他评估等任务，以及军兵种或战区装备采购评估任务等。

2）设计任务

装备采购评估管理部门根据下达的任务，制订任务模板以及相关要素，包括评估目的、进度、主体、要求和主要内容等，确定装备采购评估任务。

3）上报任务

装备采购评估管理部门上报拟开展的装备采购评估任务。

4）审核批准

装备采购评估决策部门审核和批准管理部门上报的装备采购评估任务。

2. 装备采购评估组织管理流程

装备采购评估组织管理流程包括初拟方案、上报方案、审批方案、选择服务部门、遴选评估专家、邀请评估专家、成立组织管理机构等步骤,如图 3-14 所示。

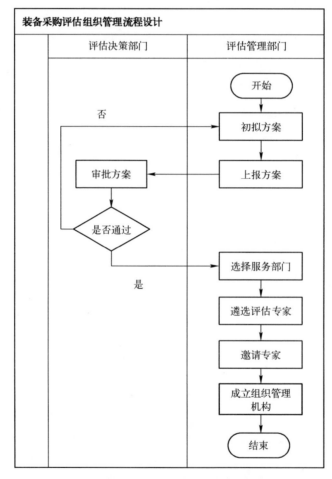

图 3-14　装备采购评估组织管理流程

1) 初拟方案

根据装备采购评估任务,装备采购评估管理部门设计装备采购组织管理机构,形成装备采购评估组织机构方案,包括参与的部门、人员的组成,以及职责分工等。

2)上报方案

装备采购评估管理部门向决策部门上报装备采购组织管理机构方案。

3)审批方案

装备采购评估决策部门审核和批准管理部门上报的装备采购评估组织管理机构方案。

4)选择服务部门

根据装备采购评估组织管理机构方案,装备采购评估管理部门,选取实施装备采购评估的服务部门和人员。

5)遴选评估专家

根据装备采购评估组织管理机构方案,装备采购评估管理部门,采取随机或定向邀请等方式,选取评估专家。

6)邀请专家

根据确定的评估专家,装备采购评估管理部门通过电话或邮件等方式,邀请评估专家,如果评估专家无法参与,则重新选择专家。

7)成立组织管理机构

根据确定的装备采购评估服务部门和专家,正式成立装备采购评估组织管理机构,包括装备采购评估决策部门、管理部门、服务部门和专家等。

3. 装备采购评估指标体系管理流程

装备采购评估指标体系管理流程包括选择评估指标模块、修改评估指标、专家讨论、征求意见和确定评估指标等步骤,如图3-15所示。

1)选择评估指标模块

根据装备采购评估任务,装备采购评估管理部门从评估指标库中,选择对应的装备采购评估指标模块,主要包括装备采购总体评估、要素评估、阶段评估、效益评估,以及装备采购其他评估等评估指标模块。

2)修改评估指标

综合考虑装备采购评估任务实际情况和进度要求,装备采购评估管理部门根据评估指标模板,添加、修改或删除相关评估指标,并填写指标名称、指标类型、指标说明等要素。

3)专家讨论

根据装备采购评估指标,邀请评估专家研究讨论,修改完善装备采购评估指标。

4)征求意见

装备采购评估管理部门向装备采购评估对象下发装备采购评估指标,征

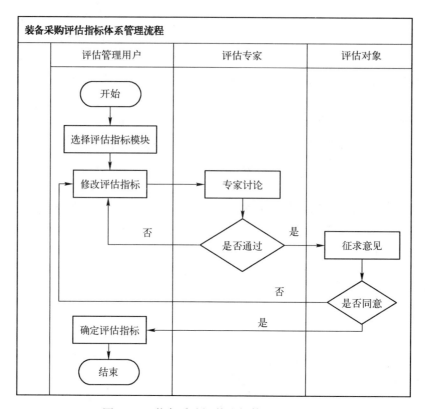

图 3-15　装备采购评估指标体系管理流程

求评估对象的意见建议。

5）确定评估指标

根据装备采购评估对象的意见，修改完善装备采购评估指标，得到最终的装备采购评估指标。

4. 装备采购评估标准管理流程

装备采购评估标准管理流程包括选择评估标准模块、修改评估标准、专家讨论、征求意见和确定评估标准等步骤，如图 3-16 所示。

1）选择评估标准模块

根据装备采购评估指标模块，装备采购评估管理部门从评估标准库中，调用对应的装备采购评估标准模块，主要包括装备采购指数评估、全要素评估、多阶段评估、高效益评估，以及装备采购其他评估等评估标准模块。

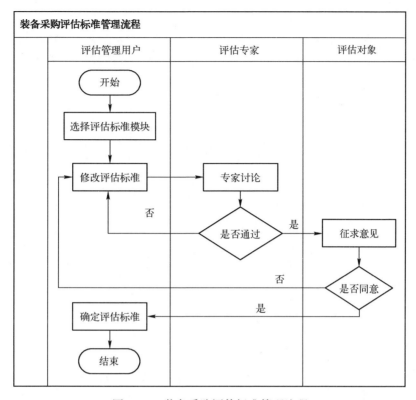

图 3-16 装备采购评估标准管理流程

2) 修改评估标准

按照装备采购评估指标修改情况，装备采购评估管理部门根据评估标准模板，添加、修改或删除相关评估标准，并确定评估标准名称、等级、描述和依据等要素。

3) 专家讨论

根据装备采购评估标准，邀请评估专家研究讨论，修改完善装备采购评估标准。

4) 征求意见

装备采购评估管理部门向装备采购评估对象下发装备采购评估标准，征求评估对象的意见建议。

5) 确定评估标准

根据装备采购评估对象的意见，修改完善装备采购评估标准，得到最终的装备采购评估标准。

5. 装备采购评估模型管理流程

装备采购评估模型管理流程包括选择评估指标权重模型、修改权重模型参数、计算指标权重、研讨交流、确定权重、确定单指标评估模型和确定综合评估模型等步骤，如图 3-17 所示。

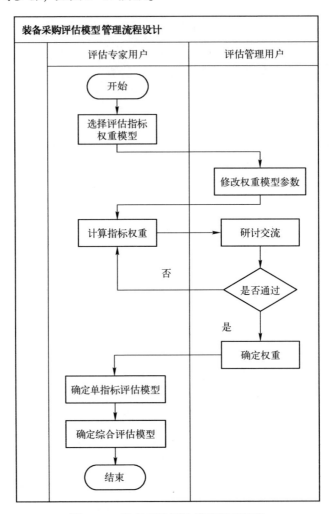

图 3-17 装备采购评估模型管理流程

1) 选择指标权重模型

装备采购评估专家根据装备采购评估任务、评估指标和评估标准，从模型库中选择装备采购评估指标权重、模型。包括德尔菲法、层次分析法、主成分法等。

2）修改权重模型参数

装备采购评估管理部门根据调用的模型，填写和修改相关模型参数。

3）计算指标权重

装备采购评估专家分别根据权重模型，填写相关数据和参数，形成初步的装备采购评估指标权重。

4）研讨交流

装备采购评估管理部门对离散度较大的指标权重，邀请专家进行专项研讨，形成一致意见。

5）确定权重

装备采购评估管理部门综合考虑评估专家权重确定结果，形成最终的装备采购评估指标权重。

6）确定单指标评估模型

装备采购评估专家根据装备采购评估指标类型和评估标准，从模型库中选择装备采购单指标评估模型。包括数学公式、模糊数学、证据推理、第三方导入等。第三方导入是指通过第三方平台和互联网抓取的数据，形成单指标评估结果。

7）确定综合评估模型

装备采购评估专家根据装备采购评估任务、评估指标和评估标准，从模型库中选择装备采购综合评估模型。包括变权模糊数学、云模型、加权求和等。

3.4.3 装备采购评估实施流程

装备采购评估实施流程主要包括装备采购评估数据采集、单指标评估、综合评估等流程。

1. 装备采购评估数据采集流程

装备采购评估数据采集流程包括选择数据采集方式、设计数据采集模板、审核数据采集模板、下发数据采集任务、填报数据、数据检查和修改完善数据等步骤，如图3-18所示。

1）选择数据采集方式

装备采购评估管理部门根据装备采购评估指标类型，从数据采集模板中选择数据采集方式。

2）设计数据采集模板

装备采购评估专家根据数据采集方式，修改完善装备采购评估数据采集

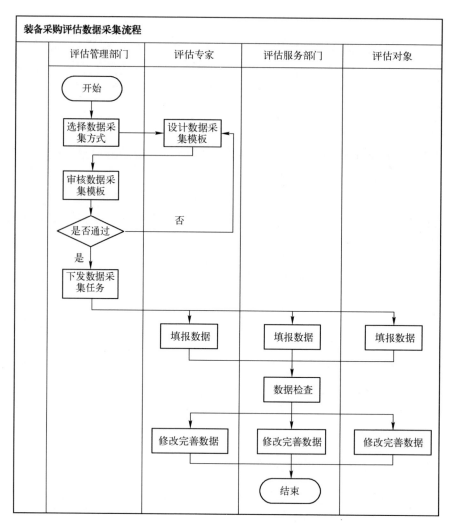

图 3-18　装备采购评估数据采集流程

模板。主要包括自动抓取模板、数据导入模板、专家评判模板和评估对象上报模板等。①设计自动抓取模板,编辑自动抓取对象、关键词和内容,以及抓取周期等参数;②设计数据导入模板,设计和编辑拟导入第三方平台的数据;③设计专家评判模板,设计和编辑评判标准;④设计评估对象上报模板,设计和编辑数据上报的模板。

3)审核数据采集模板

装备采购评估管理部门审核装备采购评估数据采集模板,并提出修改意见。

4) 下发数据采集任务

根据装备采购评估管理部门意见建议,修改完善数据采集模板,并下发给评估对象(上报模板)、评估专家(专家评判模板)和服务部门(自动抓取模板、数据导入模板)。

5) 填报数据

装备采购评估对象、评估专家和服务部门,根据数据采集模板,分别上报或导入装备采购评估数据。

6) 数据检查

装备采购评估服务部门根据上报的装备采购评估数据,进行完整性、合理性和敏感性检查。

① 完整性检查是指对装备采购评估数据填报是否完整进行检查;② 合理性检查是指对装备采购评估数据填报是否合理进行检查;③ 敏感性检查是指对装备采购评估数据是否敏感进行检查。

7) 修改完善数据

装备采购评估对象、评估专家和服务部门,根据数据检查结果,修改完善装备采购评估数据。

2. 装备采购单指标评估流程

装备采购单指标评估流程包括开展评估、结果检查、形成意见、研讨交流和确定结果等步骤,如图3-19所示。

1) 开展单指标评估

装备采购评估管理部门根据装备采购单指标评估数据和模型,计算得到装备采购单指标评估结果。

2) 单指标评估结果检查

装备采购评估服务部门从完整性、真实性和合理性等方面,对装备采购单指标评估结果进行检查。

3) 形成单指标评估意见

按照结果检查结论,形成装备采购单指标评估结果初步意见。

4) 研讨交流

装备采购评估管理部门对离散度较大、合理性较差的评估结果,邀请专家进行专项研讨,形成一致意见。

5) 确定单指标评估结果

装备采购评估管理部门综合考虑评估专家意见,形成最终的装备采购评

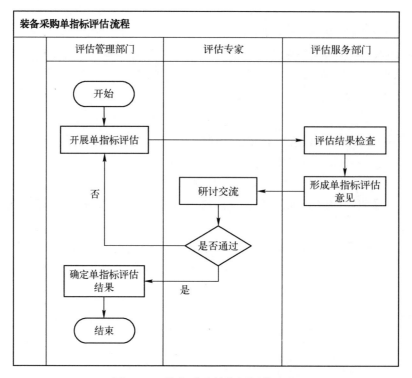

图 3-19　装备采购单指标评估流程

估单指标评估结果。

3. 装备采购综合评估流程

装备采购综合评估流程包括开展综合评估、研讨交流和确定结果等步骤，如图 3-20 所示。

1）开展综合评估

装备采购评估管理部门根据装备采购单指标评估结果和综合评估模型，计算得到装备采购综合评估结果。

2）研讨交流

装备采购评估管理部门邀请专家对评估结果进行研讨交流，形成一致意见。

3）确定综合评估结果

装备采购评估管理部门综合考虑评估专家意见，形成最终的装备采购综合评估结果。

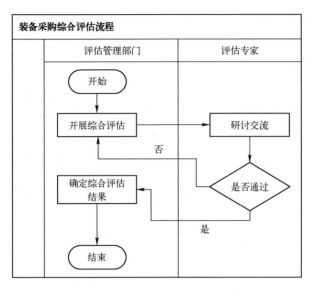

图 3-20 装备采购综合评估流程

3.4.4 装备采购评估处理流程

1. 装备采购评估结果统计分析流程

装备采购评估结果统计分析流程包括下达任务、统计分析和结果查询等步骤，如图 3-21 所示。

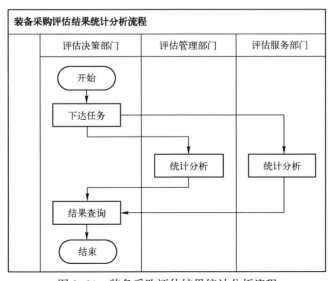

图 3-21 装备采购评估结果统计分析流程

1) 下达任务

装备采购评估决策部门下达装备采购评估结果统计分析任务。

2) 统计分析

装备采购评估管理部门和服务部门根据下达任务，利用数据分析与挖掘工具，开展装备采购评估结果的统计分析工作，形成统计分析结果。

3) 结果查询

装备采购评估决策部门可查询装备采购评估结果统计分析情况。

2. 装备采购评估报告管理流程

装备采购评估报告管理流程主要包括生成评估报告、修改评估报告和上报评估报告等步骤，如图3-22所示。

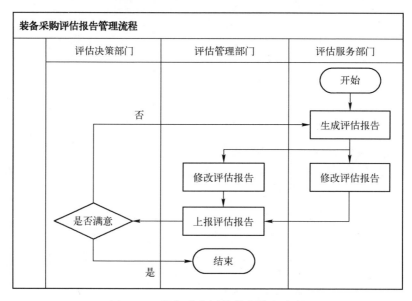

图3-22　装备采购评估报告管理流程

1) 生成评估报告

装备采购评估服务部门按照模板和评估结果，生成装备采购评估报告。

2) 修改评估报告

装备采购评估管理部门和专家根据服务部门生成的装备采购评估报告，进行修改完善。

3) 上报评估报告

装备采购评估管理部门向装备采购决策部门上报装备采购评估报告。

3. 装备采购评估活动评价流程

装备采购评估活动评价包括建立活动评价指标、采集评估活动数据、开展评估活动评价、上报活动评价结果等步骤，如图3-23所示。

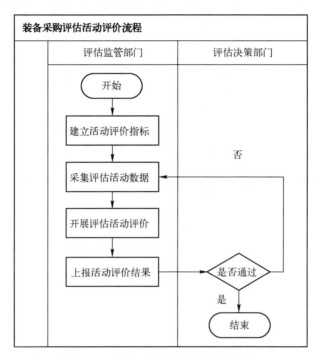

图3-23 装备采购评估活动评价流程

1) 建立活动评价指标

装备采购评估监督部门从装备采购评估目的合理性、方案可行性、过程科学性和结果可信性等方面，提出装备采购评估活动评价指标。

2) 采集评估活动数据

装备采购评估监督部门根据活动评价指标，全面收集和处理评估全流程、全要素和全主体的装备采购评估数据。

3) 开展评估活动评价

装备采购评估监督部门根据评价指标和数据，使用评价模型，开展装备采购评估活动评价。

4) 上报活动评价结果

装备采购评估监督部门向决策部门上报装备采购活动评价结果。

参考文献

[1] 吕彬，李晓松，陈庆华．装备采购风险管理理论和方法［M］．北京：国防工业出版社，2011．

[2] 李晓松、吕彬、肖振华．军民融合式武器装备科研生产体系评价［M］．北京：国防工业出版社，2014．

[3] 李晓松，肖振华，吕彬．装备建设军民融合评价与优化［M］．北京：国防工业出版社，2017．

[4] 肖振华，吕彬，李晓松．军民融合式武器装备科研生产体系构建与优化［M］．北京：国防工业出版社，2014．

[5] 魏刚，陈浩光．武器装备采办制度概述［M］．北京：国防工业出版社，2008．

[6] 余高达．军事装备学［M］．北京：国防大学出版社，2000．

[7] 曲毅．装备维修保障项目绩效评价体系研究［J］．海军工程大学学报（综合版），2019，16（04）：87-92．

[8] 尹铁红，谢文秀．基于 BSC 的武器装备采购绩效评价体系设计［J］．装备学院学报，2014，25（05）：19-24．

第4章 装备采购评估指标和标准

评估指标和标准反映了评估工作目标,是评估内容的具体体现和重要载体,是后续构建评估模型的输入和基础。装备采购评估核心是确定评估指标和评估标准,评估指标和标准制订的是否全面、科学、可操作,直接决定了装备采购评估工作质效。本书围绕装备采购评估的不同目标,建立了多个层次、多个维度和多种形式的装备采购评估指标和标准。

4.1 评估指标概述

4.1.1 基本概念

1. 评估指标体系

指标是指预期达到的指数、规格或标准。通常指标具有两种表现形式:一种是数量化指标,也称定量指标;一种是非数量化指标,也称定性指标。这两种指标从不同方面反映了评估对象的"质"。体系是由若干事物按照一定的秩序和联系组合而成的整体。指标体系就是由若干指标按照一定的秩序相互关联而构成的整体。

装备采购评估指标体系,是衡量装备采购程度和状态的尺度,是对装备采购整体推进水平、建设效果以及具体领域发展效益的具体测度,其基本功能是真实反映装备采购工作成效。

2. 评估标准

标准是衡量事物的依据或准则,是对重复性事物和概念所作的统一规定。

装备采购评估标准,是对装备采购评估指标具体情况进行衡量的准则。评估指标在横向上覆盖了影响装备采购的重要因素,而评估标准则在纵向上对评估指标进行了科学的定量与定性描述,二者相互补充,能够准确反映装备采购的真实情况。

4.1.2 常用评估指标构建方法

常用评估指标构建方法通常包括文献研究法、问卷调查法、专家研讨法和因子分析法等。

1. 文献研究法

文献研究法是一种传统经典的科学研究方法,主要是通过对文献的收集、鉴别与整理获取对所研究事实的科学认识。通过文献研究法,构建评估指标的步骤通常包括提出假设、研究设计、文献收集、文献整理和构建指标 5 个基本环节。其中,提出假设是根据评估内容,以现有过去评估工作相关资料为依据,提出需要构建的评估指标具体内容;研究设计是根据提出的评估指标具体内容,设计具体的文献收集、整体和综述的具体执行方案;文献收集是根据研究设计,通过多种渠道开展文献收集工作。文献收集渠道包括图书馆、档案室、博物馆等场所,以及网络开源数据等;文献整理是指根据搜集的文献,针对评估指标内容,整理相关文献;指标构建是指根据整理后的文献资料,提炼构建评估指标体系。

2. 问卷调查法

"问卷"是用于统计或调查用的问题清单,被广泛应用于社会科学研究领域。问卷调查法是构建评估指标体系的常用方法。该方法由评估指标构建实施者,针对评估内容,将所要构建评估指标内容编成调查提纲或询问表,发放给被调查者。被调查者针对评估指标调查提纲或询问表,提出有关评估指标意见建议,然后由调查者收回,并对所收集到的问卷调查结果进行统计汇总,得到最终评估指标体系。通过问卷调查法构建评估指标,易受被调查者背景、信念、态度、知识水平、倾向等影响,具有一定的主观性,因此通常应对被调查者的基本情况、能力素质和规模数量进行有效控制。

3. 专家研讨法

专家研讨法是指由具有较丰富知识和经验的人员组成专家小组,针对评估指标体系进行座谈讨论,集思广益,得到经大部分专家认可的评估指标体系。运用专家研讨法构建评估指标体系,不仅可以弥补专家个人知识与视角局限,也能够激发更多潜在创造性思维,产生"二次创新",达到短时间内达成共识、取得成效目的。专家研讨法组织形式，通常包括非交锋式会议法、交锋式会议法、混合式风暴法。

（1）非交锋式会议即头脑风暴法。会议针对评估指标体系进行专家研讨，不设置专门限制条件或主题，与会专家可以不受约束发表意见，通过观点交流、思维碰撞，激发灵感，产生创造性思维。

（2）交锋式会议法是指针对评估指标体系进行专家研讨，会议设置专门主题或内容，专家依次发表意见，并充分讨论，最终达成共识，得到专家一致认可的评估指标体系。

（3）混合式会议法即质疑头脑风暴法。会议分为两个阶段：第一阶段是非交锋式会议，通过思维碰撞，对评估指标体系的范围和各种情况进行总体设想和宏观判断；第二阶段是交锋式会议，对第一阶段的会议结果进行讨论与质疑，并针对具体问题进行专项研讨交流，相互启发，最终得到专家一致认可的评估指标体系。

4. 因子分析法

因子分析法是一种多变量统计分析方法，从研究评估指标内部相关性出发，把具有错综复杂关系的最底层的评估指标或数据进行分类归并，归结为少数几个互不相关的评估指标。归纳后的评估指标又称为因子。采用因子分析法对最底层评估指标或数据进行分析处理，不是简单地对评估指标进行取舍，而是将最底层评估指标或数据进行重新组构，从而能够反映或代表最底层的评估指标。因子分析法的具体步骤如下：

1）适用性检验

因子分析法是从众多具有较强相关性原始变量中重构出几个具有代表意义因子变量的过程。因子分析法通常采用 KMO（Kaiser-Meyer-Olkin）校验法进行因子分析法的适用性检验。该方法能够对原始变量之间的简单相关系数和偏相关系数进行比较，分析原始变量是否符合开展因子分析的条件和基础。KMO 校验法的计算公式为

$$\mathrm{KMO} = \frac{\sum\sum_{i \neq j} r_{ij}^2}{\sum\sum_{i \neq j} r_{ij}^2 + \sum\sum_{i \neq j} p_{ij}^2} \quad (4-1)$$

式中：r_{ij}^2 为变量 i 和变量 j 之间的简单相关系数；p_{ij}^2 为变量 i 和变量 j 之间的偏相关系数。

KMO 的取值介于 0 和 1 之间，取值越大表明变量间的共同因子越多，越适合进行因子分析。其中，KMO 取值高于 0.9，表示非常适合开展因子分析；

取值在 0.8~0.9 之间，表示很适合进行因子分析；取值在 0.7~0.8 之间，表示适合进行因子分析；取值在 0.6~0.7 之间，表示不太适合进行因子分析；取值在 0.5~0.6 之间，表示勉强可以进行因子分析。如果 KMO 的取值低于 0.5，表明样本数量偏小，需要扩大样本。

2）提取共同因子

提取共同因子是因子分析法的核心内容，重点是将最底层的评估指标归类综合成少数几个因子。常用的因子提取方法是主成分分析法，通常共同因子数目与原始变量数目相同，但抽取主要因子之后，如果剩余的方差很小，就可以舍弃其余因子，以达到简化原始数据目的。通常通过特征值准则和碎石图检验准则来确定具体共同因子数目。

3）提高因子变量可解释性

因子提取法得到的因子变量解释能力较弱，不容易对其命名。通常采取因子旋转方法，通过坐标变换提高因子变量的可解释性。因子旋转目的在于变换因素负荷量的大小，使得每个因素负荷量更接近于 1 或者 0，从而使共同因子的命名和解释变得更加容易。

4）计算因子得分

计算因子得分就是计算因子在每个样本上的具体数值，由此形成的变量称为因子变量。通过计算因子得分得到因子变量与原始变量之间的线性关系，为进一步用较少因子代替原有变量奠定基础。

5）因子命名

经过因子分析得到的因子变量是对原有变量（最底层评估指标）的综合，原有变量是有物理意义的变量，即最底层的评估指标。因子命名就是对新的因子进行命名，使其涵盖原有变量所包含的意思。

4.1.3 评估指标构建原则

装备采购评估原则是开展装备采购评估工作的重要规范与基本前提。装备采购本身是一个巨系统的运行过程，包含众多子系统，彼此相互依存，结构层次复杂。装备采购评估指标体系应该能够描述和反映装备采购各方面的水平和状况，能够对装备采购各方面建设的趋势及发展的速度进行科学地评估与预测。建立选取装备采购评估指标体系时，应注意把握以下基本原则。

1. 系统性原则

装备采购评估是一个具有整体目的和内在结构性的复杂工作。在构建装备采购评估指标体系时，既要注重全面性，又要考虑众多因素之间的相互统一和可比性，使其具有科学合理的层次性，能准确反映不同影响因素之间的结构关系。

2. 独立性原则

在指标选取时，通过各项指标的描述要能综合反映指标体系的整体特性，避免指标选取的重复与冗余。因此，各项指标的选取应该具有独立性，即各指标的描述应具有唯一性，这样可以减少描述上的重复。

3. 可行性原则

可行性是指所设立的指标要便于获取和容易量化，具有实际应用价值。在选取装备采购评估指标时，应立足于文献资料、专家建议、政策措施、统计年鉴等，保证指标含义明确，获取数据的途径有效、便捷，便于进行测算和分析。

4. 动态性原则

装备采购是一个不断探索和逐步完善的过程，受内部因素和外部因素的影响，在其发展过程中相关内容需要不断地进行适时调整。因此，装备采购评估指标体系的建立也要以发展的思维进行，不仅要准确反映现在的基本情况，也要能科学预见未来的发展状况。

5. 平战结合原则

装备采购评估旨在提高装备采购质量效益，在其实践过程中，既要考虑平时的建设效益，又要考虑战时的快速转换能力。在构建装备采购评估指标体系时，对装备采购效益和作战能力都应有所考虑。

6. 定量与定性相结合原则

影响装备采购的因素众多，有些指标可以量化，有些指标则难以量化。在对装备采购进行评估时，要坚持定量与定性相结合的原则，既要有定量指标，也要有定性指标，从而使装备采购指标评估体系能够全面概括、精准地描述装备采购的现实状态。

4.1.4 评估指标体系和标准构建流程

为保证评估指标选取的覆盖性、精炼性与可操作性，本书综合运用层次分析法、文献综述、案例总结、归纳分析、专家研讨、问卷调查、因子分析、标准化、专家评判和实验检验等方法，对影响装备采购的众多因素进行分析与筛选。其中文献综述和案例总结，重点解决评估指标覆盖性的问题；归纳分析、专家研讨、问卷调查和因子分析重点解决评估指标精炼性问题；专家评判和实验检验重点解决评估指标的可操作性问题。装备采购评估指标体系和标准的建立过程如图 4-1 所示。

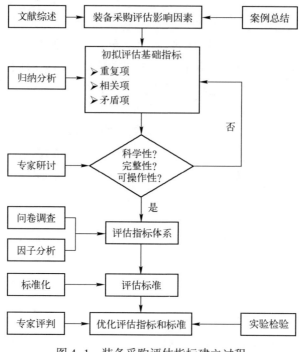

图 4-1　装备采购评估指标建立过程

1. 分析影响因素

影响因素既是决定事物发展的原因与条件，也是事物发展不可或缺的要素与组成部分。装备采购是一项复杂的系统工程，影响其发展的因素有很多。本书将运用文献综述和案例总结两种方法，归纳影响装备采购的相关因素，为进一步提取装备采购评估指标奠定基础。具体操作流程如下：

首先，借助网络数据库、学术期刊、图书资料等文献资源，收集国内外学者关于装备采购的相关研究成果、研究理论，对其进行分析、评述与总结，列出学术界关注的装备采购的重要影响因素。

其次，通过梳理军兵种装备采购评估，以及相关单位装备采购评估等案例，从实践层面梳理得到较为科学全面的影响装备采购实践的现实因素。

2. 建立评估基础指标

通过文献综述法和案例总结法得到的装备采购影响因素，相互之间往往存在冗余性、矛盾性，影响装备采购评估指标体系构建的精炼性、准确性与可操作性。本书运用归纳分析法总结得到装备采购评估的基础指标，然后运用专家研讨法，从科学性、完整性与可操作性等方面，进一步修改完善评估基础指标。具体操作流程如下：

首先，通过归纳分析法，对装备采购影响因素的有效归纳，去除影响因素之间的重复性与矛盾性，得到初步的装备采购评估基础指标。

然后，通过专家研讨法，邀请军地装备采购专家，对初步选定的装备采购评估基础指标进行分析研判，重点从科学性、完整性和可操作性等维度进行分析，最终得到覆盖面全、精炼性高、可操作性强的装备采购评估基础指标。

3. 构建评估指标体系

通过运用文献综述、案例总结、归纳分析以及专家研讨等方法，对装备采购影响因素进行层层深入的探索与研究，从而得到装备采购评估基础指标。虽然装备采购评估基础指标具有覆盖性全、精炼性高、差异性大和可操性强等特点，但也仅仅是对评估指标的简单罗列，相互之间的逻辑关系较弱，无法科学支撑装备采购评估工作。因此，综合运用问卷调查、因子分析等方法，对装备采购评估基础指标进行进一步的分析与研究，使具有相关性的评估指标能够聚类到一起，从而得到装备采购评估指标体系。具体流程如下：

1) 问卷编制与发放

运用问卷调查方式，对装备采购评估基础指标的重要程度进行评判研究。调查问卷的设计包含两方面的基本内容：一是被调查者的基本信息，二是关于装备采购评估基础指标影响因素重要性的判断。

调查问卷采用7级顺序李克特量表作为评分标准，评分越高代表影响因素的重要程度越高，具体标准如下：1代表很不重要，2代表不重要，3代表较不重要，4代表一般，5代表较重要，6代表重要，7代表很重要。为增加可信度，针对装备采购管理部门、专家团队和装备采购实践工作人员等，采取线上与线下相结合方式，发放150~200份调查问卷，广泛收集相关人员的意见建议。

2) 问卷结果分析

针对问卷调查结果，通过因子分析法、信度与效度检验等方法，对装备采购评估基础指标的相关性进行分析，以达到删除没有鉴别力的评估指标，并构建多层次装备采购评估指标体系。运用因子分析法对装备采购评估指标调查问卷进行处理的具体步骤，如图4-2所示。

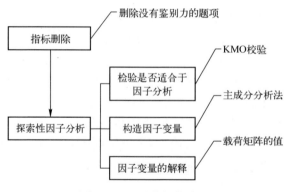

图 4-2 因子分析的步骤

(1) 指标删除。

对装备采购评估指标总分进行排序，依据量表总分，区分高分组（25%）与低分组（25%）。利用 T—test 检验高低分组在每个评估基础指标上的差异；以临界比（即 CR 值小于 0.05）作为指标是否有鉴别力的标准，删除没有鉴别力的评估指标。

(2) 探索性因子分析。

① 检验因子分析法的适用性。采用 KMO 校验法确定待分析的基础评估指标是否适合于因子分析。

② 构造因子变量。采取主成分分析法构建装备采购评估指标因子变量。

③ 指标提取和解释。通过对载荷矩阵值进行分析，得到因子变量和基础评估指标的关系，从而提炼得到关键评估指标，并对关键评估指标进行命名。

4. 建立评估标准

装备采购评估标准，能够客观地反应评估指标实际值与事物综合发展水平间的对应关系，包括定量指标的评估标准和定性指标的评估标准。对于定量指标的评估标准，通常采用计算公式进行计算得到，包括阈值法、标准化法、比重法等。对于定性指标的评估标准，通常采用定性描述方式，由专家打分得到。

本书采用标准化法，建立装备采购评估指标的评估标准，包括指标名称、指标类型、输入、输出、理想值、模型等内容。其中，指标名称是指评估指标的称谓，同时指标按照不同级别进行了分层，包括一级指标、二级指标和三级指标；指标类型是指评估指标的种类，包括定性指标和定量指标；输入是指评估指标计算模型的输入值；输出是指评估指标计算模型的输出值；理想值是指评估指标的目标值或理想最优值；模型是指评估指标的具体计算方式。此外，定性指标主要采取"优、合格和不合格"等3个标准，由专家进行评估，仅有输入和输出，没有理想值和模型。

5. 优化评估指标体系和标准

每次装备采购评估活动结束后，一方面根据评估反映问题，改进和优化装备采购工作；另一方面邀请军地专家根据评估结果，改进装备采购评估指标体系和评估标准等。

4.2 装备采购评估指标总体框架

装备采购评估指标包括装备采购整体评估、要素评估、阶段评估、效益评估，以及装备采购其他评估（项目管理评估、承制单位评估）等内容，各类评估之间的相互关系如图4-3所示。

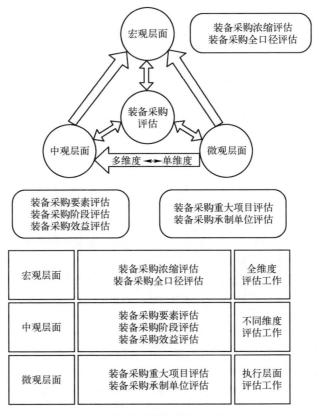

图4-3 装备采购评估指标逻辑关系

其中，装备采购整体评估是从宏观层面对装备采购整体情况进行评估，包括浓缩评估指标和全口径评估指标。装备采购要素、阶段、效益评估是从中观层面按照不同维度对装备采购进行评估，是装备采购整体评估的基础。装备采购其他评估是从微观层面对装备采购的重大项目和装备采购承制单位等重要方面进行评估。

4.3 装备采购整体评估指标和标准

装备采购整体评估指标和标准，重点是为衡量装备采购整体发展状态提供衡量标准，包括装备采购浓缩评估指标和装备采购全口径评估指标。

4.3.1 装备采购浓缩评估指标和标准

装备采购浓缩评估指标和标准，重点是选取少而精的评估指标对装备采购整体发展状态进行评估，能够为各级装备采购部门快速高效地评估装备采购的整体态势提供衡量标准。

1. 装备采购浓缩评估指标

本书构建的装备采购浓缩评估指标如图4-4所示。包括装备采购体制、装备采购政策、装备预研、装备研制、装备订购、装备维修和装备采购重大任务7个指标。

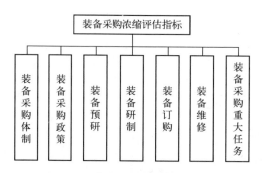

图4-4 装备采购浓缩评估指标

其中，装备采购体制通过装备采购体制改革推进指数进行衡量，反映装备采购管理体制和运行机制建设效果；装备采购政策通过装备采购政策推进指数进行衡量，反映装备采购政策体系推进效果；装备预研通过装备预研项目完成效果进行衡量，反映武器装备预研整体效果；装备研制通过装备研制项目完成效果进行衡量，反映武器装备研制整体效果；装备订购通过装备订购项目完成效果进行衡量，反映武器装备订购整体效果；装备维修通过装备维修项目完成效果进行衡量，反映武器装备维修整体建设效果；装备采购重大任务通过装备采购重大任务完成率进行衡量，反映装备采购重大项目、重要专项完成的情况和效果。

2. 装备采购浓缩评估指标标准

装备采购浓缩评估指标标准见表4-1。

表4-1 装备采购浓缩评估指标标准

指标名称	指标类型	输 入	输 出	理想值	模 型
装备采购体制	定量指标	第i年完成的装备采购管理体制改革任务数量N_i，计划开展的改革任务数量N	装备采购体制改革推进指数	1	$\frac{N_i}{N}$，如果$N_i \geq N$，指数为1
装备采购政策	定量指标	第i年颁布、修改和完善的装备采购政策制度数量N_i，计划制度的政策制订数量N	装备采购政策推进指数	1	$\frac{N_i}{N}$，如果$N_i \geq N$，指数为1
装备预研	定量指标	第i年装备预研项目完成的数量N_1，装备预研项目计划完成总量N_1'，装备预研项目完成的平均时间N_2，装备预研项目计划完成平均时间N_2'，装备预研项目实际开支的经费N_3，装备预研项目预算经费N_3'	装备预研项目完成效果	1	$\frac{N_1}{N_1'} \times \frac{N_2}{N_2'} \times \frac{N_3}{N_3'}$
装备研制	定量指标	第i年装备研制项目完成的数量N_1，装备研制项目计划完成总量N_1'，装备研制项目完成的平均时间N_2，装备研制项目计划完成平均时间N_2'，装备研制项目实际开支的经费N_3，装备研制项目预算经费N_3'	装备研制项目完成效果	1	$\frac{N_1}{N_1'} \times \frac{N_2}{N_2'} \times \frac{N_3}{N_3'}$
装备订购	定量指标	第i年装备订购项目完成的数量N_1，装备订购项目计划完成总量N_1'，装备订购项目完成的平均时间N_2，装备订购项目计划完成平均时间N_2'，装备订购项目实际开支的经费N_3，装备订购项目预算经费N_3'	装备订购项目完成效果	1	$\frac{N_1}{N_1'} \times \frac{N_2}{N_2'} \times \frac{N_3}{N_3'}$

续表

指标名称	指标类型	输入	输出	理想值	模型
装备维修	定量指标	第i年装备维修项目完成的数量N_1，装备维修项目计划完成总量N'_1，装备维修项目完成的平均时间N_2，装备维修项目计划完成平均时间N'_2，装备维修项目实际开支的经费N_3，装备维修项目预算经费N'_3	装备维修项目完成效果	1	$\dfrac{N_1}{N'_1} \times \dfrac{N_2}{N'_2} \times \dfrac{N_3}{N'_3}$
装备采购重大任务	定量指标	第i年实际完成的装备采购重大任务数量N_i，计划完成的装备采购重大任务数量N	装备采购重大任务完成率	1	$\dfrac{N_i}{N}$，如果$N_i \geq N$，指数为1

4.3.2 装备采购全口径评估指标

装备采购全口径评估指标是指根据装备采购要素、阶段、效益等评估指标，构建的全面反映装备采购整体态势的评估指标体系，如图4-5所示。评估指标体系和评估标准见相应章节。

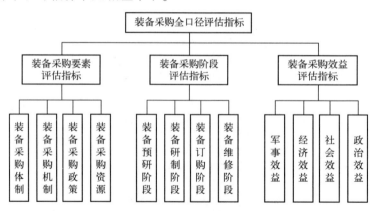

图4-5 装备采购全口径评估指标

4.4 装备采购要素评估指标和标准

4.4.1 装备采购要素评估指标

要素是构成一个客观事物的存在并维持其运动的必要的最小单位，是构成事物必不可少的现象，又是组成系统的基本单元。装备采购要素评估指标，

第4章 装备采购评估指标和标准

重点考察装备采购系统的构成和发展情况,主要包括装备采购体制、装备采购机制、装备采购政策和装备采购资源等4个方面内容,如图4-6所示。装备采购要素评估指标可应用于全军装备采购要素评估,也可应用于不同军兵种以及相关单位的装备采购要素评估。

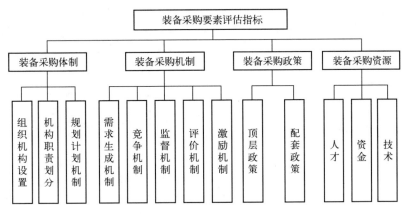

图4-6 装备采购要素评估指标

4.4.2 装备采购要素评估标准

装备采购要素评估指标的具体评估标准见表4-2。

表4-2 装备采购要素评估标准

二级指标	三级指标			
	名称	指标类型	输入	输出
装备采购体制	组织机构设置	定性指标	装备采购管理组织机构设置情况	优:建立了完善的装备采购管理体系,机构设置齐全、合理 合格:建立了装备采购管理体系,机构设置较为齐全、较为合理。 不合格:机构设置不齐全、不合理
	机构职责划分	定性指标	装备采购管理机构职责划分情况	优:装备采购管理体制职责分工明确、职责界面清晰,每项任务有具体的执行单位 合格:装备采购管理体制职责分工较为明确、职责界面较为清晰,每项任务有比较明确的执行单位 不合格:装备采购管理体制职责分工不明确、职责界面不清晰,每项任务没有明确的执行单位

续表

二级指标	三级指标			
	名称	指标类型	输入	输出
装备采购机制	规划计划机制	定性指标	装备采购规划计划机制情况	优：装备采购规划机制健全，流程设置合理，运转高效顺畅 合格：装备采购规划机制较为健全，流程设置较为合理，运转较为高效顺畅 不合格：装备采购规划机制不健全，流程设置不合理，运转不畅
	需求生成机制	定性指标	装备采购需求生成机制情况	优：装备采购需求生成机制健全，流程设置合理，运转高效顺畅 合格：装备采购需求生成机制较为健全，流程设置较为合理，运转较为高效顺畅 不合格：装备采购需求生成机制不健全，流程设置不合理，运转不畅
	竞争机制	定性指标	装备采购竞争机制情况	优：装备采购竞争机制健全，流程设置合理，运转高效顺畅 合格：装备采购竞争机制较为健全，流程设置较为合理，运转较为高效顺畅 不合格：装备采购竞争机制不健全，流程设置不合理，运转不畅
	监督机制	定性指标	装备采购监督机制情况	优：装备采购监督机制健全，流程设置合理，运转高效顺畅 合格：装备采购监督机制较为健全，流程设置较为合理，运转较为高效顺畅 不合格：装备采购监督机制不健全，流程设置不合理，运转不畅
	评价机制	定性指标	装备采购评价机制情况	优：装备采购评价机制健全，流程设置合理，运转高效顺畅 合格：装备采购评价机制较为健全，流程设置较为合理，运转较为高效顺畅 不合格：装备采购评价机制不健全，流程设置不合理，运转不畅
	激励机制	定性指标	装备采购激励机制情况	优：装备采购激励机制健全，流程设置合理，运转高效顺畅 合格：装备采购激励机制较为健全，流程设置较为合理，运转较为高效顺畅 不合格：装备采购激励机制不健全，流程设置不合理，运转不畅

续表

二级指标	三级指标			
	名称	指标类型	输入	输出
装备采购政策	顶层政策	定性指标	装备采购顶层政策情况	优：颁布装备采购条例，以及装备采购招投标、装备预研、装备研制等专项法规 合格：装备采购条例，以及装备采购招投标、装备预研、装备研制等专项法规有效推进 不合格：暂未颁布装备采购条例和装备采购专项法律法规
	配套政策	定性指标	装备采购配套政策情况	优：颁布系统配套，指导作用显著的促进装备采购财政、军品价格、投融资等政策制度 合格：颁布系统较配套，指导作用较显著的促进装备采购财政、军品价格、投融资等政策制度 不合格：暂未出台促进装备采购财政、军品价格、投融资等配套政策
装备采购资源	人才	定性指标	装备采购人才情况	优：建立完备的装备采购人才培养、评估、交流和选拔体系，形成了充足装备采购人才 合格：建立较为完备的装备采购人才培养、评估、交流和选拔体系，形成了较为充足装备采购人才 不合格：暂未建立完备的装备采购人才培养、评估、交流和选拔体系，装备采购人才匮乏
	资金	定性指标	装备采购资金情况	优：装备采购资金充足，满足建设需要，资金使用和配置非常合理 合格：装备采购资金较为充足，基本满足建设需要，资金使用和分配较为合理 不合格：装备采购资金不足，不能满足建设需要，资金使用和分配不合理
	技术	定性指标	装备采购技术运用情况	优：装备采购管理技术储备充足，技术手段丰富，能够全面支撑装备采购活动 合格：装备采购管理技术储备较为充足，技术手段较为丰富，能够支撑装备采购 不合格：装备采购技术储备不充足，技术手段不丰富，不能全面支撑装备采购

4.5 装备采购阶段评估指标和标准

装备采购阶段评估指标主要包括装备预研、装备研制（含试验鉴定）、装备订购和装备维修等阶段评估指标。装备采购阶段评估指标可应用于全军装备采购各个阶段评估，也可应用于不同军兵种以及相关单位的各个阶段评估。装备采购阶段评估指标如图4-7所示。

装备预研是装备预先研究的简称，包括应用基础研究、应用研究和先期技术开发等。装备预研评估指标主要包括装备预研政策制度、装备预研计划、装备预研信息交流、装备预研竞争、装备预研市场、装备预研执行和装备预研成果等评估指标。

装备研制是指为发展新型装备和改进、提高现役装备的作战使用性能而进行的研制活动，主要包括装备研制政策制度、装备研制计划、装备研制信息交流、装备研制竞争、装备研制市场、装备研制执行过程（性能试验、作战试验、状态定型）、装备研制成效等评估指标。

装备订购是指按照计划确定的品种、数量、时限，以合理的价格，订购符合战术技术指标和配套状态合格的装备，主要包括装备订购政策制度、装备订购计划、装备订购信息交流、装备订购竞争、装备订购执行、装备订购成效等评估指标。

装备维修是指为保持、恢复装备性能所采取的各项保障性措施和相关的管理活动，主要包括装备维修政策制度、装备维修标准规范、装备维修设施设备器材保障、装备维修计划、装备维修能力、装备维修任务完成、装备维修成效等评估指标。

4.5.1 装备预研评估指标和标准

装备预研评估指标主要包括装备预研政策制度、装备预研计划、装备预研信息交流、装备预研竞争、装备预研市场、装备预研执行和装备预研成果等评估指标，如图4-8所示。

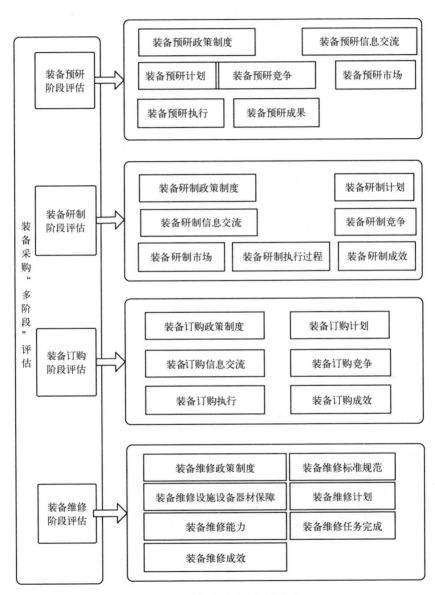

图 4-7 装备采购阶段评估指标

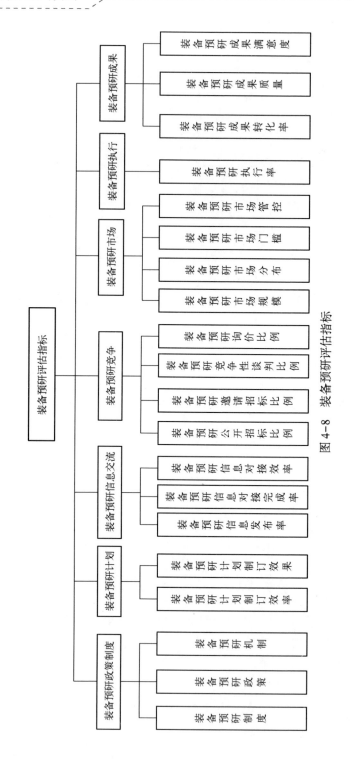

图 4-8 装备预研评估指标

装备预研评估标准，见表4-3。

表4-3 装备预研评估标准

二级指标	三级指标				理想值	模型
	名称	指标类型	输入	输出		
装备预研政策制度	装备预研制度	定性指标	装备预研制度改革满足需求情况	优：装备预研组织管理体制健全，职责分工明晰 合格：装备预研组织管理体制较为健全，职责分工较为明晰 不合格：装备预研组织管理体制不健全，职责分工不明晰	—	—
	装备预研政策	定性指标	装备预研政策满足需求情况	优：装备预研政策体系健全，配套政策齐全，可操作性强 合格：装备预研政策体系较为健全，配套政策较为齐全，可操作性较强 不合格：装备预研政策体系不健全，配套政策不齐全，可操作性不强	—	—
	装备预研机制	定性指标	装备预研运行机制满足需求情况	优：装备预研运行机制健全、流程科学、运转顺畅 合格：装备预研运行机制较为健全、流程较为科学、运转较为顺畅 不合格：装备预研运行机制不健全、流程不科学、运转不顺畅	—	—
装备预研计划	装备预研计划制订效率	定量指标	装备预研计划制订实际周期 N、装备预研计划制订要求周期 N'	装备预研计划制订实际周期与装备预研计划制订要求周期的比率	1	$\dfrac{N}{N'}$
	装备预研计划制订效果	定性指标	装备预研计划满足装备发展规划情况	优：装备预研计划全面满足规划要求，全面指导装备预研计划执行 合格：装备预研计划比较满足规划要求，能够有效指导装备预研计划执行 不合格：装备预研计划不满足规划要求，不能有效指导装备预研计划执行	—	—

续表

二级指标	三级指标					
	名称	指标类型	输入	输出	理想值	模型
装备预研信息交流	装备预研信息发布率	定量指标	发布信息的装备预研项目数量 N'，装备预研项目总量 N	发布信息的装备预研项目数量与装备预研项目总量的比率	1	$\dfrac{N}{N'}$
	装备预研信息对接完成率	定量指标	装备预研项目信息发布后，完成信息对接项目数量 N，装备预研项目信息发布数量 N'	装备预研项目信息发布后，完成信息对接项目数量占装备预研项目信息发布数量的比率	1	$\dfrac{N}{N'}$
	装备预研信息对接效率	定量指标	装备预研项目信息发布后，完成信息对接的平均时间 N，理想的信息对接完成时间 N'	装备预研项目信息发布后，完成信息对接的平均时间与理想的信息对接完成时间的比率	1	$\dfrac{N}{N'}$
装备预研竞争	装备预研公开招标比例	定量指标	装备预研公开招标项目的数量 N_1，计划开展公开招标预研项目总量 N'_1，装备预研公开招标项目的经费 N_2，计划开展公开招标预研项目总的经费 N'_2	装备预研公开招标项目完成比率、公开招标经费完成比率	1	$\dfrac{N_1}{N'_1} \times \dfrac{N_2}{N'_2}$
	装备预研邀请招标比例	定量指标	装备预研邀请招标项目的数量 N_1，计划开展邀请招标预研项目总量 N'_1，装备预研邀请招标项目的经费 N_2，计划开展邀请招标预研项目总的经费 N'_2	装备预研邀请招标项目完成比率、邀请招标经费比率	1	$\dfrac{N_1}{N'_1} \times \dfrac{N_2}{N'_2}$

续表

二级指标	三级指标					
	名称	指标类型	输入	输出	理想值	模型
装备预研竞争	装备预研竞争性谈判比例	定量指标	装备预研竞争性谈判项目的数量 N_1，计划开展竞争性谈判预研项目总量 N_1'，装备预研竞争性谈判项目的经费 N_2，计划开展竞争性谈判预研项目总的经费 N_2'	装备预研竞争性谈判项目完成比率、竞争性谈判招标经费完成比率	1	$\dfrac{N_1}{N_1'} \times \dfrac{N_2}{N_2'}$
	装备预研询价比例	定量指标	装备预研询价项目的数量 N_1，计划开展询价预研项目总量 N_1'，装备预研询价项目的经费 N_2，计划开展询价预研项目总的经费 N_2'	装备预研询价项目完成比率、询价经费完成比率	1	$\dfrac{N_1}{N_1'} \times \dfrac{N_2}{N_2'}$
装备预研市场	装备预研市场规模	定性指标	装备预研市场规模满足需求情况	优：装备预研承研单位数量多，能力水平高，满足装备预研需求 合格：装备预研承研单位数量较多，能力水平较高，基本满足装备预研需求 不合格：装备预研承研单位数量不足，能力水平低，不能满足装备预研需求	—	—
	装备预研市场分布	定性指标	装备预研市场分布满足需求情况	优：装备预研承研单位类型覆盖全，领域涉及全，没有出现垄断现象 合格：装备预研承研单位类型覆盖较全，领域涉及较全，垄断现象不突出 不合格：装备预研承研单位类型单一，领域涉及不全，垄断现象突出	—	—
	装备预研市场门槛	定性指标	装备预研市场门槛满足需求情况	优：装备预研市场门槛设置非常合理，优势企业能够非常公平进入市场 合格：装备预研市场门槛设置较为合理，优势企业能够公平进入市场 不合格：装备预研市场门槛设置不合理，优势企业不能公平进入市场	—	—

续表

二级指标	三级指标					
	名称	指标类型	输入	输出	理想值	模型
装备预研市场	装备预研市场管控	定性指标	装备预研市场管控满足需求情况	优：装备预研市场管控严格，违法行为和违规承研单位及时得到处理 合格：装备预研市场管控较为严格，违法行为和违规承研单位得到处理 不合格：装备预研市场管控不严格，违法行为和违规承研单位没有得到处理	—	—
装备预研执行	装备预研执行率	定量指标	装备预研项目完成的数量 N_1，装备预研项目计划完成总量 N_1'，装备预研完成的平均时间 N_2，装备预研项目计划完成平均时间 N_2'，装备预研项目实际开支的经费 N_3，装备预研项目预算经费 N_3'	装备预研项目数量执行率、进度执行率和经费执行率	1	$\dfrac{N_1}{N_1'} \times \dfrac{N_2}{N_2'} \times \dfrac{N_3}{N_3'}$
装备预研成果	装备预研成果转化率	定量指标	装备预研成果向装备采购其他阶段转化的数量 N，装备预研成果数量 N'	装备预研成果向装备采购其他阶段转化的数量与成果总数的比率	1	$\dfrac{N}{N'}$
	装备预研成果质量	定量指标	装备预研成果评审优秀数量 N，装备预研成果数量 N'	装备预研成果评审优秀数量与成果总数的比率	1	$\dfrac{N}{N'}$
	装备预研成果满意度	定量指标	装备预研管理甲方对成果满意的数量 N，装备预研成果数量 N'	装备预研管理甲方对成果满意的数量与成果总数的比率	1	$\dfrac{N}{N'}$

4.5.2 装备研制评估指标和标准

装备研制评估指标主要包括装备研制政策制度、装备研制计划、装备研制信息交流、装备研制竞争、装备研制市场、装备研制执行过程和装备研制成效等评估指标，如图4-9所示。

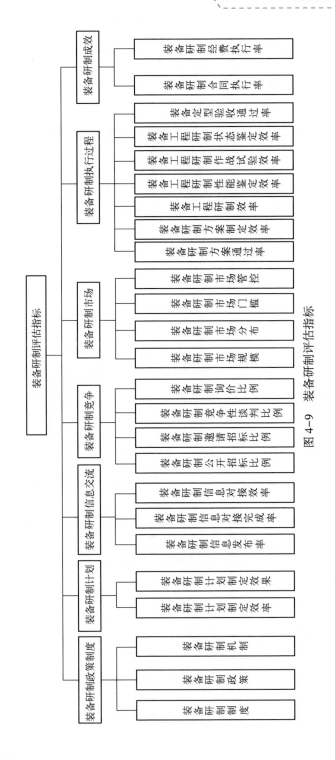

图 4-9 装备研制评估指标

装备研制评估标准见表4-4。

表4-4 装备研制评估标准

二级指标	三级指标					
	名称	指标类型	输入	输出	理想值	模型
装备研制政策制度	装备研制制度	定性指标	装备研制制度改革满足需求情况	优：装备研制组织管理体制健全，职责分工清晰 合格：装备研制组织管理体制较为健全，职责分工较为明晰 不合格：装备研制组织管理体制不健全，职责分工不明晰	—	—
	装备研制政策	定性指标	装备研制政策满足需求情况	优：装备研制政策体系健全，配套政策齐全，可操作性强 合格：装备研制政策体系较为健全，配套政策较为齐全，可操作性较强 不合格：装备研制政策体系不健全，配套政策不齐全，可操作性不强	—	—
	装备研制机制	定性指标	装备研制运行机制满足需求情况	优：装备研制运行机制健全、流程科学、运转顺畅 合格：装备研制运行机制较为健全、流程较为科学、运转较为顺畅 不合格：装备研制运行机制不健全、流程不科学、运转不顺畅	—	—
装备研制计划	装备研制计划制订效率	定量指标	装备研制计划制订实际周期 N、装备研制计划制订要求周期 N'	装备研制计划制订实际周期与装备研制计划制订要求周期的比率	1	$\dfrac{N}{N'}$
	装备研制计划制订效果	定性指标	装备研制计划满足装备发展规划情况	优：装备研制计划全面满足规划要求，全面有效指导装备研制执行 合格：装备研制计划比较满足规划要求，比较有效指导装备研制执行 不合格：装备研制计划不满足规划要求，不能有效指导装备研制执行	—	—

续表

二级指标	三级指标				理想值	模型
	名称	指标类型	输入	输出		
装备研制信息交流	装备研制信息发布率	定量指标	发布信息的装备研制项目数量 N'，装备研制项目总量 N	发布信息的装备研制项目数量与装备研制项目总量的比率	1	$\dfrac{N}{N'}$
	装备研制信息对接完成率	定量指标	装备研制项目信息发布后，完成信息对接项目数量 N，装备研制项目信息发布数量 N'	装备研制项目信息发布后，完成信息对接项目数量占装备研制项目信息发布数量的比率	1	$\dfrac{N}{N'}$
	装备研制信息对接效率	定量指标	装备研制项目信息发布后，完成信息对接的平均时间 N，理想的信息对接完成时间 N'	装备研制项目信息发布后，完成信息对接的平均时间与理想的信息对接完成时间的比率	1	$\dfrac{N}{N'}$
装备研制竞争	装备研制公开招标比例	定量指标	装备研制公开招标项目的数量 N_1，计划开展公开招标研制项目总量 N'_1，装备研制公开招标项目的经费 N_2，计划开展公开招标研制项目总的经费 N'_2	装备研制公开招标项目完成比率、公开招标经费完成比率	1	$\dfrac{N_1}{N'_1} \times \dfrac{N_2}{N'_2}$
	装备研制邀请招标比例	定量指标	装备研制邀请招标项目的数量 N_1，计划开展邀请招标研制项目总量 N'_1，计划开展邀请招标研制项目的经费 N_2，装备研制项目总的经费 N'_2	装备研制邀请招标项目完成比率、邀请招标经费完成比率	1	$\dfrac{N_1}{N'_1} \times \dfrac{N_2}{N'_2}$
	装备研制竞争性谈判比例	定量指标	装备研制竞争性谈判项目的数量 N_1，计划开展竞争性谈判研制项目总量 N'_1，装备研制竞争性谈判项目的经费 N_2，计划开展竞争性谈判研制总的经费 N'_2	装备研制竞争性谈判项目完成比率、竞争性谈判招标经费完成比率	1	$\dfrac{N_1}{N'_1} \times \dfrac{N_2}{N'_2}$

续表

二级指标	三级指标				理想值	模型
	名称	指标类型	输入	输出		
装备研制竞争	装备研制询价比例	定量指标	装备研制询价项目的数量 N_1，计划开展询价研制项目总量 N_1'，装备研制询价项目的经费 N_2，计划开展询价研制项目总的经费 N_2'	装备研制询价项目完成比率、询价经费完成比率	1	$\dfrac{N_1}{N_1'} \times \dfrac{N_2}{N_2'}$
装备研制市场	装备研制市场规模	定性指标	装备研制市场规模满足需求情况	优：装备研制承研单位数量多，能力水平高，满足装备研制需求 合格：装备研制承研单位数量较多，能力水平较高，基本满足装备研制需求 不合格：装备研制承研单位数量不足，能力水平低，不能满足装备研制需求	—	—
	装备研制市场分布	定性指标	装备研制市场分布满足需求情况	优：装备研制承研单位类型覆盖全，领域涉及全，没有出现垄断现象 合格：装备研制承研单位类型覆盖较全，领域涉及较全，垄断现象不突出 不合格：装备研制承研单位类型单一，领域涉及不全，垄断现象突出	—	—
	装备研制市场门槛	定性指标	装备研制市场门槛满足需求情况	优：装备研制市场门槛设置非常合理，优势企业能够非常公平进入市场 合格：装备研制市场门槛设置较为合理，优势企业能够公平进入市场 不合格：装备研制市场门槛设置不合理，优势企业不能公平进入市场	—	—
	装备研制市场管控	定性指标	装备研制市场管控满足需求情况	优：装备研制市场管控严格，违法行为和违规承研单位及时得到处理 合格：装备研制市场管控较为严格，违法行为和违规承研单位得到处理 不合格：装备研制市场管控不严格，违法行为和违规承研单位没有得到处理	—	—

续表

二级指标	三级指标				理想值	模型
	名称	指标类型	输入	输出		
装备研制执行过程	装备研制方案通过率	定量指标	批准通过装备研制方案数量 N，装备研制方案总数量 N'	批准通过装备研制方案数量与装备研制方案总数量比率	1	$\dfrac{N}{N'}$
	装备研制方案制订效率	定量指标	装备研制方案制订实际天数 N，装备研制方案制订计划天数 N'	装备研制方案制订实际天数与计划天数比率	1	$\dfrac{N}{N'}$
	装备工程研制效率	定量指标	装备工程研制实际天数 N，装备工程研制计划天数 N'	装备工程研制实际天数与计划天数比率	1	$\dfrac{N}{N'}$
	装备工程研制性能鉴定效率	定量指标	装备工程研制性能鉴定实际天数 N，装备工程研制性能鉴定计划天数 N'	装备工程研制性能鉴定实际天数与计划天数比率	1	$\dfrac{N}{N'}$
	装备工程研制作战试验效率	定量指标	装备工程研制作战试验实际天数 N，装备工程研制作战试验计划天数 N'	装备工程研制作战试验实际天数与计划天数比率	1	$\dfrac{N}{N'}$
	装备工程研制状态鉴定效率	定量指标	装备工程研制状态鉴定实际天数 N，装备工程研制状态鉴定计划天数 N'	装备工程研制状态鉴定实际天数与计划天数比率	1	$\dfrac{N}{N'}$
	装备定型验收通过率	定量指标	通过装备定型验收项目数量 N，计划开展定型验收装备研制项目总数量 N'	通过装备定型验收项目数量与计划开展定型验收装备研制项目总数量比率	1	$\dfrac{N}{N'}$
装备研制成效	装备研制合同执行率	定量指标	严格执行装备研制合同的项目数量 N，装备研制项目数量 N'	严格执行装备研制合同的项目数量与装备研制项目数量的比率	1	$\dfrac{N}{N'}$
	装备研制经费执行率	定量指标	实际投入装备研制经费金额 N，计划投入装备研制经费额 N'	实际投入装备研制经费与计划投入装备研制经费的比率	1	$\dfrac{N}{N'}$

4.5.3 装备订购评估指标和标准

装备订购评估指标主要包括装备订购政策制度、装备订购计划、装备订购信息交流、装备订购竞争、装备订购执行和装备订购成效等评估指标,如图4-10所示。

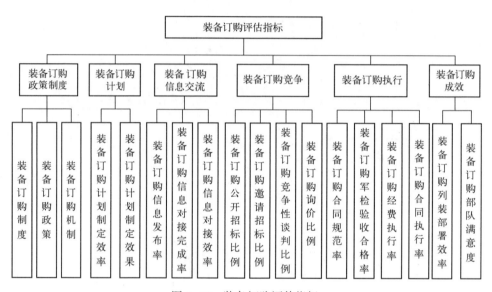

图 4-10 装备订购评估指标

装备订购评估标准见表4-5。

表 4-5 装备订购评估标准

二级指标	三级指标				理想值	模型
	名 称	指标类型	输 入	输 出		
装备订购政策制度	装备订购制度	定性指标	装备订购制度改革满足需求情况	优:装备订购组织管理体制健全,职责分工明晰 合格:装备订购组织管理体制较为健全,职责分工较为明晰 不合格:装备订购组织管理体制不健全,职责分工不明晰	—	—

续表

二级指标	三级指标				理想值	模型
	名称	指标类型	输入	输出		
装备订购政策制度	装备订购政策	定性指标	装备订购政策满足需求情况	优：装备订购政策体系健全，配套政策齐全，可操作性强 合格：装备订购政策体系较为健全，配套政策较为齐全，可操作性较强 不合格：装备订购政策体系不健全，配套政策不齐全，可操作性不强	—	—
	装备订购机制	定性指标	装备订购运行机制满足需求情况	优：装备订购运行机制健全、流程科学、运转顺畅 合格：装备订购运行机制较为健全、流程较为科学、运转较为顺畅 不合格：装备订购运行机制不健全、流程不科学、运转不顺畅	—	—
装备订购计划	装备订购计划制订效率	定量指标	装备订购计划制订实际周期 N、装备订购计划制订要求周期 N'	装备订购计划制订实际周期与装备订购计划制订要求周期的比率	1	$\dfrac{N}{N'}$
	装备订购计划制订效果	定性指标	装备订购计划满足装备发展规划情况	优：装备订购计划全面满足规划要求，全面有效指导装备订购计划执行 合格：装备订购计划比较满足规划要求，比较有效指导装备订购执行 不合格：装备订购计划不满足规划要求，不能有效指导装备订购计划执行	—	—
装备订购信息交流	装备订购信息发布率	定量指标	发布信息的装备订购项目数量 N、装备订购项目总量 N'	发布信息的装备订购项目数量与装备订购项目总量的比率	1	$\dfrac{N}{N'}$
	装备订购信息对接完成率	定量指标	装备订购项目信息发布后，完成信息对接项目数量 N、装备订购项目信息发布数量 N'	装备订购项目信息发布后，完成信息对接项目数量与装备订购项目信息发布数量的比率	1	$\dfrac{N}{N'}$

续表

二级指标	三级指标				理想值	模型
	名 称	指标类型	输 入	输 出		
装备订购信息交流	装备订购信息对接效率	定量指标	装备订购项目信息发布后,完成信息对接的平均时间 N,理想的信息对接完成时间 N'	装备订购项目信息发布后,完成信息对接的平均时间与理想的信息对接完成时间的比率	1	$\dfrac{N}{N'}$
装备订购竞争	装备订购公开招标比例	定量指标	装备订购公开招标项目的数量 N_1,计划开展公开招标订购项目的总量 N_1',计划开展公开招标订购项目的经费 N_2,装备订购项目总的经费 N_2'	装备订购公开招标项目完成比率、公开招标经费完成比率	1	$\dfrac{N_1}{N_1'} \times \dfrac{N_2}{N_2'}$
	装备订购邀请招标比例	定量指标	装备订购邀请招标项目的数量 N_1,计划开展邀请招标订购项目的总量 N_1',装备订购邀请招标项目的经费 N_2,计划开展邀请招标订购项目的总经费 N_2'	装备订购邀请招标项目完成比率、邀请招标经费完成比率	1	$\dfrac{N_1}{N_1'} \times \dfrac{N_2}{N_2'}$
	装备订购竞争性谈判比例	定量指标	装备订购竞争性谈判项目的数量 N_1,计划开展竞争性谈判订购项目的总量 N_1',装备订购竞争性谈判项目的经费 N_2,计划开展竞争性谈判订购总经费 N_2'	装备订购竞争性谈判项目完成比率、竞争性谈判招标经费完成比率	1	$\dfrac{N_1}{N_1'} \times \dfrac{N_2}{N_2'}$
	装备订购询价比例	定量指标	装备订购询价项目的数量 N_1,计划开展询价订购项目总量 N_1',装备订购询价项目的经费 N_2,计划开展询价订购项目总经费 N_2'	装备订购询价项目完成比率、询价经费完成比率	1	$\dfrac{N_1}{N_1'} \times \dfrac{N_2}{N_2'}$

续表

二级指标	三级指标					理想值	模型
	名称	指标类型	输入		输出		
装备订购执行	装备订购合同规范率	定量指标	装备订购合同符合规范要求的数量 N，装备订购合同数量 N'		达到规范要求的装备订购合同数量与装备订购合同总量的比率	1	$\dfrac{N}{N'}$
	装备订购军检验收合格率	定量指标	装备订购军检验收达到规定要求的合同数量 N，装备订购合同数量 N'		满足装备订购质量要求的装备订购合同数量与装备订购合同总量的比率	1	$\dfrac{N}{N'}$
	装备订购经费执行率	定量指标	实际投入装备订购经费额 N，计划装备订购经费额 N'		实际投入装备订购经费额与计划装备订购经费额比率	1	$\dfrac{N}{N'}$
	装备订购合同执行率	定量指标	严格履行的订购进度要求的合同数量 N，装备订购合同数量 N'		严格履行的订购进度要求的合同数量与装备订购合同总量的比率	1	$\dfrac{N}{N'}$
装备订购成效	装备订购列装部署效率	定量指标	实际列装部署装备数量 N，计划列装部署装备数量 N'		实际进度列装部署到位装备数量与计划列装部署装备数量比率	1	$\dfrac{N}{N'}$
	装备订购部队满意度	定性指标	列装部署装备满足部队需求情况		优：列装装备达到研制在役考核要求，部队使用满意 合格：列装装备达到研制在役考核要求，部队使用一般 不合格：列装装备未达到研制在役考核要求，部队使用不满意	—	—

4.5.4 装备维修评估指标和标准

装备维修评估指标主要包括装备维修政策制度、装备维修标准规范、装备维修设施设备器材设备保障、装备维修计划、装备维修能力、装备维修任务完成和装备维修成效等评估指标，如图4-11所示。

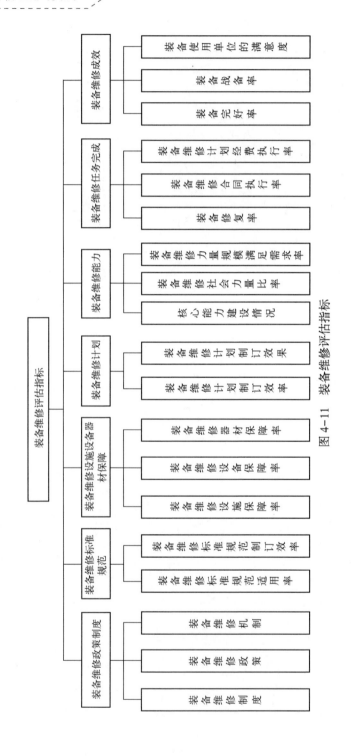

图4-11 装备维修评估指标

装备维修评估标准见表 4-6。

表 4-6 装备维修评估标准

二级指标	三级指标					
	名　　称	指标类型	输　　入	输　　出	理想值	模型
装备维修政策制度	装备维修制度	定性指标	装备维修制度改革满足需求情况	优：装备维修组织管理体制健全，职责分工明晰 合格：装备维修组织管理体制较为健全，职责分工较为明晰 不合格：装备维修组织管理体制不健全，职责分工不明晰	—	—
	装备维修政策	定性指标	装备维修政策满足需求情况	优：装备维修政策体系健全，配套政策齐全，可操作性强 合格：装备维修政策体系较为健全，配套政策较为齐全，可操作性较强 不合格：装备维修政策体系不健全，配套政策不齐全，可操作性不强	—	—
	装备维修机制	定性指标	装备维修运行机制满足需求情况	优：装备维修运行机制健全、流程科学、运转顺畅 合格：装备维修运行机制较为健全、流程较为科学、运转较为顺畅 不合格：装备维修运行机制不健全、流程不科学、运转不顺畅	—	—
装备维修标准规范	装备维修标准规范适用率	定量指标	满足需求的装备维修标准规范数量 N、现有装备维修标准规范总量 N'	满足需求的装备维修标准规范数量与现有装备维修标准规范总量的比率	1	$\dfrac{N}{N'}$
	装备维修标准规范制订效率	定量指标	新装备维修标准规范制订实际天数 N、新装备维修标准规范制订计划天数 N'	新装备维修标准规范制订实际使用天数与新装备维修标准规范制订计划天数比率	1	$\dfrac{N}{N'}$

续表

二级指标	三级指标					
	名 称	指标类型	输 入	输 出	理想值	模型
装备维修设施设备器材保障	装备维修设施保障率	定量指标	装备维修设施现有数量 N、装备维修设施需求数量 N'	装备维修设施现有数量与装备维修设施需求数量比率	1	$\dfrac{N}{N'}$
	装备维修设备保障率	定量指标	装备维修设备现有数量 N、装备维修设备需求数量 N'	装备维修设备现有数量与装备维修设备需求数量比率	1	$\dfrac{N}{N'}$
	装备维修器材保障率	定量指标	装备维修器材现有数量 N、装备维修器材需求数量 N'	装备维修器材现有数量与装备维修器材需求数量比率	1	$\dfrac{N}{N'}$
装备维修计划	装备维修计划制订效率	定量指标	装备维修计划制订实际周期 N、装备维修计划制订要求周期 N'	装备维修计划制订实际周期与装备维修计划制订要求周期的比率	1	$\dfrac{N}{N'}$
	装备维修计划制订效果	定性指标	装备维修计划满足装备发展规划情况	优：装备维修计划全面满足规划要求，全面有效指导装备维修执行 合格：装备维修计划比较满足规划要求，比较有效指导装备维修执行 不合格：装备维修计划不满足规划要求，不能有效指导装备维修执行	—	—
装备维修能力	核心能力建设情况	定性指标	装备维修核心能力建设情况	优：装备维修核心能力满足规划要求，能够高效完成装备维修任务 合格：装备维修核心能力满足规划要求，能够一般完成装备维修任务 不合格：装备维修核心能力不满足规划要求或不能完成装备维修任务	—	—
	装备维修社会力量比率	定量指标	装备维修社会力量数量 N，计划引入的社会化装备维修力量数量 N'	装备维修社会力量数量与计划引入社会维修力量总数量比率	1	$\dfrac{N}{N'}$
	装备维修力量规模满足需求率	定量指标	现有装备维修力量数量 N、装备维修力量需求数量 N'	现有装备维修力量数量与装备维修力量需求数量比率	1	$\dfrac{N}{N'}$

续表

二级指标	三级指标				理想值	模型
	名称	指标类型	输入	输出		
装备维修任务完成率	装备修复率	定量指标	实际修复装备数量 N，计划修复装备数量 N'	实际修复装备数量与计划修复装备数量比率	1	$\dfrac{N}{N'}$
	装备维修合同执行率	定量指标	严格履行的维修合同数量 N，装备维修合同数量 N'	严格履行的维修合同数量与装备维修合同总量的比率	1	$\dfrac{N}{N'}$
	装备维修计划经费执行率	定量指标	实际使用装备维修经费额 N，计划装备维修经费总额 N'	实际使用装备维修经费额与计划装备维修经费额比率	1	$\dfrac{N}{N'}$
装备维修成效	装备完好率	定量指标	实际处于良好状态装备数量 N，列装部署装备数量 N'	实际处于良好状态装备数量与列装部署装备数量比率	1	$\dfrac{N}{N'}$
	装备战备率	定量指标	实际用于战备值班装备数量 N，计划用于战备值班装备数量 N'	实际用于战备值班装备数量与计划用于战备值班装备数量比率	1	$\dfrac{N}{N'}$
	装备使用单位的满意度	定量指标	装备使用单位对维修工作满意数量 N，装备使用单位数量 N'	装备使用单位对维修工作满意数量与装备使用单位数量比率	1	$\dfrac{N}{N'}$

4.6 装备采购效益评估指标和标准

4.6.1 装备采购效益评估指标

效益是指效果与利益。效益是装备采购评估考察的重要指标之一。装备采购效益评估指标包括军事效益、经济效益、社会效益、政治效益等4个二级指标，如图4-12所示。装备采购效益评估指标，可应用于全军装备采购效益评估，也可应用于不同军兵种以及相关单位的装备采购效益评估。

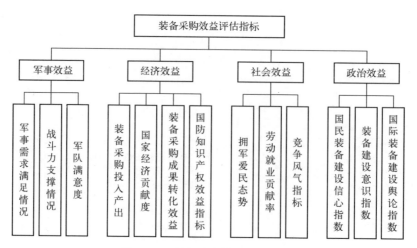

图 4-12 装备采购效益评估指标

4.6.2 装备采购效益评估标准

装备采购效益评估标准见表 4-7。

表 4-7 装备采购效益评估标准

二级指标	三级指标				理想值	模型
	名称	指标类型	输入	输出		
军事效益	军事需求满足情况	定量指标	完成装备采购项目满足军事需求的数量 N'，装备采购项目数量 N	完成装备采购项目满足军事需求的数量与采购项目数量比率	1	$\dfrac{N'}{N}$
	战斗力支撑情况	定量指标	完成的装备采购项目有效支持军队战斗力的总数 N'，装备采购项目数量 N	完成的装备采购项目有效支持军队战斗力的总数与采购项目数量比率	1	$\dfrac{N'}{N}$
	军队满意度	定量指标	军队满意的装备采购项目总数 N'，装备采购项目数量 N	军队满意的装备采购项目总数与采购项目数量比率	1	$\dfrac{N'}{N}$
经济效益	装备采购投入产出	定量指标	相关国防科技工业年利润 N'，计划国防科技工业年利润 N	相关国防科技工业年利润与计划国防科技工业年利润比率	1	$\dfrac{N'}{N}$
	国家经济贡献度	定量指标	国防科技工业年产值 N'，计划国防科技工业年产值 N	国防科技工业年产值与计划国防科技工业年产值比率	1	$\dfrac{N'}{N}$

续表

二级指标	三级指标				理想值	模型
	名 称	指标类型	输 入	输 出		
经济效益	装备采购成果转化效益	定量指标	装备采购成果转化收益 N'，计划装备采购成果转化收益 N	装备采购成果转化收益与计划装备采购成果转化收益的比率	1	$\dfrac{N'}{N}$
	国防知识产权效益指标	定量指标	国防知识产权收益 N'，计划国防知识产权收益 N	国防知识产权收益与计划国防知识产权收益的比率	1	$\dfrac{N'}{N}$
社会效益	拥军爱民态势	定性指标	结合舆情分析，掌握拥军爱民情况	优：拥军爱民的舆情指数明显上升 合格：拥军爱民的舆情指数上升一般 不合格：拥军爱民的舆情指数基本不变	—	—
	劳动就业贡献率	定量指标	相关国防科技工业就业人数 N'，计划就业数 N	相关国防科技工业就业人数与计划就业数比率	1	$\dfrac{N'}{N}$
	竞争风气指标	定性指标	结合舆情分析，掌握市场竞争风气情况	优：装备采购市场竞争风气好，投诉质疑量少 合格：装备采购市场竞争风气较好，投诉质疑量较少 不合格：装备采购市场竞争风气不好，投诉质疑量较多	—	—
政治效益	国民装备建设信心指数	定性指标	结合舆情分析，掌握民众对装备实力信心方面的情况	优：民众对装备实力信心大增 合格：民众对装备实力信心增长不明显 不合格：民众对装备实力信心下降	—	—
	装备建设意识指数	定性指标	结合舆情分析，掌握民众装备建设意识的变化情况	优：民众的装备建设意识大增 合格：民众的装备建设意识增长不明显 不合格：民众的装备建设意识下降	—	—
	国际装备建设舆论指数	定性指标	结合舆情分析，掌握国外对我国装备采购评论	优：国际评估高 合格：国际评估一般 不合格：国际评估低	—	—

4.7 装备采购其他评估指标和标准

4.7.1 装备采购项目管理评估指标和标准

装备采购项目是落实装备采购计划的具体工作,是提高装备采购质量效益的末端环节。构建装备采购项目管理评估指标,能够为科学论证装备采购重大项目,全程监控装备采购项目执行情况,真实掌握装备采购项目实施效果提供手段支持。

1. 装备采购项目管理评估指标和标准总体框架

装备采购项目管理评估指标和标准主要包括项目前评估指标和标准、项目中评估指标和标准,以及项目后评估指标和标准。其中,项目前评估主要应用于评估装备采购项目是否立项;项目中评估主要应用于评估装备采购项目执行情况;项目后评估主要应用于评估装备采购项目完成效果。装备采购项目前、项目中和项目后评估指标主要区别如下:

(1)目的作用不同。装备采购项目前评估指标的目的主要是评估项目的立项意义和可行性,重点分析项目本身的立项条件,以及对装备采购的作用和影响,其作用是为项目立项决策提供依据;装备采购项目中评估指标的目的主要是评估项目执行的进度、费用和质量是否符合项目立项要求,其作用是为调整项目提供依据;装备采购项目后评估指标的目的是验收项目成果,总结经验教训,其作用是为改进项目提供依据。

(2)数据选取不同。装备采购项目前评估指标的评估数据来源于项目建设前期预测或颁布的数据;装备采购项目中评估指标的评估数据来源于项目执行过程中产生的数据;装备采购项目后评估指标的评估数据来源于实际发生的数据。

(3)指标内容不同。装备采购项目前评估指标的主要内容是项目立项条件、技术方案、实施计划以及项目的军事经济效益等;装备采购项目中评估指标的主要内容是项目实际完成的工作量、进度、经费和资源投入等;装备采购项目后评估指标的主要内容是项目执行效果、项目完成情况、项目成果等。

1)装备采购项目前评估指标和标准

装备采购项目前评估指标主要是为选取装备采购项目提供支撑,包括立项必要性、项目可行性、项目应用前景、项目支撑条件和项目风险等二级指标，如图 4-13 所示。具体评估标准见表 4-8。

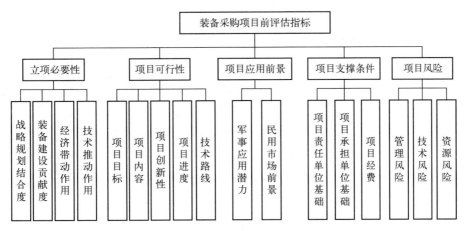

图 4-13 装备采购项目前评估指标

表 4-8 装备采购项目前评估标准

二级指标	三级指标	指标类型	评估标准		
			优	合 格	不 合 格
立项必要性	战略规划结合度	定性指标	项目与装备采购规划计划结合程度非常高	项目与装备采购规划计划结合程度一般	项目与装备采购规划计划结合程度较低
	装备建设贡献度	定性指标	项目对装备建设贡献度很高	项目对装备建设贡献度一般	项目对装备建设贡献度很低
	经济带动作用	定性指标	项目对经济、社会和产业的带动作用非常显著	项目对经济、社会和产业的带动作用较为显著	项目对经济、社会和产业的带动作用很低
	技术推动作用	定性指标	项目对技术进步的推动作用非常显著	项目对技术进步的推动作用较为显著	项目对技术进步的推动作用很低
项目可行性	项目目标	定性指标	项目目标制订的非常明确，且非常可行	项目目标制订的较为明确，且较为可行	项目目标制订的模糊，且不可行
	项目内容	定性指标	项目建设内容非常全面、科学，且很合理	项目建设内容较为全面、科学，且较合理	项目建设内容不全面、科学，且不合理

续表

二级指标	三级指标	指标类型	评估标准		
			优	合格	不合格
项目可行性	项目创新性	定性指标	项目在建设内容、方法和途径上具有非常强创新性	项目在建设内容、方法和途径上具有较强创新性	项目在建设内容、方法和途径上不具有创新性
	项目进度	定性指标	项目进度安排非常科学可行	项目进度安排较为科学可行	项目进度安排不科学可行
	技术路线	定性指标	项目拟解决关键技术问题和初步技术方案非常恰当可行	项目拟解决关键技术问题和初步技术方案较为恰当可行	项目拟解决关键技术问题和初步技术方案不恰当,且不可行
项目应用前景	军事应用潜力	定性指标	项目成果能够带来非常好的军事效益,或者能解决国防领域重大关键技术问题	项目成果能够带来较好的军事效益,或者能解决国防领域关键技术问题	项目成果军事效益不显著
	民用市场前景	定性指标	项目能够很好带动经济发展和产业发展,促进社会进步	项目能够较好带动经济发展和产业发展,促进社会进步	项目不能带动经济发展和产业发展,促进社会进步
项目支撑条件	项目责任单位基础	定性指标	项目责任单位具备非常好的承担项目经验、基础和条件	项目责任单位具备较好的承担项目经验、基础和条件	项目责任单位不具备承担项目经验、基础和条件
	项目承担单位基础项目经费	定性指标	项目预算非常恰当,经费科目非常合理	项目预算较为恰当,经费科目较为合理	项目预算不恰当,经费科目不合理
项目风险	管理风险	定性指标	项目提出非常科学可行的防范和应对管理风险的措施	项目提出较为科学可行的防范和应对管理风险的措施	项目没有提出科学可行的防范和应对管理风险的措施
	技术风险	定性指标	项目提出非常科学可行的防范和应对技术风险的措施	项目提出较为科学可行的防范和应对技术风险的措施	项目没有提出科学可行的防范和应对技术风险的措施
	资源风险	定性指标	项目提出非常科学可行的防范和应对资源风险的措施	项目提出较为科学可行的防范和应对资源风险的措施	项目没有提出科学可行的防范和应对资源风险的措施

（1）立项必要性主要包括战略规划结合度、装备建设贡献度、经济带动作用和技术推动作用等指标。其中,战略规划结合度主要考察项目和装备采

购战略与规划的结合程度；装备建设贡献度主要考察项目对装备建设的贡献程度；经济带动作用主要考察项目对经济、社会和产业的带动作用；技术推动作用主要考察项目对技术进步的推动作用。

（2）项目可行性主要包括项目目标、项目内容、项目创新性、项目进度和技术路线等内容。其中，项目目标主要考察项目目标制订的是否明确可行；项目内容主要考察项目建设内容是否全面、科学、合理；项目创新性主要考察项目在建设内容、方法和途径上是否具有创新性；项目进度主要考察项目进度安排是否科学可行；技术路线主要考察项目拟解决关键技术问题和初步技术方案是否恰当可行。

（3）项目应用前景主要包括军事应用潜力和民用市场前景等指标。其中，军事应用潜力主要考察项目成果是否能够带来较好的军事效益，或者解决国防领域重大关键技术问题；民用市场前景主要考察项目是否能够带动经济发展和产业发展，促进社会进步。

（4）项目支撑条件主要包括项目责任单位基础、项目承担单位基础和项目经费等评估指标。其中，项目责任单位基础主要考察提出项目的责任单位是否具备承担项目的经验、基础和条件；项目承担单位基础主要考察项目拟承担单位的人员情况、经验情况和硬件条件情况等；项目经费主要考察项目预算是否恰当，使用方向是否合理。

（5）项目风险主要包括管理风险、技术风险、资源风险等。其中，管理风险主要考察项目是否提出科学可行的防范和应对军地协调风险的措施；技术风险主要考察项目是否提出科学可行的防范和应对技术风险的措施；资源风险主要考察项目是否提出科学可行的防范和应对人力、经费、物资和设备等风险的措施。

2）装备采购项目中评估指标和标准

装备采购项目中评估指标主要针对正在执行的装备采购项目基本情况、建设进度、建设质量和存在问题进行实时监测，以便及时调整项目实施计划。本书运用挣值管理方法，构建装备采购项目中评估指标和标准。

（1）挣值管理。

挣值管理（earned value management）是一种综合了范围、进度和成本的绩效测量方法，对于计划完成的工作、实际挣得的利益、实际花费的成本进行了比较，以确定成本和进度是否按计划进行。挣值管理是项目管理的一种方法，主要用于项目成本和进度的监控。

挣值管理的核心要素包括计划值（planned value，PV）、挣值（earned

value，EV）、实际成本（actual cost，AC）、成本偏差（cost variance，CV）、进度偏差（schedule variance，SV）、成本绩效指数（cost performance index，CPI）、进度绩效指数（schedule variance index，SPI）等。

① 计划值是指完成某阶段计划要求的工作量所需的预算工时（或费用），反映的是按计划所需的预算值，而非实际消耗值。计算公式为 PV = 计划工作量×预算定额。

② 挣值是指项目实施过程中某阶段实际完成工作量与按预算定额计算出来的工时（或费用）之积。计算公式为 EV = 已完成工作量×预算定额。

③ 实际成本是指完成工作所消耗的实际工时（或费用），即实际值。

④ 成本偏差用于检验成本花费情况，其计算公式为 CV = EV−AC，其值为正时，表示效率高或者有结余；其值为负时，表示效率低或者超支。

⑤ 进度偏差用于检验进度执行情况，其计算公式为 SV = EV−PV。其值为正时，表示进度提前；其值为负时，表示进度延误。

⑥ 成本绩效指数是指预算费用与实际费用之比（或工时值之比），其计算公式为 CPI = EV/AC。当 CPI>1 时，表示实际费用低于预算费用；当 CPI = 1 时，表示实际费用与预算费用相同；当 CPI<1 时，表示实际费用高于预算费用。

⑦ 进度绩效指数是指项目挣值与计划值之比，计算公式为 SPI = EV/PV。当 SPI>1 时，表示进度超前；当 SPI = 1 时，表示实际进度与计划进度相同；当 SPI<1 时，表示进度延误。

（2）评估指标和标准。

假设装备采购项目的计划完成时间为 N 年，预算成本为 C 万元。在项目实施过程中，通过对成本和有关成本与进度的记录得知，在项目开始后的第 N' 年末实际成本发生额为 C_1 万元，所完成工作的计划预算成本额为 C_2 万元。与该装备采购项目的预算成本比较可知：第 N' 年末时，项目的计划成本额为 C'。则根据挣值管理方法的计算公式，可以得到如下结果：

① 成本偏差 CV = EV−AC = C_2-C_1。若 CV>0，表示第 N' 年末时该装备采购项目实际消耗的成本较预算值有结余；若 CV = 0，表示第 N' 年末时该装备采购项目实际消耗的成本等于预算值；若 CV<0，表示第 N' 年末时该装备采购项目实际消耗的成本超出预算值。

② 进度偏差 SV = EV−PV = C_2-C'。若 SV>0，表示第 N' 年末时该装备采购项目进度提前；若 SV = 0，表示第 N' 年末时该装备采购项目实际进度与计划进度相符；若 SV<0，表示第 N' 年末时该装备采购项目进度延误。

③ 成本绩效指数 $CPI = EV/AC = C_2/C_1$。若 $CPI > 1$，表示第 N' 年末时该装备采购项目消耗的实际费用低于预算费用；若 $CPI = 1$，表示第 N' 年末时该装备采购项目消耗的实际费用与预算费用相同；若 $CPI < 1$，表示第 N' 年末时该装备采购项目消耗的实际费用高于预算费用。

④ 进度绩效指数 $SPI = EV/PV = C_2/C'$。若 $SPI > 1$，表示第 N' 年末时该装备采购项目的进度超前；若 $SPI = 1$，表示第 N' 年末时该装备采购项目的实际进度与计划进度相同；若 $SPI < 1$，表示第 N' 年末时该装备采购项目的进度延误。

（3）案例分析。假设某装备采购项目的计划完成时间为 10 年，预算成本为 8000 万元。在项目开始后的第 5 年末实际成本发生额为 4000 万元，所完成工作的计划预算成本额为 4500 万元。与该装备采购项目的预算成本比较可知：第 5 年末时，项目的计划成本额为 5000 万元。

① 成本偏差 $CV = EV - AC = C_2 - C_1 = 4500 - 4000 = 500$ 万元，表明第 5 年末时该装备采购项目实际消耗的成本较预算值有结余，结余额为 500 万元；

② 进度偏差 $SV = EV - PV = C_2 - C' = 4500 - 5000 = -500$ 万元，表明第 5 年末时该装备采购项目进度落后 500 万元；

③ 成本绩效指数 $CPI = EV/AC = C_2/C_1 = 4500/4000 = 1.125$，表明第 5 年末时该装备采购项目消耗的实际费用低于预算费用，即完成同样的工作实际发生的成本是预算成本的 8/9。

④ 进度绩效指数 $SPI = EV/PV = C_2/C' = 4500/5000 = 0.9$，表明第 5 年末时只完成了五年工期的 90%，相当于只完成了总任务 56.25%。

3）装备采购项目后评估指标和标准

装备采购项目后评估指标主要是对已完成项目进行全面系统的评估，包括项目目标、项目过程和项目效益等评估指标，如图 4-14 所示。

（1）项目目标主要考察项目是否实现了预期目标，包括装备采购计划满足度、装备建设满足度等评估指标。其中，装备采购计划满足度主要考察项目是否满足装备采购计划需要；装备建设满足度主要考察项目是否满足装备建设需求。

（2）项目过程主要包括项目管理、项目完成情况和项目成果等评估指标。其中，项目管理主要考察项目管理制度是否科学、项目运行机制是否高效、资金使用是否符合规定；项目完成情况主要考察项目是否完成全部预期目标和内容，建设进度是否符合预期；项目成果主要考察项目产生的成果是否达到预期。

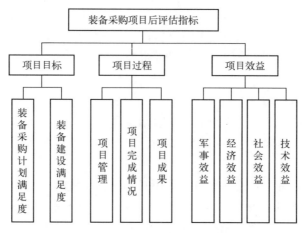

图 4-14 装备采购项目后评估指标

（3）项目效益主要考察军事效益、经济效益、社会效益和技术效益等指标。其中，军事效益主要考察项目成果是否带来了较好的军事效益，或者解决了装备建设重大问题；经济效益主要考察项目是否带动了经济发展和产业发展；社会效益主要考察项目是否促进了社会进步；技术效益主要考察项目是否实现了关键技术的自主可控。

装备采购项目后评估标准见表 4-9。

表 4-9 装备采购项目后评估标准

二级指标	三级指标	指标类型	评估标准		
			优	合 格	不 合 格
项目目标	装备采购计划满足度	定性指标	项目非常满足装备采购计划需要	项目比较满足装备采购计划需要	项目不满足装备采购计划需要
	装备建设满足度	定性指标	项目完全满足装备建设需求	项目比较满足装备建设需求	项目不满足装备建设需求
项目过程	项目管理	定性指标	项目管理制度非常科学、项目运行机制非常高效、资金使用符合规定	项目管理制度较为科学、项目运行机制较为高效、资金使用符合规定	项目管理制度不科学、项目运行机制不高效、资金使用不符合规定
	项目完成情况	定性指标	项目圆满完成全部预期目标和内容，建设进度完全符合预期	项目较为圆满完成全部预期目标和内容，建设进度符合预期	项目没有完成全部预期目标和内容，建设进度不符合预期
	项目成果	定性指标	项目产生的成果达到预期	项目产生的成果基本达到预期	项目产生的成果没有达到预期

续表

二级指标	三级指标	指标类型	评估标准		
			优	合 格	不 合 格
项目效益	军事效益	定性指标	项目成果带来了非常好的军事效益,或者解决了装备建设领域重大问题	项目成果带来了较好的军事效益,或者解决了装备建设领域问题	项目成果带来的军事效益非常有限
	经济效益	定性指标	项目全面带动了经济发展和产业发展	项目带动了经济发展和产业发展	项目没有带动经济发展和产业发展
	社会效益	定性指标	项目全面促进了社会进步	项目促进了社会进步	项目没有促进社会进步
	技术效益	定性指标	项目全面实现了关键技术的自主可控	项目实现了关键技术的自主可控	项目没有实现关键技术的自主可控

4.7.2 装备采购承制单位评估指标和标准

按照"定性定量、突出重点、数据为本、分类评价"的原则,构建装备采购承制单位评估指标,结合军工企业和民口企业特点,建立差异化的评估标准。装备采购承制单位主要包括军工企业和民口企业等两大类,其中军工企业包括央属军工企业和省属军工企业,民口企业包括国有非军工企业和民营企业等。装备采购承制单位评估指标主要包括承制单位基本情况、创新能力、特色和装备采购推进情况等。装备承制单位评估指标如图4-15所示。

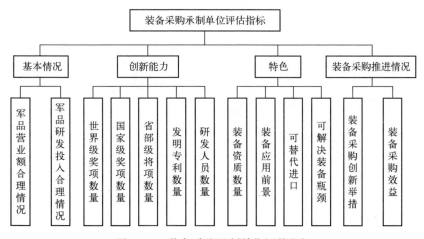

图4-15 装备采购承制单位评估指标

1. 基本情况评估指标和标准

装备采购承制单位基本情况评估指标和标准见表 4-10。

表 4-10 承制单位基本情况评估指标和标准

评估指标	评估标准	类型	说明
军品营业额合理情况	A. 军品营业额占比非常合理	定量指标	军品营业额合理情况，通过年度军品营业额占年度营业额的比例进行计算。其中军工企业非常合理范围为 40%~70%，比较合理为 20%~40% 或 70%~90%，其余为不合理；民口企事业单位非常合理范围为 30%~80%，比较合理为 80%~90% 或 20%~30%，其余为不合理
	B. 军品营业额占比比较合理		
	C. 军品营业额占比不合理		
军品研发投入合理情况	A. 投入规模大	定量指标	军品研发投入合理情况，通过年度军品研发投入占年度投入额的比例进行计算。其中军工企业投入规模大为 40%~100%，投入规模一般为 20%~40%，其余为投入规模小；民口企事业单位投入规模大为 30%~100%，比较合理为 10%~30%，其余不合理
	B. 投入规模一般		
	C. 投入规模小		

2. 创新能力评估指标和标准

装备采购承制单位创新能力评估指标和标准见表 4-11。

表 4-11 创新能力评估指标和标准

评估指标	类型	说明	评价标准
世界级奖项数量	定量指标	考察承制单位世界领先情况	与最大值的比率
国家级奖项数量	定量指标	考察承制单位国内领先情况	与最大值的比率
省部级奖项数量	定量指标	考察承制单位国内先进情况	与最大值的比率
发明专利数量	定量指标	考察承制单位自主创新情况	与最大值的比率
研发人员数量	定量指标	考察承制单位自主创新潜力	与最大值的比率

3. 特色评估指标和标准

装备采购承制单位特色评估指标和标准见表 4-12。

表 4-12 装备采购特色评估指标和标准

评估指标	类型	说明	评价标准
装备资质数量	定量指标	考察承制单位承担装备科研生产的基本情况	与最大值的比率
装备应用前景	定性指标	考察承制单位产品技术满足装备建设需求情况	很强、较强、较弱
可替代进口	定性指标	考察承制单位产品技术可替代国内同类产品情况	是、否
可解决装备瓶颈	定性指标	考察承制单位产品技术可解决装备技术制约瓶颈问题情况	是、否

4. 采购推进情况评估指标和标准

装备采购承制单位采购推进情况评估指标和标准见表 4-13。

表 4-13 装备承制单位采购推进情况评估指标和标准

评估指标	类型	说明	评价标准
装备采购创新举措	定性指标	考察承制单位采取的促进装备采购工作的创新举措情况	好、较好、一般
装备采购效益	定性指标	考察承制单位参与装备采购过程中产生的社会效益、军事效益、经济效益等	好、较好、一般

参考文献

[1] 吕彬，李晓松，陈庆华. 装备采购风险管理理论和方法 [M]. 北京：国防工业出版社，2011.

[2] 李晓松，吕彬，肖振华. 军民融合式武器装备科研生产体系评价 [M]. 北京：国防工业出版社，2014.

[3] 李晓松，肖振华，吕彬. 装备建设军民融合评价与优化 [M]. 北京：国防工业出版社，2017.

[4] 肖振华，吕彬，李晓松. 军民融合式武器装备科研生产体系构建与优化 [M]. 北京：国防工业出版社，2014.

[5] 魏刚，陈浩光. 武器装备采办制度概述 [M]. 北京：国防工业出版社，2008

[6] 余高达. 军事装备学 [M]. 北京：国防大学出版社，2000

[7] United States Government Accountability Office . DEFENSE ACQUISITIONS ANNUAL ASSESSMENT Drive to Deliver Capabilities Faster Increases Importance of Program Knowledge and Consistent Data for Oversight［R］. GAO-20-439，2020.

[8] OSD A&S INDUSTRIAL POLICY . 2020 FY2019 INDUSTRIAL CAPABILITIES REPORT TO CONGRESS

[R]. OSD A&S INDUSTRIAL POLICY, 2021.

[9] The National Defense Industrial Association. VITAL SIGNS 2021 THE HEALTH ANDREADINESS OF THE DEFENSE INDUSTRIAL BASE [R]. The National Defense Industrial Association, 2021.

[10] 曲毅. 装备维修保障项目绩效评价体系研究 [J]. 海军工程大学学报（综合版），2019，16（04）：87-92.

[11] 薛奇，吴龙刚，江涌，等. 装备采购绩效评价问题研究 [J]. 科研管理，2017，38（S1）：136-139.

[12] 尹铁红，谢文秀. 基于BSC的武器装备采购绩效评价体系设计 [J]. 装备学院学报，2014，25（05）：19-24.

[13] 张雪胭，刘沃野，薛蕊. 基于平衡计分卡的装备采购绩效评价构架设计 [J]. 装甲兵工程学院学报，2006（06）：25-27.

[14] 梁展，狄娜，裴铮. 基于模糊综合评价的装备采购评价指标与方法研究 [J]. 物流技术，2018，37（01）：145-149.

[15] 谢超，马惠军，王俊，等. 基于集对理论的装备采购项目效益分析及评价 [J]. 军事经济研究，2012，33（09）：21-24.

[16] 董建，路旭，张鹏. 装备采购效益评价意义及其指标体系研究 [J]. 中国物流与采购，2010（20）：66-67.

[17] 路旭，张桦，高铁路. 我军装备采购效益评估指标体系构建 [J]. 四川兵工学报，2009，30（02）：104-106.

[18] 刘国庆，刘汉荣. 装备采购效益评价指标体系研究 [J]. 装备指挥技术学院学报，2008，19（06）：11-14.

[19] 胡玉清，柳自国，高翠娟，等. 装备采购项目效益评价模型研究 [J]. 物流科技，2008（02）：64-67.

[20] 尹旭阳，阮拥军，贾仪忠，等. 基于ISM的装备维修保障演练评估影响因素分析 [J]. 科技与创新，2021（06）：38-40.

[21] 张祥，刘陆洋，王中亨. 基于层次分析法的装备采购技术创新评价 [J]. 兵工自动化，2020，39（11）：53-57+77.

[22] 卢天鸣，曹林，夏梦雷. 竞争性装备采购多方案综合评价方法研究 [J]. 中国设备工程，2020（21）：224-225.

[23] 王晶，刘彬. 装备采购计划执行情况绩效评估模型及方法 [J]. 项目管理技术，2020，18（10）：66-72.

[24] 杨华，王晓虎，朱闽. 基于平衡计分卡的车辆装备维修管理经费绩效评估研究 [J]. 价值工程，2019，38（33）：110-112.

[25] 宋翠薇，罗朝晖. 装备采购合同履行绩效评估研究 [J]. 舰船电子工程，2014，34（12）：115-118+121.

[26] 马永楠，曹晓东，智海涛. 装备采购规划评估指标体系研究 [J]. 价值工程，2014，33（23）：293-295.

第5章 装备采购评估模型

在建立了装备采购评估指标后，需要运用一定的定性或定量规则对评估指标进行分析、合成和计算，以得到科学合理的装备采购评估结果。科学、实用和有效的装备采购评估模型是装备采购评估的关键，是开展装备采购评估实践工作的基础和条件。构建装备采购评估模型，核心是打通装备采购评估目标和数据之间的虚实通道，实现装备采购评估指标的可操作化、实用化和定量化，精准分析装备采购综合效果，彻底根除评估主体认知局限，透析装备采购"表象"和"迷雾"，使装备采购变得清晰透明、评估变得高效精准。

5.1 评估模型总体思路

构建装备采购评估模型总体思路，主要包括模型描述、模型建立和模型计算等步骤，如图 5-1 所示。

5.1.1 模型描述

主要包括目标分解、提出关键技术和设计总体方案等步骤。

1. 目标分解

围绕装备采购评估总目标和评估内容，从多个角度、多个维度和多个层次分析构建装备采购评估模型的目标。

2. 关键技术

针对构建装备采购评估模型目标，结合装备采购评估指标，以及评估工作实际，进一步分解和提炼评估模型拟解决的关键技术问题。

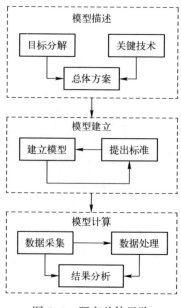

图 5-1　研究总体思路

3. 总体方案

严格依据装备采购评估目标，针对评估关键技术问题，借鉴先进评估理论、技术和手段，设计装备采购评估模型总体技术方案，确保评估模型能够高效满足评估实践应用需要。

5.1.2　模型建立

主要包括建立评估模型和提出评估模型标准等步骤。

1. 建立评估模型

根据装备采购评估总体技术方案，针对不同评估内容和指标，设计、构建和分析评估模型。

2. 提出评估模型标准

根据装备采购评估总体技术方案，针对评估对象和评估指标，结合构建的评估模型，提出评估模型输入数据标准和要求，以及具体的计算公式和算法。

5.1.3　模型计算

主要包括评估数据采集、评估数据处理和评估结果分析等。

1. 评估数据采集

根据装备采购评估指标,针对评估对象,采集和汇总各方面评估数据。

2. 评估数据处理

根据装备采购评估模型标准,针对采集的评估数据进行清洗和处理,确保能够准确导入评估模型,包括数据完整性清洗、唯一性清洗、权威性清洗、合法性清洗和一致性清洗等。

3. 结果分析

根据处理后的装备采购评估数据,调用评估模型,计算得到装备采购评估结果。同时,通过多维、多层、多角度的图像或图形,动态展示装备采购评估过程和结果。

5.2 装备采购评估模型分类

装备采购评估模型可以按照层次、形式、对象、类型和内容等多种方式进行分类,可以从不同维度描述评估模型的功能和作用。在装备采购实践工作中,可以根据评估目标和任务的差异,综合不同类型评估模型,提高评估工作的针对性、有效性和科学性。

5.2.1 按照层次分类

按照层次分类,装备采购评估模型可分为战略、战役和战术等层面的评估模型如图5-2所示。其中,战略层面评估模型主要用于评估装备采购宏观管理、运行机制和规划计划等方面的工作,包括组织管理评估模型、运行机制评估模型和政策制度评估模型等;战役层面评估模型主要用于评估军兵种以及战区装备采购工作,包括军兵种装备采购评估模型、战区装备采购评估模型等;战术层面评估模型主要用于评估装备采购项目、承制单位等方面工作,包括装备采购项目评估模型、装备承制单位评估模型等。

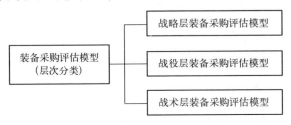

图5-2 装备采购评估模型(层次分类)

5.2.2 按照形式分类

按照形式分类，装备采购评估模型可分为直觉评估模型、图表评估模型、数学评估模型和试验评估模型等如图5-3所示。其中，直觉评估模型是指通过专家对装备采购的直接感觉进行评估的模型；图表评估模型是指通过数据图表对装备采购进行评估的模型；数学评估模型是指通过数学表达式对装备采购进行评估的模型；试验评估模型是指通过仿真试验，模拟装备采购真实情况的模型。

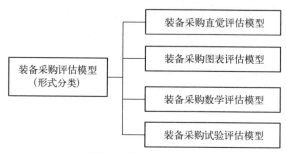

图5-3 装备采购评估模型（形式分类）

5.2.3 按照对象分类

按照对象分类，装备采购评估模型可分为要素评估模型、阶段评估模型和效益评估模型如图5-4所示。其中，要素评估模型又可以分为管理体制、运行机制、政策制度、服务体系等评估模型；阶段评估模型又可以分为装备预研、研制、订购和维修等阶段评估模型；效益评估模型又可以分为军事效益、经济效益、政治效益等评估模型。

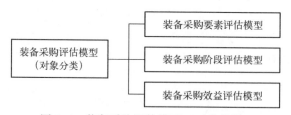

图5-4 装备采购评估模型（对象分类）

5.2.4 按照类型分类

按照类型分类，装备采购评估模型可分为定性评估模型、定量评估模型和定性与定量相结合评估模型如图5-5所示。其中，定性评估模型是依靠和借助于专家知识获取信息，利用专家的经验和判断能力对评估对象直接打分或做出直观判断，然后对专家的意见进行科学处理，形成评估结果；定量评估模型是通过模型试验、样本试验获取信息或者其他的统计数据作为评估的依据，依据评估指标体系建立相应的数学模型，利用计算机或者数学手段进行处理求得评价结果，并用数量表示的方法；定性与定量结合评估模型，是根据评估指标体系复杂的特点，充分吸取定性和定量评估模型的优缺点，对评估对象进行集成综合评价。常用的评估模型见表5-1。

表5-1 常用的评估模型

评估模型		优 点	缺 点
定性评估模型	调查和专家打分法	利用专家经验，对各评估指标的重要性进行评价，操作简单	主观性强
	头脑风暴法	通过专家的相互启迪和相互补充，从而使得专家产生思维共振，获得更多的信息，使得评估结果准确而全面	容易受个人主观印象的影响
定量评估模型	数据包络分析法	可以评估多输入多输出的大系统，并可用"窗口"技术找出单元薄弱环节加以改进	体现相对评估指标，无法表示出实际水平
	灰色理论	定性的问题巧妙地转化为定量描述	不能得到确切值，只能判断大致的大小
	贝叶斯网络	能够有效利用与单一指标相关的主客观信息和知识，提高评估效率	先验概率和条件概率确定难度较大
	神经网络法	客观性强，能够根据实际情况进行调整	需要大量的训练样本
	蒙特卡罗模拟法	较为真实的反应评估指标的内在关系和作用原理	对样本量要求很高，随机性较大
定性与定量相结合评估模型	模糊综合评价	能够有效地处理评估中只能用模糊的、非定量的、难以精确定义定性因素	没有统一的标准，主观性强
	层次分析法	综合专家经验和数学模型，反映评估对象的综合水平	评估指标的数目不能太多，一般不能超过9个
	云模型评价法	较好地解决了既有模糊性又有随机性分布评估问题	需要大量的历史数据和专家知识

5.2.5 按照内容分类

按照内容分类，装备采购评估模型通常包括指标权重评估模型、单指标评估模型、单目标评估模型、多目标评估模型和动态评估模型等。其中，指标权重评估模型，是指构建装备采购评估指标重要程度的模型，核心是计算指标相对于上层指标和目标的重要程度。单指标评估模型,是指构建装备采购每个评估指标的模型。包括定性指标评估模型和定量指标评估模型,定性指标评估模型通常采取专家打分为主的模型进行计算;定量指标评估方法通常通过数学公式进行计算。单目标评估模型,是指根据指标权重和单指标评估结果,针对某个评估对象,运用模型计算综合评估结果的模型。多目标评估模型,针对多个装备采购评估对象构建的综合评估模型。动态评估模型是计算和仿真装备采购动态变化规律的模型。装备采购评估模型的相互关系,如图5-5所示。

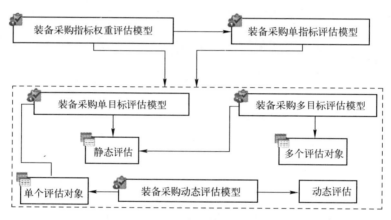

图 5-5 装备采购评估模型(内容分类)

从图中可知,装备采购指标权重评估模型是其他评估模型的前提和输入。装备采购单指标评估模型是单目标评估模型、多目标评估模型和动态评估模型的重要基础。单目标评估模型和动态评估模型都是针对单一评估对象。装备采购多目标评估模型是针对多个评估对象。装备采购单目标评估模型和多目标评估模型都是针对装备采购的静态评估,而动态评估模型是针对装备采购的动态评估。

5.3 常用评估模型

5.3.1 德尔菲法评估模型

1. 基础理论

德尔菲法(Dephi),即专家调查法,利用专家知识和经验确定装备采购评估指标的权重，并在专家不断反馈和修正中得到满意结果。德尔菲法往往采用问卷调查的形式，问卷要精心设计，评估指标描述要浅显易懂，且征询次数不宜过多，否则，容易使专家产生厌倦心理，通常不超过三轮。为了确保专家独立性，专家名单要保密，且不能让他们彼此知道；每次沟通结果仅需要通过统计的形式进行沟通，而不透露其他人的意见，有效防止少数权威人士影响其他专家的意见[1-4]。德尔菲法基本步骤如下：

（1）选择专家。专家选取是德尔菲法的首要环节，直接影响评估指标权重结果的真实性、全面性和准确性。选取评估专家应具有实际工作经验，又要有较为深厚理论修养，规模10~30人，并需征得专家本人的同意。

（2）初判权重。根据选择的专家，将评估指标有关资料以及确定权重的规则发放给每位专家，由专家独立给出评估指标权重值。

（3）计算结果。回收专家评判结果，并计算评估指标权重的均值和标准差。

（4）权重修正。根据第3步计算结果，将评估指标权重结果及补充资料返还给专家，专家根据资料重新确定评估指标权重。

（5）重复第3步和第4步，如果评估指标权重与其均值的差距不超过预先给定的标准，也就是专家的意见基本趋于一致，以此时咨询结束，评估指标权重的均值可作为指标的权重。

2. 主要步骤

运用德尔菲法确定装备采购评估指标权重的具体步骤如下：

1）设计征询表格

装备采购评估指标权重征询表格（以"装备采购效益评估指标"为例）见表5-2。其中，前轮咨询结果主要填写前一次评估指标权重专家的平均值；专家咨询结果主要填写专家根据前一轮评估指标权重，得到新的评估指标权重；情况说明主要填写指标有关问题的介绍。

表5-2 装备采购评估指标权重征询表

专家编号：				填报时间：		
一级指标	二级指标	前轮咨询结果	专家咨询结果	说明	备注
高效益	军事效益				
	经济效益				
	社会效益				
	政治效益				

2）分轮咨询

装备采购评估组织者将评估指标权重征询表格发给每位专家，第一轮咨询中"前轮咨询结果"是评估团队出的结论，专家可以参考进行权重修改，如果某个专家的意见与参考数值的出入较大，可以在备注栏中加以说明。将第一轮表格收回后，对各位专家的回答进行统计，计算平均值，并将结果填入表内的"前轮咨询结果"，然后再次发放给专家进行第二次咨询，专家对权重进行修改，如果第二轮之后专家的意见比较一致，离散度不大，即可结束咨询。

3）结果统计

采用算术平均值的方法，统计处理专家咨询结果，得到装备采购评估指标权重。

5.3.2 层次分析法评估模型

1. 基础理论

层次分析法（AHP）是美国著名运筹学家 Satty 教授提出的解决多准则问题的方法。该方法是一种简单有效，能够充分考虑评估指标层次和重要性的评估方法[5-7]。层次分析法主要优点表现在以下几个方面：

1）系统性

层次分析法将评估对象视为内部有机结合复杂系统，评估对象受到不同因素影响，且不同因素按照系统内部相关性、逻辑性及重要性，能够进行条理化、层次化和结构化。

2）科学性

层次分析法为了确定评估指标或评估因素的重要性，采用了评估指标两两比较的原则，通过两两比较不仅能够规避简单排序的弊端，也能通过比较，挖掘评估对象因素之间的内部关联性、规律性及秩序性，并能够得到定量化的数值。

3）实用性

层次分析法能够科学灵活地将指标转化可度量关系，从而得到同层级指标之间，以及不同层级指标之间的相对重要程度值，能够直观量化认识评估指标的相对重要程度和绝对重要程度，具有较好的实用性。

2. 主要步骤

层次分析法首先根据问题描述或目标，构建形成一个多层次结构模型，最终将低层次的评估指标归纳为高层次的重要性权重。具体过程是把同一层次的不同指标进行两两判断,形成比较判断矩阵,然后计算矩阵的最大特征值及相应的特征向量,得出该层次评估指标相对于上一层次评估指标的相对重要性权重,然后与上一层次评估指标的相对重要性权重进行加权综合,得出各层评估指标对于最高层指标或总目标层的绝对权重。具体步骤如下:

1) 建立层次结构模型

分析装备采购评估对象各要素的相互关系、逻辑归属及重要级别,进行排序,构成自上而下的递阶层次结构。

2) 确定定量化标度

建立9个重要性级别的定量化标度,主要包括同等重要、稍微重要、明显重要、强烈重要、极端重要,以及每二者之间的中间级别。这9种级别分别用1~9整数来表示,这就是9标度法。9标度法标度及其含义,见表5-3。

表5-3 9标度法标度及其含义

标度值	含 义
1	表示两个元素相比,具有同等重要性
3	表示两个元素相比,一个元素比另一个元素稍重要
5	表示两个元素相比,一个元素比另一个元素明显重要
7	表示两个元素相比,一个元素比另一个元素强烈重要
9	表示两个元素相比,一个元素比另一个元素极端重要
2, 4, 6, 8	如果事物的差别介于两者之间时,可取上述相邻判断的中间值
倒数	若元素 i 与元素 j 重要性比为 a_{ij},那么元素 j 与元素 i 重要性比为 $a_{ji} = \dfrac{1}{a_{ij}}$

3) 构造判断矩阵并进行计算

邀请专家构造判断矩阵,设经过专家咨询后得到的某一判断矩阵为

$$A = \begin{bmatrix} a_{11} & a_{12} & \cdots & a_{1n} \\ a_{21} & a_{22} & \cdots & a_{2n} \\ \vdots & \vdots & \ddots & \vdots \\ a_{n1} & a_{n2} & \cdots & a_{nn} \end{bmatrix}$$

(其中, a_{ij} 取值为 1~9,1/2~1/9)

然后求判断矩阵的最大特征值 $\lambda_{\max}$。并计算出最大特征值 $\lambda_{\max}$ 所对应的特征向量,即评估指标权重向量。权重向量用 $\boldsymbol{W} = (w_1, w_2, w_3, \cdots, w_n)$ 表示。

4) 判断矩阵的一致性检验

计算评估指标权重向量时,要求判断评估指标权重矩阵具有一致性或偏离一致性的程度不能太大,否则权重并不能完全反映评估指标之间的相对重

要性程度。

判断矩阵一致性指标计算公式如下：

$$CI = \frac{\lambda_{max} - n}{n - 1} \quad (n \text{ 为矩阵阶数}) \quad (5-1)$$

判断矩阵的一致性指标与具有相同秩的随机判断矩阵的一致性指标之比，即协调率。协调率计算公式如下：

$$CR = \frac{CI}{RI}$$

其中，RI 为相应随机判断矩阵的一致性指标，其数值，见表 5-4。

表 5-4　随机一致性指标 RI

N	1	2	3	4	5	6	7	8	9
RI	0	0	0.58	0.94	1.12	1.24	1.32	1.41	1.45

若协调率 CR<0.1，则判断矩阵可采纳，得到评估指标权重符合要求，否则判断矩阵要进行修改调整。

5）得到权重

根据第 3 步计算出来的装备采购评估指标权重，通过第 4 步的一致性检验后，即得到装备采购评估指标的权重值。

3. 应用案例

以"装备采购效益评估指标权重"为例，分析基于层次分析法，计算装备采购评估指标权重的方法步骤（3 名专家）。

1）邀请专家填写重要程度对比判断表

根据装备采购评估指标层次关系，构建评估指标重要程度对比判断表，邀请专家开展评估指标重要程度对比分析。以"装备采购效益评估指标权重"为例评估指标重要程度对比判断表，见表 5-5。

表 5-5　专家填写的评估指标重要程度对比判断表

装备采购效益评估指标 A	同等重要（1）	中值（2）	稍微重要（3）	中值（4）	明显重要（5）	中值（6）	强烈重要（7）	中值（8）	极端重要（9）	装备采购效益评估指标 A
军事效益 A_1			>							政治效益 A_4
经济效益 A_2					<					军事效益 A_1
社会效益 A_3					<					军事效益 A_1

续表

装备采购效益评估指标 A	同等重要 (1)	中值 (2)	稍微重要 (3)	中值 (4)	明显重要 (5)	中值 (6)	强烈重要 (7)	中值 (8)	极端重要 (9)	装备采购效益评估指标 A
政治效益 A_4			>							经济效益 A_2
社会效益 A_3			>							经济效益 A_2
政治效益 A_4			>							社会效益 A_3
说明	若 A_1 与 A_2 比较，A_1 比 A_2 明显重要，则在"明显重要"所对应的方格内注 ">" 号，若 A_1 与 A_2 比较，A_2 比 A_1 明显重要，则在"明显重要"所对应的方格内注 "<" 号。同等重要用 "=" 号表示									

统计专家填写的"评估指标重要程度对比判断表"，得到评估指标判断矩阵，见表5-6。

表 5-6 评估指标判断矩阵表

装备采购高效益评估指标 A	军事效益 A_1	经济效益 A_2	社会效益 A_3	政治效益 A_4
军事效益 A_1	1	5	5	3
经济效益 A_2	$\frac{1}{5}$	1	$\frac{1}{3}$	$\frac{1}{3}$
社会效益 A_3	$\frac{1}{5}$	1	1	$\frac{1}{3}$
政治效益 A_4	$\frac{1}{3}$	3	3	1

2) 计算矩阵的最大特征值和特征向量

根据表5-6，得到评估指标的判断矩阵：

$$A = \begin{bmatrix} 1 & 5 & 5 & 3 \\ 1/5 & 1 & 1/3 & 1/3 \\ 1/5 & 3 & 1 & 1/3 \\ 1/3 & 3 & 3 & 1 \end{bmatrix}$$

对应的特征向量为

$$W_A = (0.55, 0.07, 0.13, 0.25)$$

3) 判断矩阵的一致性检验

计算得到判断矩阵的一致性检验结果：

$CR = \dfrac{CI}{RI} = 0.074 < 0.1$，说明该判断矩阵的一致性可以接受。

4）得到权重值

根据判断矩阵特征向量和一致性检验结果，得到装备采购效益评估指标的权重：军事效益评估指标权重 0.55，经济效益评估指标权重 0.07，社会效益评估指标权重 0.13，政治效益评估指标权重 0.25。

5.3.3 熵值法评估模型

"熵"（entropy）是由德国物理学家克劳修斯（Clausius）于 1856 年提出的。1948 年，香农（Shannon）将"熵"引入了信息领域，将信息源信号不确定性称为信息熵。熵值越小，信息量越大，不确定性就越小，不可用程度越低；熵值越大，则信息量越小，不确定性也越大，不可用程度越高[8-11]。

1. 基础理论

熵值法是根据评估指标计算结果所提供的信息量，确定评估指标权重的方法。根据信息论定义，在信息通道中传输第 i 个信号的信息量 I_i 计算公式如下：

$$I_i = -\ln p_i \tag{5-2}$$

式中：p_i 为该信号出现的概率。如果有 n 个信号，其出现的概率分别为 $p_1, p_2, \cdots, p_n$，则 n 个信号的平均信息量，即熵为

$$-\sum_{i=1}^{n} p_i \ln p_i \tag{5-3}$$

2. 主要步骤

熵值法确定装备采购评估指标权重的步骤如下：

1）计算评估指标结果

专家根据装备采购评估指标和标准，对装备采购评估指标进行初步评估判断，得到评估结果，即评估结果为 $x_{ij}(i=1,2,\cdots,n;j=1,2,\cdots,m)$，表示第 i 个评估专家对评估指标 j 的评估值，分为 3 个档次（高，中，低），并赋予定量数值。其中"高"为 1；"中"为 0.6；"低"为 0.2。

2）特征比重

$$P_{ij} = \frac{x_{ij}}{\sum_{i=1}^{n} x_{ij}} \tag{5-4}$$

式中：P_{ij} 为第 j 项评估指标下第 i 个专家的特征比重；x_{ij} 为第 i 个评估专家对评估指标 j 的评估值。

3）熵值

$$e_j = -k \sum_{i=1}^{n} p_{ij} \times In(p_{ij}) \tag{5-5}$$

式中：e_j 为第 j 项评估指标的熵值。公式（5-4）x_{ij} 的差异越小，那么 e_j 越大；公式（5-4）x_{ij} 差异越大，则 e_j 越小。

如果公式（5-4）x_{ij} 对于给定的评估指标 j 全部相等，则 $p_{ij} = \frac{1}{n}$，此时 $e_j = k \times Inn$，评估指标对于评估对象的作用最小，取 $e_j = 1$，可以推算出 $k = \frac{1}{Inn}$。

4）差异性系数

$$g_j = 1 - e_j \tag{5-6}$$

式中：g_j 为差异系数，g_j 越大，表示越应重视该评估指标作用。

5）确定权重

$$w_j = \frac{g_j}{\sum_{i=1}^{m} g_j} \quad (j = 1, 2, \cdots, m) \tag{5-7}$$

3. 应用案例

本书以"装备采购效益评估指标权重"为例，选取了 5 名专家采用熵值法得到评估指标权重，具体步骤如下：

1）评估指标结果

专家针对某次装备采购评估活动，给出了装备采购效益相关评估指标的评估结果，见表 5-7。

表 5-7 装备采购效益相关评估指标的评估结果

	军事效益 A_1	经济效益 A_2	社会效益 A_3	政治效益 A_4
专家 1	低（0.2）	中（0.6）	中（0.6）	高（1）
专家 2	中（0.6）	高（1）	中（0.6）	中（0.6）
专家 3	低（0.2）	中（0.6）	中（0.6）	高（1）
专家 4	高（1）	中（0.6）	低（0.2）	低（0.2）
专家 5	中（0.6）	中（0.6）	高（1）	中（0.6）

2）计算特征比重

根据式（5-4），计算得到装备采购效益评估指标特征比重，见表 5-8。

表5-8 装备采购效益评估指标特征比重

	军事效益 A_1	经济效益 A_2	社会效益 A_3	政治效益 A_4
专家1	0.0769	0.1765	0.2	0.2941
专家2	0.2308	0.2941	0.2	0.1765
专家3	0.0769	0.1765	0.2	0.2941
专家4	0.3846	0.1765	0.0667	0.0588
专家5	0.2308	0.1765	0.3333	0.1765

3）计算各指标的权重

根据式（5-5），计算装备采购效益各指标的熵值；根据式（5-6），计算指标的差异系数；根据式（5-7），计算装备采购效益各指标的权重。从表5-9可知，军事效益评估指标权重为0.43，经济效益评估指标权重为0.06，社会效益评估指标权重为0.24，政治效益评估指标权重为0.27。

表5-9 装备采购评估指标权重

	军事效益 A_1	经济效益 A_2	社会效益 A_3	政治效益 A_4
熵值	0.894	0.9845	0.9397	0.9312
差异系数	0.106	0.0155	0.0603	0.0688
权重	0.43	0.06	0.24	0.27

5.3.4 模糊隶属函数评估模型

1. 基础理论

人类现实生活中存在大量模糊概念，没有明确内涵和外延，如年轻人、老年人、矮个子、高个子等，难以用精准概念进行表征和描述，不能绝对地划分为属于或者不属于某个概念。上述模糊概念只能说属于某个概念的程度是多少。描述模糊概念，通常用隶属函数进行描述。因此如何建立符合实际规律且合适的隶属函数在模糊数学中占有重要地位，也是模糊数学建立的基础[12,13]。模糊概念将特征函数取值范围从集合$\{0,1\}$扩展为$[0,1]$区间的取值。模糊集合的特征函数称为隶属函数，记为$\mu_A(x)$。其定义如下：

论域U中的模糊集合A是以隶属函数μ_A为表征的集合，即对任意$u \in U$：有$u \rightarrow \mu_A(u)$，$\mu_A(x) \in [0,1]$称$\mu_A(u)$元素u对A的隶属函数。表示u属于A的程度，$\mu_A(u)$的值越接近1，表示u从属于A的程度越高，反之越低。模糊集合可用以下记号表示为：$A = \int_{x \in U} \mu(x)/x$，其中$U$是论域，在这里"/"不是通常的分数线,只是一种记号。表示论域 U 上的元素与隶属度 $\mu(x)$ 的关系;符号"$\int$"也是一种记号,表示无限多个元素合并的缩写,不是积分。如"老年人"的模糊集合可表示为

$$\int_{50}^{200}\left[1+\left(\frac{x-50}{5}\right)^{-2}\right]^{-1}\bigg/x \tag{5-8}$$

式中,老人的集合下限为50,上限为200。比如某两人的年龄分别是55、70,根据上式这两人分别属于"老年人"的隶属度值分别为0.5、0.94。当 x 取值超过50且逐渐增大时,属于"老年人"的隶属度愈来愈大,当年龄到70岁时属于"老年人"的隶属程度已高达94%。

2. 定量指标模糊隶属函数评估模型

在装备采购评估指标体系中,有些属于定量指标,定量指标可直接获取,且不需要评估专家进行评判。但定量指标不仅量纲、函数关系不同,并且类型也不一致,很难进行横向比较。定量评估指标,有的越大越好,有的越小越好,有的适中越好,为了提高定量评估指标横向对比效果,便于直观地进行比较,需要构建定量评估指标隶属度函数,将定量指标定性化。

1)建立评估值

装备采购定量评估指标的评估值,可采用以下线性函数来求取。

效益型目标:数值越大越好。

$$\mu_{ij}=(f_{ij}/f_{i\max}) \tag{5-9}$$

成本型目标:数值越小越好。

$$\mu_{ij}=\begin{cases}1-(f_{ij}/f_{i\max}) & (f_{i\min}=0)\\(f_{i\min}/f_{ij}) & (f_{i\min}\neq 0)\end{cases} \tag{5-10}$$

固定型目标:数值越接近于某个值越好。

$$\mu_{ij}=f_i^*/(f_i^*+|f_{ij}-f_i^*|)$$

式中:f_i^* 为决策者事先给定的第 i 个目标的最佳值。

区间型目标:目标隶属度可用以下定义,即

$$\mu_{ij}=\begin{cases}1-[(\underline{f}_i-f_{ij})/\eta_i] & (f_{ij}<\underline{f}_i)\\1 & (f_{ij}\in[\underline{f}_i,\overline{f}_i])\\1-[(f_{ij}-\overline{f}_i)/\eta_i] & (f_{ij}>\overline{f}_i)\end{cases} \tag{5-11}$$

式中:闭区间 $[\underline{f}_i,\overline{f}_i]$ 为评估者给定的第 i 个目标 f_i 的最佳区间值,且

$$\eta_i=\max\{\underline{f}_i-f_{i\min},f_{i\max}-\overline{f}_i\}$$

2) 确定评估指标评语等级

假设装备采购评估指标评语等级划分为优(v_1)、合格(v_2)、不合格(v_3)等3个等级，3个等级的取值范围见表5-10。

表5-10　3个评语等级的取值范围

优	合格	不合格
(0.8,1]	(0.4,0.8]	(0,0.4]

3) 确定隶属函数

为有效消除两个评语等级中间区域的跃变，对相关数据进行模糊处理。具体做法是：将每个评语等级区间的中点作为分界点，当评估指标进入区间的中点时，该评估指标隶属于该等级的隶属度为1，进入相邻区间中点时，隶属于该等级的隶属度为0。装备采购定量评估指标隶属函数关系如图5-6所示。同时，根据最大隶属度原则确定该评估指标的定性评估结论。

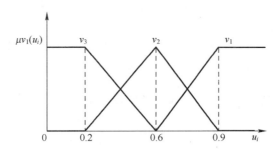

图5-6　装备采购定量评估指标隶属函数关系

装备采购定量评估指标评语的隶属度函数数学表达式为

$$\mu v_1(u_i) = \begin{cases} 1 & (u_i \geq 0.9) \\ 10/3 \times (u_i - 0.6) & (0.6 \leq u_i \leq 0.9) \\ 0 & (其他) \end{cases} \quad (5-12)$$

$$\mu v_2(u_i) = \begin{cases} \frac{10}{3} \times (0.9 - u_i) & (0.6 \leq u_i < 0.9) \\ 2.5 \times (u_i - 0.2) & (0.2 \leq u_i < 0.6) \\ 0 & (其他) \end{cases} \quad (5-13)$$

$$\mu v_3(u_i) = \begin{cases} 2.5 \times (0.6 - u_i) & (0.2 \leq u_i < 0.6) \\ 1 & (u_i < 0.2) \\ 0 & (其他) \end{cases} \quad (5-14)$$

4) 应用案例

如某次装备预研阶段评估的"装备预研信息发布率"为76%，因为该指标是效益型指标，理想值（最大值）为1，那么该指标的隶属函数为式（5-12）和式（5-13），隶属度值为0.76。该指标的隶属函数为

$$\mu_{B_{12}} = \frac{0.53}{优} + \frac{0.47}{合格} + \frac{0}{不合格}$$

这里，"—"表示隶属于某个评语情况。根据最大隶属度原则，该指标定性评估结论为"优"。

3. 定性指标模糊隶属函数评估模型

装备采购定性评估指标的模糊隶属度评估模型步骤如下：

1) 设计调查问卷表

选择装备采购评估专家对定性评估指标进行打分，并综合考虑评估专家对于评估指标的熟悉程度，调查问卷见表5-11。

表5-11 调查问卷

装备采购定性评估指标	优秀			合格			不合格		
	非常熟悉	基本熟悉	不熟悉	非常熟悉	基本熟悉	不熟悉	非常熟悉	基本熟悉	不熟悉
评估指标A									

2) 隶属度函数

假设装备采购定性评估指标等级划分为3个等级，用 $Q_k(k=1,2,3)$ 表示，分别是优秀 Q_1、合格 Q_2 和不合格 Q_3。在此基础上，综合考虑评估专家熟悉程度，得到装备采购定性评估指标的隶属度函数：

$$f(Q_k) = \frac{\sum_{i=1}^{3} s_i \times M_{(Q_k)}(m)}{\sum_{k=1}^{3} \sum_{i=1}^{3} s_i \times M_{(Q_k)}(m)} \qquad (5-15)$$

式中：$M_{(Q_k)}$ 为属于等级 Q_k 的次数；n 为参与评估的专家数；$f(Q_k)$ 为属于 Q_k 的隶属度函数。

由于装备采购定性评估指标涉及面广、内容丰富，选取的评估专家不能保证对每个方面都熟悉，为了保证有足够的专家提供有效的评估信息，需要综合考虑评估专家的熟悉程度。设对评估专家"非常熟悉"的有 $M_{(Q_k)}(1)$ 个，"基本熟悉"的有 $M_{(Q_k)}(2)$ 个，"不熟悉"的有 $M_{(Q_k)}(3)$ 个。且有 $\sum_{m=1}^{3} M_{(Q_k)}(m) = M_{(Q_k)}$。设 s_i 表

示专家对评估对象熟悉程度对应的权重 $s_i = \{1, 0.6, 0.3\}$。根据统计值，即可得到装备采购定性评估指标的隶属度函数：

$$f = \frac{f(Q_1)}{Q_1} + \frac{f(Q_2)}{Q_2} + \frac{f(Q_3)}{Q_3} \quad (5-16)$$

根据最大隶属度原则，确定该指标的定性评估结论。

3）隶属度值

设装备采购评估评语集（优秀，合格，不合格）对应的分值：$D = \{d_1, d_2, d_3\} = \{1, 0.6, 0.2\}$。根据评语集对应的分值，计算得到装备采购定性评估指标的定量评估值（隶属度值）为

$$x_i = f(Q_k) \times (D)^T \quad (5-17)$$

式中：x_i 为装备采购定性评估指标的定量评估结果；$f(Q_k)$ 为隶属于不同评估结论的分值；D 为评语集对应的分值。

4）应用案例

以"装备采购经济效益评估指标"为例，计算定性指标评估值，已知 10 个评估专家对该指标的调查统计结果，见表 5-12。

表 5-12 专家调查统计结果

装备采购定性评估指标	优秀			合格			不合格		
	非常熟悉	基本熟悉	不熟悉	非常熟悉	基本熟悉	不熟悉	非常熟悉	基本熟悉	不熟悉
经济效益		2		2	4			2	

根据式（5-15）和式（5-16）计算得到"装备采购经济效益评估指标"隶属于（优秀、合格、不合格）的隶属度函数为

$$f = \frac{0.18}{优秀} + \frac{0.64}{合格} + \frac{0.18}{不合格}$$

由隶属度函数式可知"装备采购经济效益"隶属于（优秀、合格、不合格）的程度为（0.18，0.64，0.18）。根据最大隶属度原则，该指标定性评估结论为"合格"。根据式（5-17），可以得到"装备采购经济效益评估指标"评估值（隶属度值）为 0.6。

5.3.5 云推理评估模型

运用云推理理论对装备采购评估定量指标进行评估，具体步骤[14-16]如图 5-7 所示。

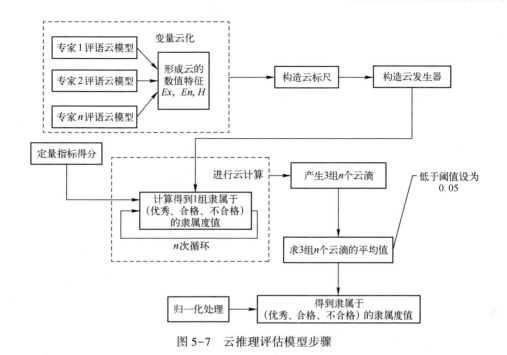

图 5-7 云推理评估模型步骤

1. 基本原理

1) 云模型的基本概念

云理论（cloud theory）由我国工程院院士李德毅提出，并在数据挖掘和知识发现等研究领域逐步发展完善起来，是亦此亦彼"软"边缘性理论。云的数字特征，通常用期望 Ex（expected value）、熵 En（entropy）和超熵 H（hyper entropy）等 3 个数值表示。其中，Ex 是云的重心位置，表示定性概念的中心值；En 是概念不确定性的度量，反映了论域中可被定性概念接受的元素数，即亦此亦彼性；超熵 H 是熵的不确定性的度量，即熵的熵，反映了云的离散程度。

例如，用云的概念来描述"30 岁左右"这一定性的语言值。那么可以设 $Ex=30$，$En=3$（根据概率与统计学知识，Ex 的左右各 $3En$ 的范围内应覆盖 99%的可被概念接受的元素），$H=0.5$，通过正态云发生器得到"30 岁左右"的描述，如图 5-8 所示。正态云主要由期望、熵、超熵 3 个参数来控制，从仿真结果可以得出熵反映云滴在论域中的离散程度，熵越小，云滴分布范围越小；反之，云滴的分布范围就会越大。超熵是熵的不确定性度量，由熵的随机性和模糊性共同决定，代表云层的厚度和离散度。超熵越大，云层越厚越离散；反之，超熵越小，云层越薄越集中。

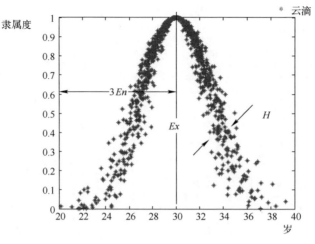

图 5-8 "30 岁左右"云模型

其计算步骤如下：根据数字特征 (Ex, En, H)，生成 n 个云滴。

(1) 生成以 Ex 为期望值、En 为标准差的正态随机数 x_i：$x_i = G(Ex, En)$；

(2) 生成以 En 为期望值、H 为标准差的正态随机数 En'_i：$En'_i = G(En, He)$；

(3) 计算 $\mu_i = e^{\left[-\frac{(x_i - Ex)^2}{2En'^2_i}\right]}$，令 (x_i, μ_i) 为云滴。

(4) 重复步骤 (1) ~ (3)，直到产生 n 个云滴为止。

2) 云发生器与规则生成器

云发生器 (cloud generator) 是指被软件模块化或硬件固化了的云模型的生成算法。由云的数字特征产生云滴，称为正向云发生器 (forward cloud generator)，如图 5-9 所示。云可以根据不同的条件来生成，在给定论域中特定数值 x 的条件下云发生器称为 X 条件云发生器，如图 5-10 所示。在给定特定的隶属度值 μ 条件下的云发生器称为 Y 条件云发生器，如图 5-11 所示。X 条件云发生器生成的云滴位于同一条竖直线上，横坐标数值均为 x，纵坐标隶属度值呈概率分布。Y 条件云发生器生成的云滴位于同一条水平线上，被期望值 Ex 分成左右两组，纵坐标隶属度值均为 μ，两组横坐标数值分别呈概率分布。

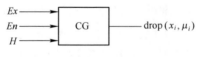

图 5-9 正向云发生器示意图

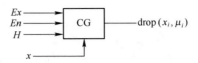

图 5-10 X 条件云发生器图

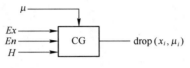

图 5-11 Y 条件云发生器图

给定符合某一正态云分布规律的一组云滴作为样本 (x_i, μ_i)，产生云所描述的定性概念的 3 个数字特征值 (Ex, En, H)，其软件或硬件实现称为逆向云发生器（backward cloud generator），如图 5-12 所示。逆向云发生器算法如下：

$$Ex = \text{mean}(x_i); \quad En = \text{stdev}(x_i); \quad En'_i = \sqrt{\frac{-(x_i - Ex)^2}{2\ln(\mu_i)}}, \quad H = \text{stdev}(En'_i)$$

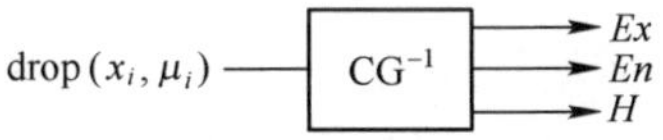

图 5-12 逆向云发生器示意图

2. 云发生器

1）云描述

首先对定量指标进行云描述，包括获取云数字特征 (Ex, En, H) 和云的形状。定量指标的云化往往通过专家采用自然语言描述的评语来进行赋值。装备采购定量评估指标的评语分为 3 个等级（优秀、合格、不合格）。

通过专家咨询得到装备采购定量评估指标隶属于评语（优秀、合格、不合格）的云数字特征 (Ex, En, H)，分别见表 5-13。

表 5-13 定量指标的云数字特征

	优秀			合格			不合格		
	Ex_1	En_1	H_1	Ex_2	En_2	H_2	Ex_3	En_3	H_3
定量指标	0.9	0.1	0.01	0.6	0.1	0.01	0.3	0.1	0.01

2）构造云标尺

装备采购定量评估指标云化结果置于统一坐标系上，形成云标尺。装备采购评估定量指标的云标尺，如图 5-13 所示。

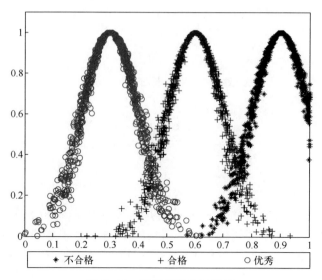

图 5-13　定量指标的云标尺

3）构造云发生器

根据装备采购定量评估指标隶属于（优秀、合格、不合格）的云标尺，云发生器如图 5-14 所示。该发生器是多规则生成器系统，也就是将装备采购定量评估指标的定量值以云模型为工具来进行定性分析。图中，x_A 表示定量评估指标的大小；μ_1 表示定量指标隶属于"优秀"的程度；μ_2 表示定量指标隶属于"合格"的程度；μ_3 表示定量指标隶属于"不合格"的程度。

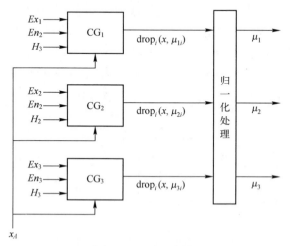

图 5-14　云生成器

3. 云推理算法

构造了装备采购定量评估指标云发生器后,任意定量评估指标的结论都可以经过云规则发生器处理,输出该条定量评估指标的定性评估结果。具体算法过程如下:

(1) 将装备采购定量评估指标结论 x_A 代入 3 个云发生器,生成一组隶属度值:$(x_A,\mu_{1i}),(x_A,\mu_{2i}),(x_A,\mu_{3i})$。如果隶属度值 μ_{ji} 低于阈值 0.05,那么设 μ_{ji} 为 0。

(2) 反复重复第 1 步,得到 n 组隶属度值 μ_{ji}。

(3) 根据 n 组隶属度值 μ_{ji},计算得到 $\left(\dfrac{\sum_{i=1}^{n}\mu_{1i}}{n},\dfrac{\sum_{i=1}^{n}\mu_{2i}}{n},\dfrac{\sum_{i=1}^{n}\mu_{3i}}{n}\right)$,分别表示隶属于(优秀,合格,不合格)的平均值。

(4) 对隶属于(优秀,合格,不合格)的平均值进行归一化处理得到 (μ_1,μ_2,μ_3),分别表示定量指标隶属于(优秀,合格,不合格)的程度,根据最大隶属度原则得到装备采购定量评估指标的定性评估结果。

4. 应用案例

如某次装备预研计划制订效率定量评估值为 0.67,运用云推理模型分析该定量指标的定性评估结果。该指标云推理仿真结果,如图 5-15 所示。

该指标隶属于"优秀"的程度为 0.422,隶属于"合格"的程度为 0.77,隶属于"不合格"的程度为 0.0019。由于隶属于"不合格"的程度 0.0019 低于阈值 0.05,所以隶属于"不合格"程度为 0。归一化后,得到该指标隶属于(优秀,合格,不合格)的隶属度值为 $(0.43,0.77,0)$。根据最大隶属度原则,该次装备预研计划制订效率定性评估结果为"合格"。

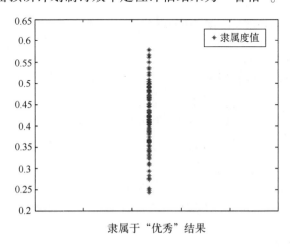

隶属于"优秀"结果

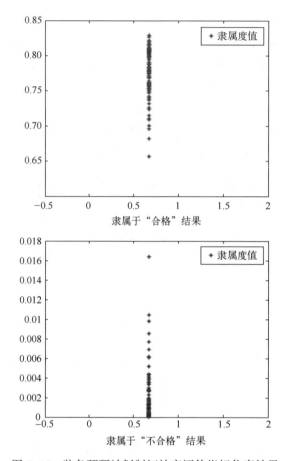

图 5-15 装备预研计划制订效率评估指标仿真结果

5.3.6 马尔可夫链评估模型

1. 基本原理

本书将运用马尔可夫随机过程模型,构建装备采购评估模型,对装备采购动态变化进行仿真分析,模型的构建步骤如下[18-19]:

(1) 设状态变量 $X(t)$ 表示 t 时刻的装备采购评估指标评估值大小。假设评估指标处于何种状态是相互独立的,仅与前一种状态有关,且不受外部环境的影响。

(2) 记 $P_{ij}=P\{X(t)=j\mid X(t_0)=i\}$ 为 t_0 时刻的第 i 个评估指标值转移到 t 时刻的第 j 个评估指标的转移概率,反映了评估指标随时间作用的动态变化情况。

（3）通过 P_{ij} 可以得到装备采购评估指标的一步转移概率矩阵 $\boldsymbol{P}^{(1)}$。n 步转移概率矩阵的表达式如下：$\boldsymbol{P}^{(n)} = (p^{(1)})^n$

（4）基于马尔可夫随机过程的装备采购评估，就是要知道从"已知状态"出发，经过若干次转移变化后，评估值的变化情况。装备采购评估模型为 $s(n) = s(0) \times \boldsymbol{P}^{(n)}$，其中：$s(0)$ 为初始状态评估值大小；$s(n)$ 为经过 n 步转移后，得到的评估值大小；$\boldsymbol{P}^{(n)}$ 为 n 步转移概率矩阵。

（5）当 t 趋于无穷大时，存在平衡点使得 $s = s(t) = s(t-1)$，此时装备采购评估值趋于稳定。

2. 应用案例

假设装备采购效益的一级评估指标"军事效益""经济效益""社会效益""政治效益"的评估初始值分别为：军事效益为 0.5，经济效益为 0.4，社会效益为 0.6，政治效益为 0.75，效益评估初始值为 0，即 $s(0) = (0.5, 0.4, 0.6, 0.75, 0)$。效益评估指标之间以及与效益评估结果的相关关系，见表 5-14。其中，评估指标之间的相互作用关系主要通过专家调查给出，评估指标与效益之间的关系主要参考评估权重得到。

表 5-14　评估指标之间以及评估指标与效益之间的关系

	军事效益 A_1	经济效益 A_2	社会效益 A_3	政治效益 A_4	效益 A
军事效益 A_1	1	0.6	0.4	0.5	0.55
经济效益 A_2	0.6	1	0.42	0.35	0.07
社会效益 A_3	0.4	0.42	1	0.88	0.13
政治效益 A_4	0.5	0.35	0.88	1	0.25
效益 A	0.55	0.07	0.13	0.25	1

通过计算得到装备采购效益评估生成的一步转移概率矩阵。

$$\boldsymbol{P}^{(1)} = \begin{bmatrix} 0.3279 & 0.2459 & 0.1413 & 0.1678 & 0.275 \\ 0.1967 & 0.4098 & 0.1484 & 0.1174 & 0.035 \\ 0.1311 & 0.1721 & 0.3534 & 0.2953 & 0.065 \\ 0.1639 & 0.1434 & 0.311 & 0.3356 & 0.125 \\ 0.1803 & 0.0287 & 0.0459 & 0.0839 & 0.5 \end{bmatrix}$$

同理可以得到装备采购效益评估生成的 n 步转移概率矩阵 $p^{(n)}$，运用公式 $s(n) = s(0) \times \boldsymbol{P}^{(n)}$ 就可以计算 $t = n$ 时刻后，装备采购效益评估值的大小。装备采购效益评估值变化情况，见表 5-15 和如图 5-16 所示。

表 5-15　装备采购效益评估值变化情况

时间	1	2	3	4	5	6	7	8
效益 A	0.284	0.389	0.437	0.461	0.472	0.478	0.48	0.48

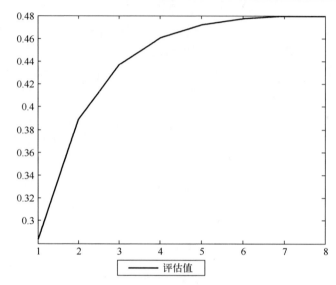

图 5-16　装备采购效益评估值变化情况

由表 5-15 和图 5-16 可知，在初始因素都为 0.284 时，在第 8 个时间单位，装备采购效益评估值趋于稳定，为 0.48。

5.3.7　模糊综合评估模型

1. 基本原理

模糊综合评估是以模糊数学为基础，根据每个评估指标隶属等级状况进行综合性评估的方法[20,21]。该方法重点包括构建评估指标，确定单指标评估值，综合单指标评估结果得到综合评估结论等环节。该方法具有数学模型简单、结果清晰、系统性强的特点，能较好地解决模糊的、难以量化、较为复杂的问题。

2. 主要步骤

利用模糊综合评估法，开展装备采购评估的主要步骤如下：

1）确定评估指标和评估等级

设 $U=(u_1,u_2,\cdots,u_m)$ 为评估对象的 m 个评估指标；

$V=(v_1,v_2,\cdots,v_n)$ 为评估指标所处的状态的 n 种决断（即评估等级）。

这里，m 为评估指标的个数；n 为评语的个数。

2) 构造评估矩阵和确定权重

首先对装备采购评估指标 $u_i(i=1,2,3,\cdots,m)$ 进行评估。根据评估等级 v_j $(j=1,2,3,\cdots,n)$ 确定隶属度 r_{ij}，得到第 i 个评估指标 u_i 的单评估指标集：

$$r_i = (r_{i1}, r_{i2}, \cdots, r_{in})$$

这样 m 个评估指标集就构造出一个总的评估矩阵 R。即每一个被评估对象确定了从 U 到 V 的模糊关系 R，即评估矩阵

$$R = (r_{ij})_{m \times n} = \begin{pmatrix} r_{11} & r_{12} & \cdots & r_{1n} \\ r_{21} & r_{22} & \cdots & r_{2n} \\ \vdots & \vdots & & \vdots \\ r_{m1} & r_{n2} & \cdots & r_{mn} \end{pmatrix} \quad (i=1,2,\cdots,m; j=1,2,\cdots,n) \quad (5-18)$$

式中：r_{ij} 表示评估指标 u_i 相对于 v_j 的隶属度。具体说，r_{ij} 表示第 i 个评估指标 u_i 在第 j 个评语 v_j 上的频率分布，一般将其归一化使之满足 $\sum r_{ij} = 1$。上述模糊关系矩阵仅能得到单一评估指标的情况，无法对事物做出整体评估。根据装备采购评估指标在整个评估指标体系中的重要程度，确定权重。权重表示为 $A = (a_1, a_2, \cdots, a_m)\left(\sum a_i = 1\right)$。

3) 开展模糊合成和做出评估

装备采购综合评估结论计算公式如下：

$$B = A * R, \quad B = (b_1, b_2, \cdots, b_n) \quad (5-19)$$

式中：$*$ 为算子符号，即模糊变换；B 为评估对象隶属于不同评语的程度；b_j 为评估对象隶属于评语 v_j 的程度；A 为权重矩阵，R 为单指标评估矩阵。

如果评估结果 $\sum b_j \neq 1$，应进行归一化。

（1）评估结果的定性分析。

B 表示装备采购评估对象隶属于不同评语的程度，通常采用最大隶属度法对其处理，得到最终评估结果。

（2）评估结果的定量分析。

装备采购评估定性分析结果仅能利用 $b_j(j=1,2,\cdots n)$ 最大者分析得到，没有充分利用 B 的所有信息。为了充分利用 B 的信息，可将装备采购评估隶属于不同评语等级的数值和评估结果 B 进行综合考虑，使得定量化评估结果。设相对于各评语等级 v_j 的定量分值，用下式表示：

$$C = (c_1, c_2 \cdots, c_n)^{\mathrm{T}}$$

那么，装备采购评估定量分析结果，用下式表示：
$$P = B * C$$
式中：P 为定量分析结果；B 为评估结果隶属于不同评语的程度；C 为不同评语对应的分值。

3. 应用案例

以某次装备采购效益评估为例，构建装备采购模糊综合评估模型。

1) 装备采购效益评估指标体系

装备采购效益一级评估指标 $= \{A_1, A_2, A_3, A_4\} = \{$军事效益，经济效益，社会效益，政治效益$\}$。

2) 建立综合评估的评语集

装备采购效益评估的评语集应为
$$V = \{优秀, 合格, 不合格\}$$

3) 进行单指标模糊评估，并求得评估矩阵 R

已知装备采购效益一级评估指标的数据，见表 5-16。

表 5-16 第一层评估指标数据

一级评估指标	优 秀	合 格	不 合 格
军事效益 A_1	0.6	0.4	0
经济效益 A_2	0.7	0.12	0.18
社会效益 A_3	0.25	0.6	0.15
政治效益 A_4	0.52	0.24	0.24

4) 建立评估模型，进行综合评估

已知装备采购效益评估一级指标的权重，军事效益评估指标权重为 0.55，经济效益评估指标权重为 0.07，社会效益评估指标权重为 0.13，政治效益评估指标权重为 0.25。

根据式（5-19），得到装备采购效益评估矩阵。

$$B = (0.55, 0.07, 0.13, 0.25) * \begin{bmatrix} 0.6 & 0.4 & 0 \\ 0.7 & 0.12 & 0.18 \\ 0.25 & 0.6 & 0.15 \\ 0.52 & 0.24 & 0.24 \end{bmatrix} = (0.54, 0.36, 0.1)$$

（1）评估结果的定性分析。

装备采购效益评估结果表明：54%的专家认为评估结果为"优秀"，36%

的专家认为评估结果为"合格",10%的专家认为评估结果为"不合格"。根据最大隶属度原则,装备采购效益评估结果为"优秀"。

(2) 评估结果的定量分析。

假设装备采购评估评语等级对应的分值为 $C = (1, 0.6, 0.2)$,则得到装备采购效益评估结果的定量值为 0.776。

$$P = B * C = (0.54, 0.36, 0.1) * \begin{bmatrix} 1.0 \\ 0.6 \\ 0.2 \end{bmatrix} = 0.776$$

5.3.8 变权模糊综合评估模型

变权模糊综合评估模型,核心是根据每一次单指标评估结果调整优化评估指标权重,将权重看作随评估指标结果变化的函数。该模型不仅考虑了评估指标权重作用,也考虑了单指标评估值的作用,还考虑了评估指标之间的相互关系[22-24]。相对于模糊综合评估模型的改进,优点主要体现在以下几个方面:

(1) 实际评估工作中,如果装备采购某个评估指标得分太低,哪怕该指标的权重很大,整体评估亦将显著减小;同样,如果某个指标的得分非常高,哪怕该指标的权重很小,也使整体评估显著增大。

(2) 实际评估工作中,装备采购单一评估指标的得分非常高,会使其综合评估的大小显著增加,但单一评估指标的评估值非常低却不一定会使综合评估的大小明显降低,因而在采用变权综合法时"激励"的幅度应比"惩罚"幅度要大,这样才能更准确地反映装备采购实际情况。

(3) 实际评估工作中,装备采购评估的高低更取决于权重相对大的指标。因而,对于装备采购评估权重大的评估指标,"激励"与"惩罚"的灵敏度和幅度要相应增大;而对于装备采购评估权重小的评估指标,"激励"与"惩罚"的灵敏度和幅度要相应减小。

1. 基本原理

已知装备采购评估 m 个指标的评估值为 $R = \{R_1, R_2, R_3, \cdots, R_m\}$,常权向量为 $W^0 = (w_1^0, w_2^0, w_3^0, \cdots, w_m^0)$。

定义 5-1 给定映射 $S : [0,1]^m \rightarrow (0, \infty)^m$ 称向量 $S(R) = (S_1(R), S_2(R), S_3(R), \cdots, S_m(R))$ 为建立在"激励"与"惩罚"相结合的基础上的局部状态变权。

定义 5-2 给定映射 $W:[0,1]^m \rightarrow [0,1]^m$ 称向量 $W(R)=(w_1(R),w_2(R),w_3(R),\cdots,w_m(R))$ 为变权向量。

$$w_i(R) = w_i^0 \cdot S_i(R) / \sum_{j=1}^{m} w_j^0 S_j(R) \quad (i=1,2,3,\cdots,m) \quad (5-20)$$

满足条件

$$\sum_{j=1}^{m} w_j(R) = 1$$

映射 S 与映射 W 满足以下条件：

对任一指标 $j \in (0,1,2,\cdots,m)$，存在 $b,c \in (0,1)$，使 $w_i(R)$ 在 $[0,b]$ 内关于 R_j 递减，在 $[b,c]$ 内为一常量，在 $[c,1]$ 内关于 R_j 递增。

对任一指标 $j \in (0,1,2,\cdots,m)$，$s_j(1)>s_j(0)$ 即"激励"的幅度要大于"惩罚"幅度。

对指标 $j,i \in 1,2,3,\cdots,m$，如果 $w_j^0 > w_i^0$，则当 $g \rightarrow b^-$ 和 $g \rightarrow c^+$ 时：$\dfrac{\mathrm{d}S_j}{\mathrm{d}R} < \dfrac{\mathrm{d}S_i}{\mathrm{d}R}$，$s_j(0)<s_i(0)$，$s_j(1)<s_i(1)$，即对于常权大的指标，"惩罚"与"激励"的灵敏度和幅度大。

根据上述要求，得到以下公式：

$$S_j(R) = \begin{cases} \left|\dfrac{(b-R_j)}{b}\right|^{\frac{1}{m \cdot w_j^0}} + d & (R_j \in (0,b]) \\ d & (R_j \in (b,c]) \\ \left|\dfrac{e \times b \times (R_j-c)}{1-c}\right|^{\frac{1}{m \cdot w_j^0}} + d & (R_j \in (c,1]) \end{cases} \quad (5-21)$$

式中：$j=1,2,3,\cdots,m$；b,c,d,e 为 $[0,1]$ 内的参数，称 b 为惩罚水平，c 为激励水平，d 为调整水平，e 为 $w_j^0=1/m$ 时激励与惩罚的幅度之比。

当 $0<R_j \leqslant b$ 时，惩罚程度随 R_j 的增大而减小；当 $b<R_j \leqslant c$ 时，即不惩罚也不激励；当 $c<R_j \leqslant 1$ 时，激励程度随着 R_j 的增大而增大。对调整水平 d 而言，d 越小，总的惩罚与激励程度就越大；d 越大，总的惩罚与激励程度就越小。

1) 定量结果

由式 (5-21) 计算出变权向量，然后由下式计算装备采购评估值大小：

$$l = W(R) \times (R)^{\mathrm{T}} \quad (5-22)$$

式中：$W(R)$ 为变权向量；R 为单一指标大小矩阵；l 为变权模糊综合评估结果。

2) 定性结果

由评估分数集 $D=\{d_1,d_2,d_3\}=\{优秀,合格,不合格\}=\{1,0.6,0.2\}$ 计算

$$c_i = \frac{1 - |l - d_i|}{\sum_{i=1}^{3} [1 - |l - d_i|]} \quad (i = 1,2,3) \tag{5-23}$$

$c_i = \{c_1, c_2, c_3\}$，表示装备采购评估定量结果 l 对不同评语等级的隶属度，依据最大隶属度原则，将隶属度最大的评语作为装备采购评估的定性评估结果。

2. 应用案例

以某次装备采购效益评估为例，构建装备采购变权模糊综合评估模型。已知装备采购效益评估的一级指标以及指标权重大小，在式（5-21）中分别取 $b=0.4$，$c=0.8$，$d=0.2$，$e=0.8$ 则得到

$$S_j(R) = \begin{cases} |2.5 \times (0.4 - R_j)|^{\frac{1}{14 \cdot w_j^0}} + 0.2 & (R_j \in (0, 0.4]; j=1,2,3,\cdots,14) \\ 0.2 & (R_j \in (0.4, 0.8]; j=1,2,3,\cdots,14) \\ |1.6 \times (R_j - 0.8)|^{\frac{1}{14 \cdot w_j^0}} + 0.2 & (R_j \in (0.8, 1]; j=1,2,3,\cdots,14) \end{cases} \tag{5-24}$$

装备采购效益评估变权模糊综合评估数据，见表 5-17。

表 5-17 装备采购效益评估结果

评估指标	权重 w^0	单一指标评估值 R_i	局部变量 $S_i(R)$	变权 $w_i(R) = \dfrac{w_i^0 \cdot S_i(R)}{\sum_{j=1}^{n} w_j^0 S_j(R)}$	模糊评估结果	变权模糊评估结果
军事效益 A_1	0.55	0.84	0.7	0.7605	0.78	0.81
经济效益 A_2	0.07	0.8	0.2	0.0277		
社会效益 A_3	0.13	0.64	0.2	0.0514		
政治效益 A_4	0.25	0.35	0.325	0.1605		

1）定量评估结果

从表中可以看出，装备采购效益变权模糊评估结果为 0.81，高于模糊评估结果 0.78，这是由于军事效益得分较高，对权重起到了"激励"效果，使得评估值上升。综上，得到装备采购效益定量评估结果为 0.81。

2）定性评估结果

再根据式（5-23），计算得到装备采购效益定性评估结果：

$$c = (0.4, 0.39, 0.19)$$

依据最大隶属度原则,装备采购效益定性评估结果为"优秀"。

5.3.9 数据包络分析评估模型

数据包络分析(data envelopment analysis,DEA),是数学、运筹学、数理经济学和管理科学的交叉领域,是由美国著名运筹学家 A. Charnes 和 W. W. Cooper 等学者在"相对效率"概念基础上发展起来的系统分析方法[25-27]。

1. 基本原理

DEA 是使用数学规划模型(包括线性规划、多目标规划、随机规划等)比较同类决策单元之间的相对效率,对决策单元作出评估。该模型基本特点是具有一定的输入和输出,即通过输入一定数量的"生产要素"并输出一定数量的"产品"。虽然各类决策单元的输入和输出各不相同,但其目标都是尽可能使"耗费的资源"最少而"生产的产品"最多,即取得最大的"效益"。对于同类型的决策单元,由于具有相同的输入和输出指标,因此可以通过对其输入和输出数据的综合分析,得出每个决策单元综合效率的数量指标,据此将各决策单元定级排队,确定有效的(即相对效率最高的)决策单元,并指出其他决策单元非有效的原因和程度,为管理部门提供信息。

DEA 方法具有以下特点:一是客观性强。该方法不用主观判定评估指标权重,有效消除了评估主体对评估指标的干扰和主观意愿。二是无量纲。该方法在评估时,不用考虑评估指标统一度量问题,有效避免了寻求相同度量而对评估产生的影响。三是计算简便。该方法可以在不给出评估输入和输出之间关系函数的前提下,计算得到评估结论。

2. 主要步骤

本书运用数据包络法构建装备采购项目评估模型的步骤。

1) 构造 DEA 基本模型

设有 n 个装备采购项目 $DMU_j(1 \leqslant j \leqslant n)$,每个项目都有 m 种类型的输入指标与 s 种类型的输出指标,其输入、输出向量分别为:$\pmb{x}_j = (x_{1j}, x_{2j}, \cdots, x_{mj})^T > \pmb{0}$ $(j=1,\cdots,n)$;$\pmb{y}_j = (y_{1j}, y_{2j}, \cdots, y_{sj})^T > \pmb{0}(j=1,\cdots,n)$。

为了把各输入和各输出"**综合**"成一个**总体**输入和一个**总体**输出,需要赋予每个输入和输出的权重,令其输入、输出权向量分别为:$\pmb{v} = (v_1, v_2, \cdots, v_m)^T$,$\pmb{u} = (u_1, u_2, \cdots, u_s)^T$。

$$
\begin{array}{c}
\text{决策单元} \rightarrow \text{DMU}_1 \quad \text{DMU}_2 \quad \cdots \quad \text{DMU}_j \quad \cdots \quad \text{DMU}_n \\
\begin{array}{ll}
v_1 & 1\rightarrow \\
v_2 & 2\rightarrow \\
\vdots & \vdots \\
v_i & i\rightarrow \\
\vdots & \vdots \\
v_m & m\rightarrow
\end{array}
\begin{bmatrix}
x_{11} & x_{12} & \cdots & x_{1j} & \cdots & x_{1n} \\
x_{21} & x_{22} & \cdots & x_{2j} & \cdots & x_{2n} \\
\vdots & \vdots & & \vdots & & \vdots \\
x_{i1} & x_{i2} & \cdots & x_{ij} & \cdots & x_{in} \\
\vdots & \vdots & & \vdots & & \vdots \\
x_{m1} & x_{m2} & \cdots & x_{mj} & \cdots & x_{mn}
\end{bmatrix} \\
\begin{bmatrix}
y_{11} & y_{12} & \cdots & y_{1j} & \cdots & y_{1n} \\
y_{21} & y_{22} & \cdots & y_{2j} & \cdots & y_{2n} \\
\vdots & \vdots & & \vdots & & \vdots \\
y_{r1} & y_{r2} & \cdots & y_{rj} & \cdots & y_{rn} \\
\vdots & \vdots & & \vdots & & \vdots \\
y_{s1} & y_{s2} & \cdots & y_{sj} & \cdots & y_{sn}
\end{bmatrix}
\begin{array}{ll}
\rightarrow u_1 & 1 \\
\rightarrow u_2 & 2 \\
\vdots & \vdots \\
\rightarrow u_r & i \\
\vdots & \vdots \\
\rightarrow u_s & s
\end{array}
\end{array}
$$

$$
h_j \triangleq \frac{\boldsymbol{u}^{\mathrm{T}} \boldsymbol{y}_j}{\boldsymbol{v}^{\mathrm{T}} \boldsymbol{x}_j} = \frac{\sum_{k=1}^{s} u_k y_{kj}}{\sum_{i=1}^{m} v_i x_{ij}} \quad (j=1,2,\cdots,n)
$$

定义 5-3 h_j 称为第 j 个示范区 DMU_j 的效率评价指数。

在这个定义中，一方面 h_j 越大，表明 DMU_j 效率越高，即能够用相对较少的输入而得到相对较多的输出；另一方面可适当选取 $\boldsymbol{u}$ 和 $\boldsymbol{v}$，使其满足 $h_j \leqslant 1$。这样，如要对 DMU_k 进行评价，就可以构造下面的所谓 C^2R 模型：

$$
(\overline{P}) \begin{cases}
\max & h_k = \dfrac{\boldsymbol{u}^{\mathrm{T}} \boldsymbol{y}_k}{\boldsymbol{v}^{\mathrm{T}} \boldsymbol{x}_k} = V_{\overline{P}} \\
\text{s.t.} & h_j = \dfrac{\boldsymbol{u}^{\mathrm{T}} \boldsymbol{y}_j}{\boldsymbol{v}^{\mathrm{T}} \boldsymbol{x}_j} \leqslant 1 \quad (j=1,2,\cdots,n) \\
& \boldsymbol{v} \geqslant 0, \boldsymbol{u} \geqslant 0
\end{cases}
$$

这是一个分式规划模型，利用 Charnes-Cooper 变换，令 $t = 1/\boldsymbol{v}^{\mathrm{T}} \boldsymbol{x}_k$，$\boldsymbol{\omega} = t\boldsymbol{v}$，$\boldsymbol{\mu} = t\boldsymbol{u}$，则可转变为线性规划模型：

$$
(P) \begin{cases}
\max & \boldsymbol{\mu}^{\mathrm{T}} \boldsymbol{y}_k = V_P \\
\text{s.t.} & \boldsymbol{\omega}^{\mathrm{T}} \boldsymbol{x}_j - \boldsymbol{\mu}^{\mathrm{T}} \boldsymbol{y}_j \geqslant 0 \quad (j=1,2,\cdots,n) \\
& \boldsymbol{\omega}^{\mathrm{T}} \boldsymbol{x}_k = 1 \\
& \boldsymbol{\omega} \geqslant 0, \boldsymbol{\mu} \geqslant 0
\end{cases}
$$

这里 $\boldsymbol{\omega}$、$\boldsymbol{\mu}$ 与 $\boldsymbol{v}$、$\boldsymbol{u}$ 的含义相同。根据线性规划对偶理论，(P) 的对偶规划模型为

$$(D)\begin{cases} \min\ \theta = V_D \\ \text{s. t.}\ \boldsymbol{\lambda}^\mathrm{T}\boldsymbol{x}_j \leqslant \theta\boldsymbol{x}_k \\ \quad\ \ \boldsymbol{\lambda}^\mathrm{T}\boldsymbol{y}_j \geqslant \boldsymbol{y}_k \\ \quad\ \ \boldsymbol{\lambda} \geqslant \boldsymbol{0}\quad (j=1,2,\cdots,n) \end{cases}$$

式中：$\boldsymbol{\lambda} = (\lambda_1,\lambda_2,\cdots,\lambda_n)$ 为 n 个 DMU 的某种组合权重；$\boldsymbol{\lambda}^\mathrm{T}\boldsymbol{x}_j$ 和 $\boldsymbol{\lambda}^\mathrm{T}\boldsymbol{y}_j$ 分别为按这种权重组合的虚构 DMU 的输入和输出向量；$\boldsymbol{x}_k$ 和 $\boldsymbol{y}_k$ 为所评价的第 k 个 DMU 的输入和输出向量。

这个模型的含义很明显，即找 n 个 DMU 的某种组合，使其输出在不低于第 k 个 DMU 的输出条件下输入尽可能的减小。引入松弛变量和剩余变量模型 (D') 可写为

$$(D')\begin{cases} \min\ \theta = V_D \\ \text{s. t.}\ \boldsymbol{\lambda}^\mathrm{T}\boldsymbol{x}_j + \boldsymbol{s}^- = \theta\boldsymbol{x}_k \\ \quad\ \ \boldsymbol{\lambda}^\mathrm{T}\boldsymbol{y}_j - \boldsymbol{s}^+ = \boldsymbol{y}_k \\ \quad\ \ \boldsymbol{\lambda} \geqslant \boldsymbol{0}\quad (j=1,2,\cdots,n) \\ \quad\ \ \boldsymbol{s}^- \geqslant \boldsymbol{0}, \boldsymbol{s}^+ \geqslant \boldsymbol{0} \end{cases}$$

式中：$\boldsymbol{s}^- = (s_1^-,s_2^-,\cdots,s_m^-)^\mathrm{T}$，$\boldsymbol{s}^+ = (s_1^+,s_2^+,\cdots,s_s^+)^\mathrm{T}$，$s_i^-$ 和 s_r^+（$i=1,2,\cdots,m;r=1,2,\cdots,s$）分别为松弛变量和剩余变量。

定义 5-4 对于线性规划 (D)：

若 (D) 的最优值 $V_D = 1$，则第 k 个 DMU 为弱 DEA 有效，反之亦然。

若 (D) 的最优值 $V_D = 1$，并且它的每个最优解 $\boldsymbol{\lambda}^*$，$\boldsymbol{s}^{*-}$，$\boldsymbol{s}^{*+}$，θ^* 都有 $\boldsymbol{s}^{*-} = \boldsymbol{0}$，$\boldsymbol{s}^{*+} = \boldsymbol{0}$（每个分量都为零），则第 k 个 DMU 为 DEA 有效，反之亦然。

由于对于模型 (D) 要判断所有最优解的 $\boldsymbol{s}^{*-}$ 和 $\boldsymbol{s}^{*+}$ 每个分量是否都是零并非易事，因此在实际中经常直接使用的是一个稍加变化了的模型——具有非阿基米德无穷小 ε 的 C^2R 模型：

$$(D_\varepsilon)\begin{cases} \min\ [\theta - \varepsilon(\hat{\boldsymbol{e}}^\mathrm{T}\boldsymbol{s}^- + \boldsymbol{e}^\mathrm{T}\boldsymbol{s}^+)] = V_{D\varepsilon} \\ \text{s. t.}\ \boldsymbol{\lambda}^\mathrm{T}\boldsymbol{x}_j + \boldsymbol{s}^- = \theta\boldsymbol{x}_k \\ \quad\ \ \boldsymbol{\lambda}^\mathrm{T}\boldsymbol{y}_j - \boldsymbol{s}^+ = \boldsymbol{y}_k \\ \quad\ \ \boldsymbol{\lambda} \geqslant \boldsymbol{0}\quad (j=1,2,\cdots,n) \\ \quad\ \ \boldsymbol{s}^- \geqslant \boldsymbol{0}, \boldsymbol{s}^+ \geqslant \boldsymbol{0} \end{cases} \quad (5-25)$$

其中 $\hat{e}=(1,1,\cdots,1)^T \in R^m$，$e=(1,1,\cdots,1)^T \in R^s$。非阿基米德无穷小 ε 是一个小于任何正数而大于零的数（在实际使用中常取为一个足够小的正数，比如 10^{-6}）。

2）有效性和规模收益分析

定义 5-5 设 ε 为非阿基米德无穷小，模型 $(D\varepsilon)$ 的最优解为 $\boldsymbol{\lambda}^*$，$\boldsymbol{s}^{*-}$，$\boldsymbol{s}^{*+}$，θ^*。

若 $\theta^*=1$，则第 k 个 DMU 为弱 DEA 有效。

若 $\theta^*=1$，且 $\boldsymbol{s}^{*-}=\boldsymbol{0}$，$\boldsymbol{s}^{*+}=\boldsymbol{0}$，则第 k 个 DMU 为 DEA 有效。

根据定义 5-5 可判断一个 DMU 的 DEA 有效性。

其规模收益情况可根据以下定义判断：

定义 5-6 如果不存在线性相关的 C^2R 有效 DMU，那么对任意 DMU_k：

$\sum \lambda_j^* = 1 \Leftrightarrow DMU_k$ 为规模收益不变；

$\sum \lambda_j^* < 1 \Leftrightarrow DMU_k$ 为规模收益递增；

$\sum \lambda_j^* > 1 \Leftrightarrow DMU_k$ 为规模收益递减。

3）非有效的改进

定义 5-7 设 $\boldsymbol{\lambda},\boldsymbol{s}^-,\boldsymbol{s}^+,\theta$ 是线性规划问题 (D_ε) 的最优解，令

$$\begin{cases} \hat{\boldsymbol{x}}_k = \theta \boldsymbol{x}_k - \boldsymbol{s}^- \\ \hat{\boldsymbol{y}}_k = \boldsymbol{y}_k + \boldsymbol{s}^+ \end{cases}$$

称 $(\hat{\boldsymbol{x}}_k,\hat{\boldsymbol{y}}_k)$ 为 DMU_k 对应的 $(\boldsymbol{x}_k,\boldsymbol{y}_k)$ 在 DEA 相对有效面上的"**投影**"。

定义 5-8 设 DMU_k 为 $(\boldsymbol{x}_k,\boldsymbol{y}_k)$，则由规划问题 $(D\varepsilon)$ 最优解 $\boldsymbol{\lambda},\boldsymbol{s}^-,\boldsymbol{s}^+,\theta$ 构成的 $(\hat{\boldsymbol{x}}_k,\hat{\boldsymbol{y}}_k)$：

$$\begin{cases} \hat{\boldsymbol{x}}_k = \theta \boldsymbol{x}_k - \boldsymbol{s}^- \\ \hat{\boldsymbol{y}}_k = \boldsymbol{y}_k + \boldsymbol{s}^+ \end{cases} \tag{5-26}$$

可见对于那些非 DEA 有效的 DMU 来说，可以通过与其在 DEA 相对有效面上的"投影"进行比较，找出非有效的原因和程度（每个评估指标方面的不足），为改造非 DEA 有效的决策单元指出了方向。

4）排序

运用规划 (D_ε)，根据定义 5-5 可把所有评估对象分成 DEA 有效、弱 DEA 有效和非 DEA 有效三类，对非 DEA 有效的评估对象（DMU）可根据其与 DEA 相对有效面的距离大小（可由有效性系数 θ 体现出来）排出优劣顺序，而对同为 DEA 有效或同为弱 DEA 有效的 DMU 来采取下列方式：增加一

个虚拟项目进行排序，虚拟项目 DMU 的输入、输出为：$x_{in+1} = \max x_{ij}, x_{kn+1} = \min x_{kj}$，此虚拟项目就是最差项目，使得其他项目相对于虚拟项目变得更为有效。可进一步比较各项目效率差异程度，从而达到排序的目的。

3. 应用案例

针对已经完成的 8 个装备采购项目，采取 DEA 方法开展装备采购项目评估。8 个装备采购项目的数据见表 5-18。

表 5-18　装备采购项目数据

项目	输入指标值					输出指标值			
	装备采购计划满足度 x_1	装备建设满足度 x_2	项目管理 x_3	项目完成情况 x_4	项目成果 x_5	军事效益 y_1	经济效益 y_2	社会效益 y_3	技术效益 y_4
A	0.25	0.38	0.12	0.15	0.32	0.25	0.15	0.11	0.21
B	0.35	0.58	0.32	0.26	0.45	0.36	0.26	0.3	0.36
C	0.5	0.75	0.6	0.65	0.78	0.48	0.56	0.42	0.53
D	0.56	0.78	0.78	0.54	0.75	0.68	0.72	0.65	0.65
E	0.88	0.9	0.92	0.8	0.88	0.6	0.65	0.7	0.7
F	0.8	0.85	0.72	0.25	0.88	0.71	0.25	0.82	0.82
G	0.83	0.82	0.68	0.22	0.92	0.33	0.23	0.2	0.11
H	0.89	0.86	0.92	0.9	0.9	0.82	0.89	0.85	0.91

1）构造装备采购项目评估 DEA 基本模型

根据定义 5-3 和式（5-25），构建装备采购项目 A 的 DEA 模型（其他项目相似）：

$$\min\left[\theta - 10^{-6} \times (s_1^- + s_2^- + s_3^- + s_4^- + s_5^- + s_1^+ + s_2^+ + s_3^+ + s_4^+)\right]$$

$$\begin{cases} 0.25\lambda_1 + 0.35\lambda_2 + 0.5\lambda_3 + 0.56\lambda_4 + 0.88\lambda_5 + 0.8\lambda_6 + 0.83\lambda_7 + 0.89\lambda_8 + s_1^- = 0.25\theta \\ 0.38\lambda_1 + 0.58\lambda_2 + 0.75\lambda_3 + 0.56\lambda_4 + 0.88\lambda_5 + 0.8\lambda_6 + 0.83\lambda_7 + 0.89\lambda_8 + s_2^- = 0.38\theta \\ 0.12\lambda_1 + 0.32\lambda_2 + 0.6\lambda_3 + 0.78\lambda_4 + 0.92\lambda_5 + 0.72\lambda_6 + 0.68\lambda_7 + 0.92\lambda_8 + s_3^- = 0.12\theta \\ 0.15\lambda_1 + 0.26\lambda_2 + 0.65\lambda_3 + 0.54\lambda_4 + 0.8\lambda_5 + 0.25\lambda_6 + 0.22\lambda_7 + 0.92\lambda_8 + s_4^- = 0.15\theta \\ 0.32\lambda_1 + 0.45\lambda_2 + 0.78\lambda_3 + 0.75\lambda_4 + 0.88\lambda_5 + 0.88\lambda_6 + 0.92\lambda_7 + 0.9\lambda_8 + s_5^- = 0.32\theta \\ 0.25\lambda_1 + 0.36\lambda_2 + 0.48\lambda_3 + 0.68\lambda_4 + 0.6\lambda_5 + 0.71\lambda_6 + 0.33\lambda_7 + 0.82\lambda_8 - s_1^+ = 0.25\theta \\ 0.15\lambda_1 + 0.26\lambda_2 + 0.56\lambda_3 + 0.72\lambda_4 + 0.65\lambda_5 + 0.25\lambda_6 + 0.23\lambda_7 + 0.89\lambda_8 - s_2^+ = 0.15\theta \\ 0.11\lambda_1 + 0.3\lambda_2 + 0.42\lambda_3 + 0.65\lambda_4 + 0.7\lambda_5 + 0.82\lambda_6 + 0.2\lambda_7 + 0.85\lambda_8 - s_3^+ = 0.11\theta \\ 0.21\lambda_1 + 0.36\lambda_2 + 0.53\lambda_3 + 0.65\lambda_4 + 0.7\lambda_5 + 0.82\lambda_6 + 0.11\lambda_7 + 0.91\lambda_8 - s_4^+ = 0.21\theta \end{cases}$$

2) 装备采购项目有效性和规模收益分析

根据定义 5-4，分析得到 8 个装备采购项目的有效性，见表 5-19。装备采购项目的最优组合权重，见表 5-20。根据定义 5-5，装备采购项目规模收益分析结果，见表 5-21。

表 5-19　装备采购项目有效性系数表

示范区代号	有效性系数 θ	松弛变量					剩余变量			
		s_1^-	s_2^-	s_3^-	s_4^-	s_5^-	s_1^+	s_2^+	s_3^+	s_4^+
A	1	0	0	0	0	0	0	0	0	0
B	1	0	0	0	0	0	0	0	0	0
C	0.982	0	0.039	0	0.203	0.114	0.094	0	0.075	0.006
D	1	0	0	0	0	0	0	0	0	0
E	0.844	0.016	0.049	0.036	0	0	0.067	0.018	0	0.043
F	1	0	0	0	0	0	0	0	0	0
G	0.852	0.384	0.311	0.223	0	0.397	0	0	0.149	0.239
H	1	0	0	0	0	0	0	0	0	0

表 5-20　装备采购项目的最优组合权重

单位代号	各 DMU 的最优组合权重							
	λ_A	λ_B	λ_C	λ_D	λ_E	λ_F	λ_G	λ_H
A	1	0	0	0	0	0	0	0
B	0	1	0	0	0	0	0	0
C	0.415	0	0	0.691	0	0	0	0
D	0	0	0	1	0	0	0	0
E	0	0	0	0	0	0.107	0	0.72
F	0	0	0	0	0	1	0	0
G	0	0	0	0.237	0	0.238	0	0
H	0	0	0	0	0	0	0	1

表 5-21　装备采购项目规模收益分析结果

单位代号	DEA 有效性	规模效益指数 $\left(\sum \lambda\right)$	规模收益
A	DEA 有效	1	不变
B	DEA 有效	1	不变
C	非 DEA 有效	1.16	递减

续表

单位代号	DEA 有效性	规模效益指数 ($\sum \lambda$)	规模收益
D	DEA 有效	1	不变
E	非 DEA 有效	0.827	递增
F	DEA 有效	1	不变
G	非 DEA 有效	0.475	递增
H	DEA 有效	1	不变

从表看出，装备采购项目 A、B、D、F、H 是 DEA 有效的，C、E、G 是非 DEA 有效的。由此可知，装备采购项目 A、B、D、F、H 输入和输出匹配度较好，可以继续保持现有趋势，对于装备采购项目 A 来说，虽然该装备采购项目输出指标得分都比较低，但是其输入指标也很低，说明该装备采购项目投入产出比非常好，因此该装备采购项目 DEA 是有效的。从表可以看出，装备采购项目 C 规模收益递减，说明该装备采购项目输入效果不好，输出效果也不好，且投入产出比不高。装备采购项目 D、G 规模收益递增，说明这两个装备采购项目输入效果好，但是输出效果不好。

3) 非有效装备采购项目改进策略分析

根据定义 5-5 和式（5-26），对那些非 DEA 有效的装备采购项目，可以通过与其在 DEA 相对有效面上的"投影"进行比较，找出非有效的原因和程度（每个评估指标方面的不足），从而采取措施改进工作。非有效装备采购项目改进策略分析表，见表 5-22。

表 5-22 非有效装备采购项目改进策略分析表

非 DEA 有效装备采购项目代码	指标	实际值	投影值	差距占实际值的百分比
C	x_1	0.5	0.491	0.0180
	x_2	0.75	0.697	0.0707
	x_3	0.6	0.589	0.0183
	x_4	0.65	0.623	0.0415
	x_5	0.78	0.651	0.1654
	y_1	0.48	0.322	0.3292
	y_2	0.56	0.56	0
	y_3	0.42	0.495	0.1786
	y_4	0.53	0.536	0.0113

续表

非DEA有效装备采购项目代码	指标	实际值	投影值	差距占实际值的百分比
E	x_1	0.88	0.727	0.1739
	x_2	0.9	0.71	0.2111
	x_3	0.92	0.74	0.1957
	x_4	0.8	0.675	0.1563
	x_5	0.88	0.742	0.1568
	y_1	0.6	0.667	0.1117
	y_2	0.65	0.668	0.0277
	y_3	0.7	0.7	0
	y_4	0.7	0.743	0.0614
G	x_1	0.83	0.323	0.6108
	x_2	0.82	0.387	0.5280
	x_3	0.68	0.356	0.4765
	x_4	0.22	0.187	0.1500
	x_5	0.920	0.387	0.5793
	y_1	0.33	0.33	0
	y_2	0.23	0.23	0
	y_3	0.2	0.349	0.7450
	y_4	0.11	0.349	2.1727

从表可以看出，装备采购项目C非有效的原因主要是指标军事效益y_1和社会效益y_3与装备采购项目的输入指标得分不相匹配，即好的投入没有产生好的输出，因此项目C要通过提高军事效益使军事效益达到提升装备采购项目的目的。装备采购项目E非有效的原因主要是该项目虽然具有较高的装备建设满足度x_2和项目管理x_3，但其军事效益y_1却不高，因此项目E要在维持现有装备建设满足度和项目管理基础上，提高军事效益。装备采购项目G非有效的原因主要是该项目虽然具有较高的装备采购计划满足度x_1、装备建设满足度x_2、项目管理x_3和项目成果x_5，但其社会效益y_3和技术效益y_4却很低，因此项目G要在维持现有优势的基础上，提高装备采购项目的输出，特别是装备采购项目的社会效益和技术效益。

4）装备采购项目排序

根据装备采购项目排序方法，得到装备采购项目排序表，见表5-23。从表中可以看出，装备采购项目的排序为：H>F>D>B>A>C>G>E>G。

表 5-23 装备采购项目排序表

	单位代号	有效性系数 θ	排序号		单位代号	排序号
DEA 有效装备采购项目排序	A	0.753	5	装备采购项目综合排序	H	1
	B	0.821	4		F	2
	D	0.856	3		D	3
	F	0.977	2		B	4
	H	1	1		A	5
	虚拟项目	0.345			C	6
非 DEA 有效的装备采购项目排序	单位代号	有效性系数 θ	排序号		G	7
	C	0.982	1		E	8
	E	0.844	3			
	G	0.852	2			

5.3.10 人工神经网络评估模型

1. 基本原理

人工神经网络将信息或知识分布存储在大量的神经元或整个系统中，具有全息联想、高速运算、自适应、自学习、自组织等特点。该模型通过历史数据的学习和训练找出输入和输出之间的内在联系，从而得到问题解。另外，该模型有较强的容错能力，能够处理有"噪声"或者不完全的数据[28-32]。

基于人工神经网络的装备采购评估模型是通过神经网络的自学习、自适应能力，建立更加接近人类思维模型的定性和定量相结合的评估模型。该装备采购评估模型是一种智能化的数据处理方法，模拟人脑的思维，利用已知样本对网络进行训练，发现和模拟网络存储变量间的非线性关系，然后利用存储的网络信息对装备采购进行评估。

1986 年，Rumelhart，Hinton 和 Williams 提出了一种人工神经网络的误差反向传播训练算法 BP（back propagation）。目前，在人工神经网络的实际应用中所采用的模型大都是 BP 网络模型和其变换形式。

1）BP 神经网络结构

BP 神经网络是一种单向传播的多层前向网络，其结构如图 5-17 所示。由图可知，BP 神经网络是一种具有 3 层或 3 层以上的神经网络，包括输入层、隐含层和输出层。当输入信号提供给网络后，神经元的激活值从输入层经各中间层向输出层传播，在输出层的各神经元获得网络的输入响应。接下来，按照减少目标输出与实际误差的方向,从输出层经过各隐含层逐层修正各连接权值,最后回到输入层,这种算法称为"误差逆传播算法",即 BP 算法。

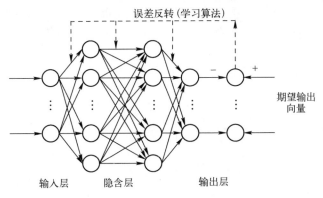

图 5-17 BP 神经网络结构

2) BP 神经网络的数学描述

设含有共 3 层和 n 个节点的一个 BP 神经网络,每层单元只接受前一层的输出信息并输出给下一层各单元,各节点的传递函数为 Sigmoid 型。BP 网络三层节点分别表示为:输入节点 x_j,隐含层节点 y_i,输出节点 o_l。输入节点与隐含层节点间的网络权值为 $w1_{ij}$,隐含层节点与输出节点间的网络权值为 $w2_{li}$。当输出节点的期望输出为 t_l 时,BP 网络的数学描述公式为

(1) 隐含层节点的输出:$y_i = f_1\left(\sum_j w1_{ij} \times x_j - \theta_i\right) = f_1(\mathrm{net}_i)$,$f_1$ 表示输入节点与隐含层节点间的传递函数

(2) 输出节点的输出:$o_l = f_2\left(\sum_i w2_{li} \times y_i - \theta_l\right) = f_2(\mathrm{net}_l)$,$f_2$ 表示隐含层节点与输出节点间的传递函数

(3) 输出节点的误差公式:$E = \dfrac{1}{2} \sum_l (t_l - o_l)^2$

(4) 权值的修正:

$w2_{li}(k+1) = w2_{li}(k) + \Delta w2_{li} = w2_{li}(k) + \eta \times \delta_l \times y_i$,$\delta_l = -(t_l - o_l) \times f_2'(\mathrm{net}_l)$

$w1_{ij}(k+1) = w1_{ij}(k) + \Delta w1_{ij} = w1_{ij}(k) + \eta \times \delta_i \times y_j$,$\delta_i = f_1'(\mathrm{net}_i) \times \sum_l \delta_l \times w2_{li}$

(5) 阈值的修正:$\theta_l(k+1) = \theta_l + \eta \times \delta_l$,$\theta_i(k+1) = \theta_i(k) + \eta \times \delta_i$

3) BP 神经网络模型的构建

BP 神经网络模型的构建,如图 5-18 所示。首先是选择合适的层数,各层的节点数,以及相应的传递函数和训练函数,之后是用训练集对网络进行

训练，计算各层的权值和阈值，经过一次训练之后若其输出值与期望值的误差大于设定的误差值，则再进入下次训练，重新调整权值和阈值，直到误差值小于或者等于设定的误差值。然后用训练集的实际结果对该模型计算结果进行评估，若其评估效果满意，则模型建立；若评估效果不满意则需重新训练调整。

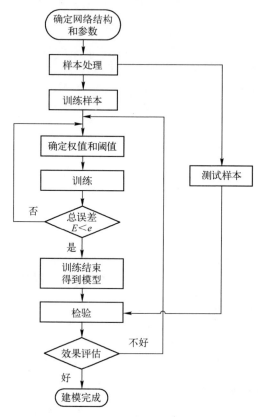

图 5-18 BP 神经网络模型的构建

2. 基于 BP 神经网络装备采购评估的模型构建

以装备采购效益评估为例，运用 BP 神经网络的相关理论构建装备采购评估模型，并用 Matlab 7.0 仿真软件进行仿真。

1) BP 神经网络基本结构

建立 3 层的 BP 神经网络评估模型，输入层的节点数为 4 个，即装备采购效益评估的 4 个一级指标，输出层含节点数为 1 个，即装备采购效益评估值，隐含层节点设为 8 个。因此网络模型的拓扑结构为 4-8-1，输入层选择 S 型激励函数，输出层选择线性函数。

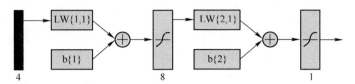

图 5-19　装备采购效益评估 BP 神经网络基本结构

2）BP 神经网络输入数据

根据专家调查得到 20 组装备采购效益评估样本数据，进行神经网络训练，见表 5-24。

3）训练结果

运行 BP 神经网络程序经过 100 次迭代训练达到允许的误差，在训练的误差变化过程，如图 5-20 所示。

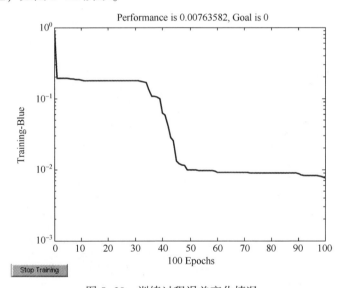

图 5-20　训练过程误差变化情况

从图中可知，纵坐标表示训练过程误差值变化情况，横坐标表示迭代次数，曲线表示随着迭代次数的增加，误差值逐渐减小的过程。当训练次数达到 100 次时，达到训练允许的误差，即训练结束，说明装备采购效益评估模型已经构建完成。通过建立完成的装备采购效益评估模型，对训练样本进行仿真，得到的输出结果，见表 5-25。训练样本的期望值、输出值和误差的结果，如图 5-21 所示。

表 5-24 样本数据表

	1	2	3	4	5	6	7	8	9	10	11	12	13	14	15	16	17	18	19	20
军事效益 A_1	0.2	0.5	0.85	0.15	0.82	0.45	0.18	0.9	0.43	0.75	0.63	0.86	0.3	0.76	0.95	0.3	0.56	0.85	0.32	0.42
经济效益 A_2	0.4	0.4	0.54	0.36	0.76	0.65	0.25	0.75	0.2	0.9	0.45	0.76	0.8	0.35	0.85	0.8	0.35	0.85	0.82	0.52
社会效益 A_3	0.2	0.3	0.62	0.25	0.56	0.72	0.36	0.65	0.3	0.8	0.32	0.45	0.7	0.82	0.8	0.7	0.62	0.7	0.7	0.9
政治效益 A_4	0.3	0.6	0.7	0.48	0.75	0.76	0.43	0.35	0.2	0.3	0.21	0.52	0.6	0.83	0.76	0.6	0.83	0.66	0.62	0.72
效益评估值 A	0.4	0.45	0.78	0.54	0.59	0.56	0.28	0.86	0.38	0.62	0.82	0.48	0.68	0.28	0.63	0.68	0.78	0.93	0.68	0.58

表 5-25 统计输出结果

	1	2	3	4	5	6	7	8	9	10	11	12	13	14	15	16	17	18	19	20
期望值	0.4	0.45	0.78	0.54	0.59	0.56	0.28	0.86	0.38	0.62	0.82	0.48	0.68	0.28	0.63	0.68	0.78	0.93	0.68	0.58
输出值	0.424	0.4513	0.6839	0.5513	0.6842	0.6841	0.2888	0.7536	0.3826	0.6304	0.8367	0.6948	0.6914	0.2827	0.6098	0.6914	0.7764	0.6856	0.6856	0.69
差值	−0.024	−0.0013	0.0961	−0.0113	−0.0942	−0.1241	−0.0088	0.1064	−0.0026	−0.0104	−0.0167	−0.2148	−0.0114	−0.0027	0.0202	−0.0114	0.0036	0.2444	−0.0056	−0.11

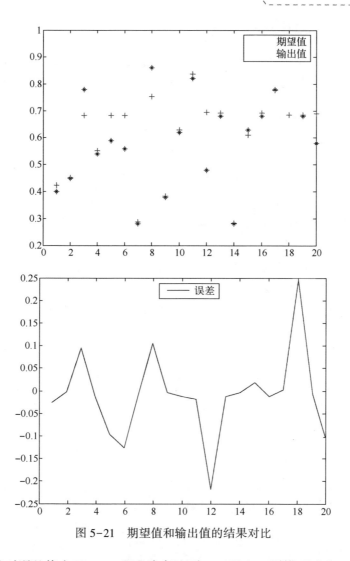

图 5-21　期望值和输出值的结果对比

假设绝对误差值小于 0.1，且准确率达到 80% 以上，则模型成立。从表 5-25 可以看出，训练集输出结果与期望值的最大绝对误差为 0.24，最小误差为 0.0013。训练集中绝对误差值大于 0.1 的样本有 4 个，则训练集准确率为 80%。由此可知基于 BP 神经网络的装备采购中效益评估模型成立，可以运用该模型开展评估。

3. 应用案例

已知某次装备采购效益评估一级指标的输入值，根据建立好的 BP 神经网络模型，得到该次装备采购效益评估结果，相关数据和结果，见表 5-26。该次装备采购效益评估值为 0.78。

表 5-26 装备采购效益评估大小

输入值				输出值
军事效益	经济效益	社会效益	政治效益	装备采购效益评估值
0.84	0.8	0.64	0.35	0.78

5.3.11 证据推理评估模型

证据推理理论（Dempster-Shafer，D-S），由哈佛大学数学家 Dempster 最早提出，随后 Shafer 在 Dempster 推理模型中引入信度函数用于表达信息的不确定性，然后运用似然函数处理由"不知道"带来的不确定性[33-35]。证据指的是人们分析命题，判定基本可信数分配的依据，通常来自事物的属性与客观环境，还包括人们的经验、知识和针对该问题所作的观察和研究。Shafer 认为：在给定的证据与给定的命题之间不存在一种客观必然的联系能够确定一个精确的支持程度，需要人们通过对证据分析得出对命题的信任程度的判定，如图 5-22 所示。

图 5-22 人、证据和命题关系图

该理论是对概率论的扩展，建立了命题和集合之间对应关系，把命题不确定性问题转化为集合不确定性问题。证据理论主要包括 3 个函数，分别为：基本概率分配函数（bpa 或 m），信念函数（Bel），似真度函数（pl）。

1. 基础理论

1) 辨识框架

人们在认识问题时通常通过归类、推理、演绎等各种方法对问题进行深化。假设有一个事件或问题，对于该事件或问题所能认识到的所有结果用集合 Θ 表示，那么任意命题都对应于 Θ 的一个子集。例如，敌我识别器，判断结果有目标是敌方、友方和我方，我们就得到了用它判断目标的集合 Θ：{敌方，友方，我方}，任何一个命题可以用 Θ 子集合表示，如：{敌方，友方} 表示"目标是非我方"的命题。Shafer 指出，Θ 的选取依赖于人们的知识和水平，包括已经知道的和想要知道的，为了强调可能性集合 Θ 所具有的认识论特性，Shafer 称其为辨识框架。

设 Q 是判决问题，其可以认识到全部可能的结果，用集合 Θ 表示。$\Theta = \{\theta_1, \theta_2, \cdots, \theta_n\}$，由 Θ 的所有子集构成的幂集记为 2^Θ，则 2^Θ 的每一个元素都对应一个关于 Θ 的命题，其中有且仅有一个元素 θ 是问题 Q 的正确答案。集合 Θ 称为问题 Q 的识别框架（frame of diseernment）。

2）基本概率分配（m）及信度函数

定义 5-9 设 Θ 是识别框架，由 Θ 的所有子集构成的幂集记为 2^Θ。如果集函数 $n:2^\Theta \to [0,1]$ 满足：(1) $m(\phi) = 0$；(2) $\sum_{A \in \Theta} m(A) = 1$

则称 m 为 Θ 上的基本概率分配（简称 mass 函数）。

定义 5-10 设 Θ 是识别框架，m 是 Θ 上一个 mass 函数，由 $Bel(A) = \sum_{B \subseteq A} m(B) \ \forall A \subseteq \Theta$

定义的函数 $Bel:2^\Theta \to [0,1]$ 称为 Θ 上对应于 m 的信度函数，即 A 的信度函数为 A 中每个子集的信度值之和。信度函数与 mass 函数是互相唯一确定的，是同一种证据的不同表示。当基本可信度分配 $m(\Theta) = 1$，$m(A) = 0(A \neq \Theta)$ 时，信度函数的结果是最简单的，此时 $Bel(\Theta) = 0$，当 $A \neq \Theta$ 时，$Bel(A) = 0$，该信度函数成为空信度函数，空信度函数适合于无任何证据的情况。

3）似真度函数

定义 5-11 $\forall A \subseteq \Theta$，定义：$pl(A) = 1 - Bel(\overline{A})$

称 $pl:2^\Theta \to [0,1]$ 为似真度函数，表示不怀疑 A 的程度。$pl(A)$ 包含了所有与 A 相容那些集合（命题）的基本可信度。$pl(A)$ 是比 $Bel(A)$ 更宽松的一种估计。

对于 $\forall A \subseteq \Theta$，称 $[Bel(A), pl(A))$ 为 A 的信任区间，也称为概率的上、下界。信度区间描述了命题的不确定性，如图 5-23 所示。

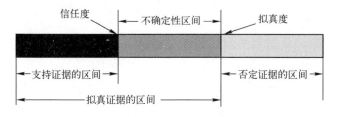

图 5-23 信度区间描述了命题的不确定性

4）证据理论的合成法则

证据理论合成法则是反映证据联合作用的一个法则。给定几个同一识别框架上基于不同证据的信度函数，如果证据不是完全冲突的，那么就可以利用合成法则计算出一个信度函数，而这个信度函数就可以作为那几批证据在联合作用下产生的信度函数。该信度函数称为原来几个信度函数的直和。

（1）两个信度函数的合成法则。

设 m_1 和 m_2 分别对应同一识别框架 Θ 上的两个基本概率分配，Bel_1 和 Bel_2 分别是其对应的两个信度函数，焦元分别为 $A_1, A_2, \cdots, A_k$ 和 $B_1, B_2, \cdots, B_j$，设：

$$K = \sum_{A_i \cap B_j = \phi} m_1(A_i) m_2(B_j) < 1 \tag{5-27}$$

K 为冲突系数。那么由下式定义的函数 $m: 2^\Theta \to [0,1]$ 是基本可信度分配：

$$m(A) = \begin{cases} 0 & A = \phi \\ \dfrac{\sum_{A_i \cap B_j = A} m_1(A_i) m_2(B_j)}{1 - K} & A \neq \phi \end{cases} \tag{5-28}$$

$$Bel = m(A)$$

（2）多个信度函数的合成法则。

设 $Bel_1, Bel_2, \cdots, Bel_n$ 是同一辨识框架 Θ 上信度函数，对应的基本概率分配是 $m_1, m_2, \cdots, m_n$，则 n 个信度函数的合成可由下式表示

$$Bel = [(Bel_1 \oplus Bel_2) \oplus Bel_3] \oplus \cdots \oplus Bel_n$$

式中 $\oplus$ 表示直和，组合证据获得的最终证据在合成过程中与次序无关。

2. 主要步骤

根据专家对装备采购评估指标的评判，应用证据推理的原理将各专家的评审意见合成，就可以得出专家评审的一致结论。基于证据推理的装备采购评估步骤，如图 5-24 所示。

1）专家评判

设装备采购评估结果等级包括优、合格、不合格等 3 个等级，记为 $(\mu_1, \mu_2, \mu_3) = (优, 合格, 不合格)$，其对应的分值为 $(d_1, d_2, d_3) = (1, 0.6, 0.2)$。第 i 位专家对装备采购评估指标 A 隶属于优、合格、不合格 3 个等级评估结果为：

$$p_i = \frac{p_i(A_1)}{\mu_1} + \frac{p_i(A_2)}{\mu_2} + \frac{p_i(A_3)}{\mu_3} \tag{5-29}$$

式中：$\dfrac{p_i(A_1)}{\mu_1}, \dfrac{p_i(A_2)}{\mu_2}, \dfrac{p_i(A_3)}{\mu_3}$ 为指标 A 隶属于优、合格、不合格的程度。

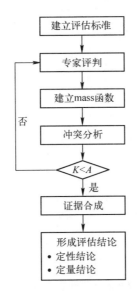

图 5-24　基于证据推理的装备采购评估模型构建步骤

2）建立 mass 函数

依据专家评判结论，生成相应 mass 函数。mass 函数表示指标隶属于相应评估等级概率。第 i 个专家认为评估指标 A 隶属于优（A_1）、合格（A_2）、不合格（A_3）的 mass 函数为 $m_i(A_j)$。

$$m_i(A_j) = p_i(A_j)$$

3）冲突分析

冲突分析核心是判断不同专家对同一指标认识是否一致，误差是否在可接受范围内。根据式（5-27），计算出冲突系统 K。设 $\alpha(0<\alpha<1)$ 为允许的冲突水平，即表示允许不同专家对同一指标评估结果的误差范围。根据常用冲突标准，设 $\alpha=0.6$，若 $K>\alpha$，则专家评估结果无效；反之，则可利用证据推理合成法进行综合。

$$K = \sum_{A_j \cap A_l = \Theta} m_1(A_j) m_2(A_l) < 1 \qquad (5-30)$$

式中：Θ 为全部可能结果集合；$m_1(A_j)$ 和 $m_2(A_l)$ 分别为同一识别框架 Θ 上的两个基本概率分配。

4）证据合成

对专家评估结论证据进行合成，mass 函数 $m_{12}(A_j)$ 和信度函数 $\mathrm{Bel}_j(A)$，信度函数表示评估指标最终隶属于评估等级的可信度（概率），计算公式分别为：

$$m_{12}(A_j) = \frac{m_1(A_j)m_2(A_j)}{1-K} \quad (5-31)$$

$$\text{Bel}_j(A) = m_{12}(A_j) \quad (5-32)$$

5）评估结果

（1）定性评估结果。

首先，比较 $\text{Bel}_1(A)$，$\text{Bel}_2(A)$，$\text{Bel}_3(A)$。其中置信度最高的等级即为该指标定性评估结论。

（2）定量评估结果。

根据定性评估结果，设{优,合格,不合格}对应的得分为$\{d_1,d_2,d_3\}=\{1,0.6,02\}$，将定性评估结果定量化：

$$g = \text{Bel}_1(A) \times d_1 + \text{Bel}_2(A) \times d_2 + \text{Bel}_3(A) \times d_3 \quad (5-33)$$

3. 应用案例

以装备采购效益评估一级指标"社会效益"为例，邀请3名专家对该指标进行评估，专家评价结论和 mass 数据，见表5-27。

表5-27 "社会效益"评估指标的 mass 数据

专家	评价等级隶属度 $m_i(A_j)$		
	优	合格	不合格
1	0.7	0.3	0
2	0.6	0.3	0.1
3	0.85	0.15	0

（1）专家1和专家2之间的冲突系数为：

$K = m_1(A_1) \times m_2(A_2) + m_1(A_1) \times m_2(A_3) + m_1(A_2) \times m_2(A_1) + m_1(A_2) \times m_2(A_3) + m_1(A_3) \times m_2(A_1) + m_1(A_3) \times m_2(A_2) = 0.49$

冲突系数 $K<\alpha$，说明专家1和专家2评估结论有效，可进行合成计算。

（2）专家1和专家2合成结果为：

$$m_{12}(A_1) = \frac{m_1(A_1) \times m_2(A_1)}{1-k} = 0.82$$

$$m_{12}(A_2) = \frac{m_1(A_2) \times m_2(A_2)}{1-k} = 0.18$$

$$m_{12}(A_3) = \frac{m_1(A_3) \times m_2(A_3)}{1-k} = 0$$

(3) 专家 1、专家 2 和专家 3 之间的冲突系数为：

$K = m_{12}(A_1) \times m_3(A_2) + m_{12}(A_1) \times m_3(A_3) + m_{12}(A_2) \times m_3(A_1) + m_{12}(A_2) \times m_3(A_3) + m_{12}(A_3) \times m_3(A_1) + m_{12}(A_3) \times m_3(A_2) = 0.28$

冲突系数 $K<\alpha$，说明专家 1、专家 2 和专家 3 的评估结论有效，可进行合成计算。

(4) 专家 1、专家 2 和专家 3 合成结果为：

$$m_{123}(A_1) = \frac{m_{12}(A_1) \times m_3(A_1)}{1-k} = 0.96$$

$$m_{123}(A_2) = \frac{m_{12}(A_2) \times m_3(A_2)}{1-k} = 0.04$$

$$m_{123}(A_3) = \frac{m_{12}(A_3) \times m_3(A_3)}{1-k} = 0$$

(5) 评估结果。

① 定性评估结果。由于 $Bel_1 = 0.96$，$Bel_2 = 0.04$，$Bel_3 = 0$，Bel_2 的置信度最高，即装备采购"社会效益"指标的定性评估结论为"合格"。

② 定量评估结果。根据式（5-33），装备采购"社会效益"指标定量评估结果为

$$g = 0.96 \times 1 + 0.04 \times 0.6 + 0 \times 0.2 = 0.98$$

5.3.12 未确知数评估模型

由于装备采购评估受到主观或客观原因影响，具有不确定性，称为未确知性。未确知性不同于随机性、模糊性和灰性，不能简单地采用数学方法进行处理，因此可以使用未确知数理论，开展装备采购评估工作[36-38]。

1. 基础理论

未确知信息可用可信度分布函数 $F(x)$ 进行唯一确定，$F(x)$ 代表主观概率分布或主观隶属度分布。未确知信息可用一个广义数来表示，是一个具有附加信息区间数，称之为"未确知数"（unascertained rational number），抽象定义如下。

$x \in [a,b]$，若 $F(x)$ 满足以下条件：

$$F(x) = \begin{cases} \alpha_i, & x \in [a,b] \\ 0, & x = 其他 \end{cases} \quad (5-34)$$

且 $\sum_{i=1}^{n} \alpha_i = \alpha, 0 < \alpha < 1$，则 $[a,b]$ 和 $F(x)$ 构成 n 阶未确知有理数，记作

$\{[a,b],F(x)\}$,α 为该未确知有理数的总可信度,$[a,b]$ 为取值区间,$F(x)$ 为可信度分布密度函数。未确知数是带有附加条件的区间数,记号 $\{[a,b],F(x)\}$ 是未确知数的未确知表达形式,$F(x)$ 的直观意义是值落在区间 $(-\infty,x]$ 上的可信度,而值落在区间 (x_i,x_j) 上的可信度为 $F(x_j)-F(x_i)$。

1) 未确知数的四则运算

有 3 个未确知数 A,B,C 定义如下:

$A=\{[x_1,x_k],f(x)\}$,其中:

$$f(x)=\begin{cases}f(x_i), & x=x_i(i=1,2,\cdots,k)\sum_{i=1}^{k}f(x_i)=\alpha,0<\alpha\leqslant1\\0, & \text{其他}\end{cases} \quad (5\text{-}35)$$

$B=\{[y_1,y_m],g(y)\}$,其中:

$$g(y)=\begin{cases}g(y_i), & y=y_i(i=1,2,\cdots,m)\sum_{i=1}^{m}g(y_i)=\beta,0<\beta\leqslant1\\0, & \text{其他}\end{cases} \quad (5\text{-}36)$$

$C=\{[z_1,z_n],h(z)\}$,其中:

$$h(z)=\begin{cases}h(z_i), & z=z_i(i=1,2,\cdots,n)\sum_{i=1}^{n}h(z_i)=\gamma,0<\gamma\leqslant1\\0, & \text{其他}\end{cases} \quad (5\text{-}37)$$

2) 未确知数的加法运算

未确知数的加法运算是两个未确知数相加,获得可能值带边和矩阵以及可信度带边积矩阵。表 5-28 称为 A 与 B 的可能值带边和矩阵,最左边一列的 $x_1,x_2,\cdots,x_k$ 和最下边一行的 $y_1,y_2,\cdots,y_k$ 是由小到大排列的实数列,是 A 和 B 的可能值序列,称之为带边和矩阵的纵边和横边。表 5-28 中的值由所在行的纵边值与所在列的横边值相加得到。

表 5-28 A 与 B 的可能值带边和矩阵

x_1	x_1+y_1	x_1+y_2	$\cdots$	x_1+y_j	$\cdots$	x_1+y_m
x_2	x_2+y_1	x_2+y_2	$\cdots$	x_1+y_j	$\cdots$	x_1+y_m
$\vdots$	$\vdots$	$\vdots$	$\vdots$	$\vdots$	$\vdots$	$\vdots$
x_i	x_i+y_1	x_i+y_2	$\cdots$	x_1+y_j	$\cdots$	x_1+y_m
$\vdots$	$\vdots$	$\vdots$	$\vdots$	$\vdots$	$\vdots$	$\vdots$
x_k	x_k+y_1	x_k+y_2	$\cdots$	x_k+y_1	$\cdots$	x_1+y_m
+	y_1	y_2	$\cdots$	y_j	$\cdots$	y_m

表 5-29 称为 A 与 B 的可信度带边积矩阵,最左边一列的 $f(x_1),f(x_2),\cdots,f(x_k)$ 和最下边一行的 $g(y_1),g(y_2),\cdots,g(y_m)$ 是 A 和 B 的可信度序列,称之为带边积矩阵的纵边和横边。表 5-29 中的值由所在行的纵边值与所在列的横

边值相乘得到。

表 5-29　A 与 B 的可信度带边积矩阵

$f(x_1)$	$f(x_1)g(y_1)$	$f(x_1)g(y_2)$	...	$f(x_1)g(y_j)$	...	$f(x_1)g(y_m)$
$f(x_2)$	$f(x_2)g(y_1)$	$f(x_2)g(y_2)$	...	$f(x_2)g(y_j)$	...	$f(x_2)g(y_m)$
⋮	⋮	⋮	⋮	⋮	⋮	⋮
$f(x_i)$	$f(x_i)g(y_1)$	$f(x_i)g(y_2)$	...	$f(x_i)g(y_j)$	...	$f(x_i)g(y_m)$
⋮	⋮	⋮	⋮	⋮	⋮	⋮
$f(x_k)$	$f(x_k)g(y_1)$	$f(x_k)g(y_2)$	...	$f(x_k)g(y_j)$	...	$f(x_k)g(y_m)$
×	$g(y_1)$	$g(y_2)$	...	$g(y_j)$	...	$g(y_m)$

表 5-28 中右上方数字组成的矩阵：

$$\begin{bmatrix} a_{11} & a_{12} & \cdots & a_{1m} \\ \vdots & \vdots & & \\ a_{i1} & a_{i2} & \cdots & a_{im} \\ \vdots & \vdots & & \\ a_{k1} & a_{k2} & \cdots & a_{km} \end{bmatrix}$$

称为 A 与 B 可能值和矩阵。

表 5-29 中右上方数字组成的矩阵：

$$\begin{bmatrix} b_{11} & b_{12} & \cdots & b_{1m} \\ \vdots & \vdots & & \\ b_{i1} & b_{i2} & \cdots & b_{im} \\ \vdots & \vdots & & \\ b_{k1} & b_{k2} & \cdots & b_{km} \end{bmatrix}$$

称为 A 与 B 可信度积矩阵。

将 A 与 B 的可能值和矩阵中的元素按从小到大的顺序排成一列：$\bar{x}_1, \bar{x}_2, \cdots, \bar{x}_l$，其中相同的元素算作一个。$A$ 与 B 的可信度积矩阵中 $\bar{x}_i (i=1,2,\cdots,l)$ 的相应元素排成一个序列：$\bar{k}_1, \bar{k}_2, \cdots, \bar{k}_l$，其中若 $\bar{x}_i$ 表示 A 与 B 可能值和矩阵中 m 个相同元素时，$\bar{k}_i$ 表示这 m 个相同元素在 A 与 B 可信度积矩阵中的 m 个相应元素之和。那么称未确知有理数 $\{[\bar{x}_1, \bar{x}_l], \varphi(x)\}$ 为 A 与 B 之和，记作 $A+B$，$[\bar{x}_1, \bar{x}_l]$ 称为 $A+B$ 的可能值区间或分布区间，$\varphi(x)$ 为可信度分布密度函数或密度函数。其中：

$$\varphi(x) = \begin{cases} \bar{k}_i, & x = \bar{x}_i (i=1,2,\cdots l) \\ 0, & \text{其他} \end{cases} \quad (5-38)$$

3）未确知数的数学期望与方差

未确知数 $A = \{[x_1, x_k], \varphi_A(x)\}$，其中：

$$\varphi_A(x) = \begin{cases} \alpha_i, & x = \bar{x}_i (i=1,2,\cdots k) \\ 0, & \text{其他} \end{cases}, \sum_{i=1}^{k}\alpha_i = \alpha, 0 < \alpha < 1 \quad (5\text{-}39)$$

$E(A)$ 为未确知数 A 的数学期望，简称期望或均值。

$$E(A) = \left\{ \left[\frac{1}{\alpha}\sum_{i=1}^{k}x_i\alpha_i, \frac{1}{\alpha}\sum_{i=1}^{k}x_i\alpha_i \right], \varphi(x) \right\} \quad (5\text{-}40)$$

$$\varphi(x) = \begin{cases} \alpha, & x = \frac{1}{\alpha}\sum_{i=1}^{k}x_i\alpha_i \\ 0, & \text{其他} \end{cases} \quad (5\text{-}41)$$

当 $\alpha=1$ 时，$E(A)$ 为实数 $\sum_{i=1}^{k}x_i\alpha_i$，此时，未确知数 A 就是随机变量，$E(A)$ 为随机变量的数学期望；当 $\alpha<1$ 时，$E(A)$ 是一阶未确知数，$E(A)$ 不再是随机变量的数学期望，实际意义是：实数 $\frac{1}{\alpha}\sum_{i=1}^{k}x_i\alpha_i$ 作为 A 的期望值有 α 的可信度；需要说明的是，并非指 A 取数值 $\frac{1}{\alpha}\sum_{i=1}^{k}x_i\alpha_i$ 时有 α 可信度。$D(A)$ 为 A 的未确知方差，如下式所示：

$$D(A) = \frac{1}{\alpha}\sum_{i=1}^{k}x_i^2\alpha_i - \frac{1}{\alpha^2}\left(\sum_{i=1}^{k}x_i\alpha_i\right)^2 \quad (5\text{-}42)$$

2. 主要步骤

利用未确知数方法，构建装备采购评估模型，具体步骤如下：

（1）针对装备采购评估指标，收集专家们对该指标进行定性估算的判断区间和总可信度，以及总可信度在判断区间内各个取值点上的分解值。假设共采集 n 位专家的评估值，第 k 位专家的估计值为 $A_k = [[a_k^l, a_k^u], \varphi_k(x)]$，$k=1,2,\cdots,n$。

（2）先运用未确知数的加法运算，对 n 位专家的评估值进行累积，再运用未确知数的除法运算，最终得到估算值 $T = \{[a^l, a^u], \varphi(x)\}$。

（3）将未确知数运算的结果 T 视为一个服从正态分布的中心分布区，并根据正态分布的分布函数表，反求出正态分布的均值和方差，该装备采购评估指标值用正态分布的均值 μ 表示。

3. 应用案例

以装备采购效益评估的一级指标"政治效益"为例，分析该指标评估值，假设政治效益的取值范围为 $[0,1]$。3 位专家对"政治效益"评估指标的定性估计，见表 5-30。

表 5-30 专家对"政治效益"评估指标的预测

专家	预测值	可信度	预测值	可信度	预测值	可信度	预测区间	总可信度
专家 A	0.3	0.1	0.4	0.3	0.5	0.3	[0.3~0.5]	0.7
专家 B	0.4	0.2	0.7	0.3	0.6	0.3	[0.4~0.7]	0.8
专家 C	0.4	0.5	0.5	0.4	—	—	[0.4~0.5]	0.9

采用未确知数的方法，将表 5-30 中数据描述如下：

$$A=\{[0.3,0.5],f(x)\},\quad f(x)=\begin{cases}0.1, & x=0.3\\ 0.3, & x=0.4\\ 0.3, & x=0.5\\ 0, & x=\text{其他}\end{cases}$$

$$B=\{[0.4,0.7],g(x)\},\quad g(x)=\begin{cases}0.2, & x=0.4\\ 0.3, & x=0.7\\ 0.3, & x=0.6\\ 0, & x=\text{其他}\end{cases}$$

$$C=\{[0.4,0.5],h(x)\},\quad h(x)=\begin{cases}0.5, & x=0.4\\ 0.4, & x=0.5\\ 0, & x=\text{其他}\end{cases}$$

计算未确知数 S，$S=A+B+C=R+C$，首先计算 $R=A+B$。R 的可能值带边和矩阵为：

$$\begin{array}{c|ccc}
0.3 & 0.7 & 1 & 0.9\\
0.4 & 0.8 & 1.1 & 1\\
0.5 & 0.9 & 1.2 & 1.1\\ \hline
+ & 0.4 & 0.7 & 0.6
\end{array}$$

R 的可信度带边积矩阵为：

$$\begin{array}{c|ccc}
0.1 & 0.02 & 0.03 & 0.03\\
0.3 & 0.06 & 0.09 & 0.09\\
0.3 & 0.06 & 0.09 & 0.09\\ \hline
\times & 0.2 & 0.3 & 0.3
\end{array}$$

可求得 $R=\{[0.7,1.2],\varphi_1(x)\}$，其中：

$$\varphi_1(x)=\begin{cases}0.02, & x=0.7\\ 0.06, & x=0.8\\ 0.09, & x=0.9\\ 0.12, & x=1\\ 0.18, & x=1.1\\ 0.09, & x=1.2\\ 0, & x=\text{其他}\end{cases}$$

S 的可能值带边和矩阵为：

$$\begin{array}{c|cccccc} 0.4 & 1.1 & 1.2 & 1.3 & 1.4 & 1.5 & 1.6 \\ 0.5 & 1.2 & 1.3 & 1.4 & 1.5 & 1.6 & 1.7 \\ \hline + & 0.7 & 0.8 & 0.9 & 1 & 1.1 & 1.2 \end{array}$$

S 的可信度带边积矩阵为：

$$\begin{array}{c|cccccc} 0.5 & 0.01 & 0.03 & 0.045 & 0.06 & 0.09 & 0.045 \\ 0.4 & 0.008 & 0.024 & 0.036 & 0.048 & 0.072 & 0.036 \\ \hline \times & 0.02 & 0.06 & 0.09 & 0.12 & 0.18 & 0.09 \end{array}$$

求得 $S = \{[1.1,1.7], \varphi_2(x)\}$，其中：

$$\varphi_2(x) = \begin{cases} 0.01, & x=1.1 \\ 0.038, & x=1.2 \\ 0.069, & x=1.3 \\ 0.096, & x=1.4 \\ 0.138, & x=1.5 \\ 0.117, & x=1.6 \\ 0.036, & x=1.7 \\ 0, & x=其他 \end{cases}$$

由于 S 是由 3 位专家评估值求和得到，故需对 S 除以 3，得到 $T = S/3 = \{[0.37, 0.57], \varphi_3(x)\}$，其中：

$$\varphi_3(x) = \begin{cases} 0.01, & x=0.37 \\ 0.038, & x=0.4 \\ 0.069, & x=0.43 \\ 0.096, & x=0.4 \\ 0.138, & x=0.5 \\ 0.117, & x=0.53 \\ 0.036, & x=0.57 \\ 0, & x=其他 \end{cases}$$

根据上述计算过程可知，"政治效益"最有可能的评估结果为 $[0.37, 0.57]$，总可信度为 0.504。查看正态分布表，计算得到"政治效益"评估值的正态分布，均值 μ 为 0.47，因此装备采购"政治效益"评估值为 0.47。

5.3.13 质量机能展开评估模型

本书基于质量机能展开（quality function deployment，QFD）及其核心工

具质量屋（house of quality，HOQ）构建装备采购评估模型。该模型可将装备采购评估按照多个维度进行层次结构化，在不同维度之间建立直接的映射，进而分析得到装备采购评估结果[39-40]。

1. 基础理论

质量功能展开是以客户需求为驱动、以客户满意为目标的产品开发方法，其基本思想是"需求什么"和"怎样来满足"。从系统工程的观点来看，QFD是系统工程思想在产品设计开发过程的具体应用，正在发展成为具有方法论意义的现代设计理论。QFD方法是通过一系列图表和矩阵来完成的，其中起重要作用的是质量表。质量表是将顾客需求的真正产品质量用语言表达，并进行细化，同时表示其与产品质量特性的关系，把顾客需求变化成特性（产品的质量特性），并进一步进行质量设计。由于质量表形状像房子，所以被形象地称为质量屋。

质量屋是一种直观矩阵框架表达形式，提供了产品开发中实现需求的工具。广义的质量屋，如图5-25所示。

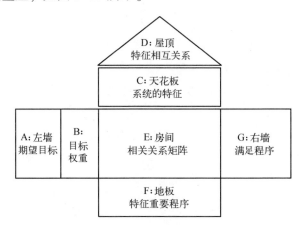

图5-25 质量屋示意图

A：质量屋的左墙，表示期望实现目标；

B：多个子目标的权重；

C：质量屋的天花板是系统的特征（功能特征或技术特征）；

D：质量屋的屋顶是系统特征之间的相关矩阵，表明系统特征相互之间的影响关系；

E：质量屋的房间是期望实现目标和系统特征之间的关系矩阵，表明了系统特征和目标的相关程度；

F：质量屋的地板是系统特征及其重要度；

G：质量屋的右墙是评价矩阵，用于评价系统特征对目标的满足程度。

2. 主要步骤

基于装备采购不同阶段和效益等两个维度构建 QFD 评估模型，主要步骤如图 5-26 所示。

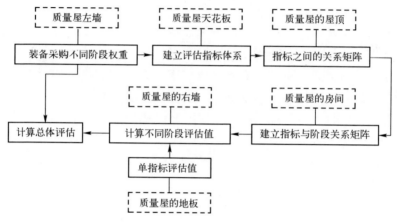

图 5-26　基于 QFD 的装备采购评估模型

1）确定装备采购不同阶段权重

通过问卷调查得到装备采购不同阶段权重，作为质量屋的输入，权重矩阵为 $E=(e_1,e_2,e_3,e_4)$，见表 5-31。

表 5-31　装备采购不同阶段权重

编号	装备采购阶段	权重
1	预研阶段	0.3
2	研制阶段	0.35
3	订购阶段	0.2
4	维修阶段	0.15

2）建立评估指标

装备采购效益评估的一级指标包括军事效益、经济效益、社会效益和政治效益等。

3）建立指标之间的关系矩阵

A 表示指标间的关系矩阵，a_{ij} 表示指标 i 对指标 j 的影响程度，能够反映改变一项指标时对其他指标的影响，判断和识别相互矛盾或相互叠加的指标。评估指标之间的关系有负相关、无关系、正相关。负相关表示当一个指标向好的方向发展时另一个则变差,用-1~0之间的数表示;无关系用0表示;正相关表示一个变好时另一个也变好,用0~1之间的数表示。得到关系矩阵:

$$A = (a_{ij})_{n \times n} = \begin{pmatrix} a_{11} & a_{12} & \cdots & a_{1n} \\ a_{21} & a_{22} & \cdots & a_{2n} \\ \vdots & \vdots & \vdots & \vdots \\ a_{n1} & a_{n2} & \cdots & a_{nn} \end{pmatrix} \quad (5\text{-}43)$$

4) 建立指标与阶段关系矩阵

D 表示指标与阶段间的关系矩阵,d_{ij} 用于描述装备采购效益评估指标 j 与采购阶段 i 的相关程度,一般分为强相关、中等相关、弱相关和不相关,依次用"◎""○""△""▲"表示,分别取值5,3,1,0。得到关系矩阵:

$$D = (d_{ij})_{6 \times 4} = \begin{pmatrix} d_{11} & d_{12} & d_{13} & d_{14} \\ d_{21} & d_{22} & d_{23} & d_{24} \\ d_{31} & d_{32} & d_{33} & d_{34} \\ \vdots & \vdots & \vdots & \vdots \\ d_{61} & d_{62} & d_{63} & d_{64} \end{pmatrix} \quad (5\text{-}44)$$

5) 确定修订后的关系矩阵

根据装备采购效益评估指标间的相互关系矩阵,以及评估指标和采购阶段的关系矩阵,得到修订后的关系矩阵 D^*,并进行归一化处理。

$$D^* = D \times A = \begin{pmatrix} d_{11} & d_{12} & d_{13} & d_{14} \\ d_{21} & d_{22} & d_{23} & d_{24} \\ d_{31} & d_{32} & d_{33} & d_{34} \\ \vdots & \vdots & \vdots & \vdots \\ d_{61} & d_{62} & d_{63} & d_{64} \end{pmatrix} \times \begin{pmatrix} a_{11} & a_{12} & a_{13} & a_{14} \\ a_{21} & a_{22} & a_{23} & a_{24} \\ a_{31} & a_{32} & a_{33} & a_{34} \\ a_{41} & a_{42} & a_{43} & a_{44} \end{pmatrix}$$

6) 计算不同阶段装备采购效益评估值

依据修订后的装备采购效益评估关系矩阵 D^*,以及一级指标的评估结果 $R = (r_1 \ r_2 \ r_3 \ r_4)$,计算装备采购各阶段效益评估值 F:

$$F = D^* \times R' = \begin{pmatrix} d_{11}^* & d_{12}^* & d_{13}^* & d_{14}^* \\ d_{21}^* & d_{22}^* & d_{23}^* & d_{24}^* \\ d_{31}^* & d_{32}^* & d_{33}^* & d_{34}^* \\ d_{41}^* & d_{42}^* & d_{43}^* & d_{44}^* \\ d_{51}^* & d_{52}^* & d_{53}^* & d_{54}^* \end{pmatrix} \times \begin{pmatrix} r_1 \\ r_2 \\ r_3 \\ r_4 \end{pmatrix} \quad (5\text{-}45)$$

7）计算装备采购效益评估值

装备采购效益评估值由下式计算得到：

$$F^* = E \times F$$

式中：F^* 为装备采购效益评估值；E 为装备采购不同阶段权重；F 为不同阶段装备采购效益评估值。

3. 应用案例

以某次装备采购效益评估为例，分析模型构建过程和评估结果。

1）指标间的关系矩阵

初步分析得到装备采购效益评估指标下一级指标的关系矩阵，见式（5-46）。军事效益将带动和影响经济效益、社会效益和政治效益的程度分别为0.2、0.5、0.6；经济效益将带动和影响社会效益和政治效益的程度分别为0.4、0.3；社会效益将带动和影响经济效益和社会效益的程度分别为0.1、1；政治效益将带动和影响军事效益和社会效益的程度分别为0.2、0.3。

$$A = (a_{ij})_{4 \times 4} = \begin{pmatrix} 1 & 0.2 & 0.5 & 0.6 \\ 0 & 1 & 0.4 & 0.3 \\ 0 & 0.1 & 1 & 0 \\ 0.2 & 0 & 0.3 & 1 \end{pmatrix} \quad (5\text{-}46)$$

2）评估指标与采购阶段的关系矩阵

装备采购效益评估指标与采购阶段之间关系矩阵的数据，见表5-32。

表5-32 关系矩阵的数据

采购阶段	装备采购效益评估指标			
	军事效益	经济效益	社会效益	政治效益
预研阶段	◎	○	△	○
研制阶段	○	◎	○	△
订购阶段	◎	○	○	○
维修阶段	△	○	○	△

从表中可知，预研阶段与军事效益的关系最为密切，与经济效益和政治效益的关系一般，与社会效益的关系较弱。研制阶段与经济效益的关系最为密切，与军事效益和社会效益的关系一般，与政治效益关系较弱。订购阶段与军事效益的关系最为密切，与经济效益、社会效益和政治效益关系一般。维修阶段与经济效益和社会效益关系一般，与军事效益和政治效益关系较弱。根据表5-32，得到关系矩阵如下：

$$D = (d_{ij})_{4\times 4} = \begin{pmatrix} 5 & 3 & 1 & 3 \\ 3 & 5 & 3 & 1 \\ 5 & 3 & 3 & 3 \\ 1 & 3 & 3 & 1 \end{pmatrix}$$

3）计算得到修订后的关系矩阵

根据装备采购效益评估指标间的相互关系矩阵，评估指标与阶段的关系矩阵，得到修订后的关系矩阵 D^*，并进行归一化处理：

$$D^* = D \times A = \begin{pmatrix} 5 & 3 & 1 & 3 \\ 3 & 5 & 3 & 1 \\ 5 & 3 & 3 & 3 \\ 1 & 3 & 3 & 1 \end{pmatrix} \times \begin{pmatrix} 1 & 0.2 & 0.5 & 0.6 \\ 0 & 1 & 0.4 & 0.3 \\ 0 & 0.1 & 1 & 0 \\ 0.2 & 0 & 0.3 & 1 \end{pmatrix} =$$

$$\begin{pmatrix} 5.6 & 4.1 & 5.6 & 6.9 \\ 3.2 & 5.9 & 6.8 & 4.3 \\ 5.6 & 4.3 & 7.6 & 6.9 \\ 1.2 & 3.5 & 5 & 2.5 \end{pmatrix}$$

归一化后：

$$D^* = \begin{vmatrix} 0.36 & 0.23 & 0.23 & 0.34 \\ 0.2 & 0.33 & 0.27 & 0.2 \\ 0.36 & 0.24 & 0.3 & 0.34 \\ 0.08 & 0.2 & 0.2 & 0.12 \end{vmatrix}$$

4）单指标的评估结果

已知装备采购效益一级指标的评估值，见表 5-33。

表 5-33　装备采购效益一级指标的评估值

一级评估指标	指标评估值
军事效益 A_1	0.5
经济效益 A_2	0.4
社会效益 A_3	0.6
政治效益 A_4	0.75

$$R = \begin{vmatrix} 0.5 \\ 0.4 \\ 0.6 \\ 0.75 \end{vmatrix}$$

5) 计算不同阶段装备采购效益评估值

依据修订后的关系矩阵 D^*，装备采购效益评估结果 R，计算不同阶段装备采购效益评估值 F：

$$F = \begin{vmatrix} 0.36 & 0.23 & 0.23 & 0.34 \\ 0.2 & 0.33 & 0.27 & 0.2 \\ 0.36 & 0.24 & 0.3 & 0.34 \\ 0.08 & 0.2 & 0.2 & 0.12 \end{vmatrix} \times \begin{vmatrix} 0.5 \\ 0.4 \\ 0.6 \\ 0.75 \end{vmatrix} = \begin{vmatrix} 0.665 \\ 0.544 \\ 0.711 \\ 0.33 \end{vmatrix}$$

不同阶段装备采购效益评估值，如图 5-27 所示。由图可知，装备订购阶段的效益评估得分较高为 0.711，维修阶段得分较低为 0.33。

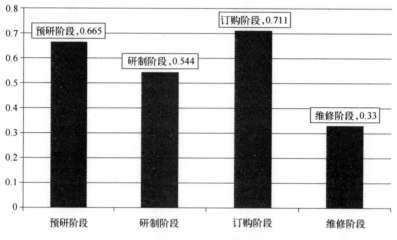

图 5-27　不同阶段装备采购效益评估值

6) 计算装备采购效益评估值

装备采购效益评估值 F^*：

$$F^* = (0.665 \quad 0.544 \quad 0.711 \quad 0.33) \times \begin{vmatrix} 0.3 \\ 0.35 \\ 0.2 \\ 0.15 \end{vmatrix} = 0.58$$

由此可见，装备采购效益评估值为 0.58。

建立的装备采购效益评估质量屋，如图 5-28 所示。

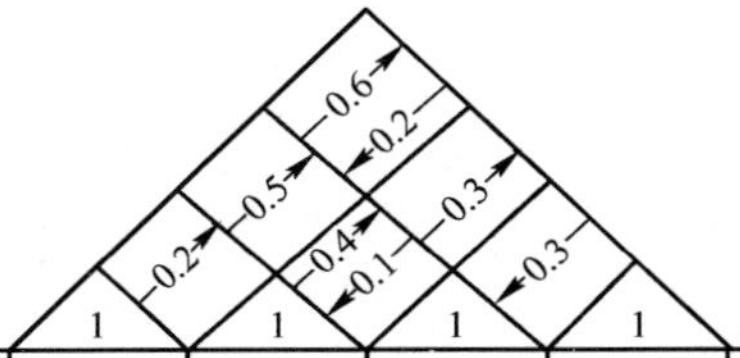

阶段	权重	军事效益	经济效益	社会效益	政治效益	采购阶段评估值
预研阶段	0.3	◎	○	△	○	0.665
研制阶段	0.35	○	◎	○	△	0.63
订购阶段	0.2	◎	○	○	○	0.711
维修阶段	0.15	△	○	○	○	0.33
	指标评估值	0.5	0.4	0.6	0.75	

图 5-28 装备采购效益评估的质量屋

5.3.14 模糊 Petri 网评估模型

1. 基础理论

1) Petri 网

Petri 网是 C. A. Petri 博士于 1960 年提出的，Petri 网以研究系统的组织结构和动态行为为目标，是一个图形化的数学建模工具，着眼于系统可能发生的各种变化及变化之间的关系，重点关心变化所需条件和变化对系统状态的影响。Petri 网是用来研究及描述具有并发性、异步性、分布性、并行性、不确定性和随机性等特点的信息处理系统的工具[41-42]。Petri 网能够与传统的流程图、结构图和各种网结构一样作为辅助工具，特别是可以利用 Petri 网中的 Token 来模拟系统的动态和并发行为。经典的 Petri 网是简单的过程模型，由两种节点（库所和变迁）有向弧及令牌等元素组成，如图 5-29 所示。

（1）Petri 网的结构。

Petri 网的元素：库所（place）是圆形节点；变迁（transition）是方形节点；有向弧（connection）是库所和变迁之间的有向弧；令牌（token）是库所中的动态对象，可以从一个库所移动到另一个库所。Petri 网的规则是：有向弧

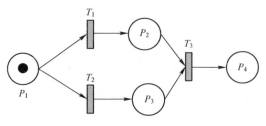

图 5-29 经典的 Petri 网

是有方向的；两个库所或变迁之间不允许有弧；库所可以拥有任意数量的令牌。

（2）行为。

如果一个变迁的每个输入库所（input place）都拥有令牌，该变迁即为被允许（enable）。一个变迁被允许时，变迁将发生（fire），输入库所（input place）的令牌被消耗，同时为输出库所（output place）产生令牌。

（3）Petri 网的形式化定义。

经典的 Petri 网由四元组（库所、变迁、输入函数、输出函数）组成。任何图都可以映射到这样一个四元组上，反之亦然。

2）模糊 Petri 网

模糊 Petri 网（fuzzy petri net，FPN）将 Petri 网和模糊理论结合在一起，通过 Petri 网的图形描述能力，使得知识的表示简单、清晰，并且表现出了知识库系统中规则之间的结构化特性。基于模糊 Petri 网的推理算法能够使推理以一种更灵活、更有效的方式进行。由于模糊 Petri 网对知识表示和推理的独特优点，本书构建了基于模糊 Petri 网的装备采购评估模型。

定义 5-12 令 R 是模糊产生式规则集，$R=\{R_1,R_2,\cdots,R_n\}$。对于其中每个规则 R 的定义为：IF d_j THEN $d_k(CF=\mu_i)$，其中 d_j 和 d_k 为命题，值是介于 0 和 1 之间的实数；μ_i 为规则的模糊因子（certainty factor，CF），$\mu_i \in [0,1]$。μ_i 越接近 1，规则 R_i 越可信。

定义 5-13 按表示模糊产生式规则的 FPN 模型来表示一个基于规则的系统，一个 FPN 被定义为 8 元组：

FPN=$\{P,T,D,I,O,f,\alpha,\beta\}$。其中，$P=\{p_1,p_2,\cdots,p_n\}$ 是一个有限库所集合；$T=\{t_1,t_2,\cdots,t_m\}$ 是一个有限变迁集合；$D=\{d_1,d_2,\cdots,d_n\}$ 是一个有限命题集合；$|P|=|D|$；$I:T\rightarrow P\infty$ 是一个输入函数，映射一个变迁到它的输入库所集合；$O:T\rightarrow P\infty$ 是一个输出函数，映射一个变迁到它的输出库所集合；$f:T\rightarrow[0,1]$ 是一个函数，映射变迁到一个从 0~1 的数值，用来表示变迁对应的推理规则的置信度（CF）；$\alpha:P\rightarrow[0,1]$ 是一个函数，映射库所到一个从 0~1

的数值，用来表示该库所对应的命题成立的真实度；$\beta:P \to D$ 是一个函数，映射库所对应的命题。

当用 FPN 进行模糊推理时，一个库所表示一个命题，一个变迁表示一条模糊推理规则，即两个命题之间的因果关系；托肯值代表命题的真实度；每个变迁有一个置信度，表示推理规则的可信度。

FPN 的基本推理规则的形式分以下 4 类：

类型 1　IF d_j THEN $d_k(\text{CF}=\mu_i)$，其中 d_j 和 d_k 为命题，推理过程如图 5-30 所示，其中命题 d_j、d_k 用库所 p_j 和 p_k 表示，命题 d_j 的真实度为 s_j。命题之间的因果关系用变迁 t_j 表示，置信度为 μ_i。

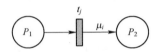

图 5-30　类型 1 推理过程

类型 2　IF d_{j1} AND d_{j2} AND $\cdots$ AND d_{jn} THEN $d_k(\text{CF}=\mu_i)$，其中 $d_{j1},d_{j2},\cdots,d_{jn}$ 为命题，推理过程，如图 5-31 所示。

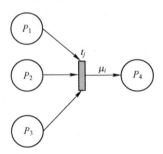

图 5-31　类型 2 推理过程

类型 3　IF d_{j1} OR d_{j2} OR $\cdots$ OR d_{jn} THEN $d_k(\text{CF}=\mu_i)$，其中 $d_{j1},d_{j2},\cdots,d_{jn}$ 为命题，推理过程，如图 5-32 所示。

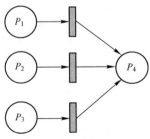

图 5-32　类型 3 推理过程

类型4　IF d_j THEN d_{k1} AND d_{k2} AND $\cdots$ AND d_{kn}(CF=μ_i)，推理过程，如图 5-33 所示。

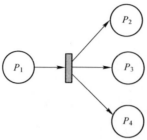

图 5-33　类型 4 推理过程

2. 主要步骤

基于模糊 Petri 网装备采购评估模型，具体步骤如下：

1) 基本假设

设某个推理过程中有 n 个命题（包括条件和结论），m 个推理规则，表现在模糊 Petri 网模型中则有 n 个库所和 m 个变迁规则，模糊 Petri 网模型的输入矩阵 $\boldsymbol{Q}_{n\times m}$，输出矩阵 $\boldsymbol{K}_{n\times m}$。变迁的阈值向量 t 和状态向量分别定义为：

(1) $\boldsymbol{Q}=\{q_{ij}\}$ 为输入矩阵，$q_{ij}\in[0,1]$，表示 p_i 到 t_j 上的输入关系和权重。当 p_i 是 t_j 的输入时，q_{ij} 等于 p_i 到 t_j 输入弧上的权系数 α_{ij}，当 p_i 不是 t_j 的输入时，$q_{ij}=0$，其中 $i=1,2,\cdots,n;j=1,2,\cdots,m$。

(2) $\boldsymbol{K}=\{k_{ij}\}$ 为输出矩阵，$k_{ij}\in[0,1]$，表示 t_j 到 p_i 上的输出关系和结论的可信度。当 p_i 是 t_j 的输出时，k_{ij} 等于变迁 t_j，推出结论 p_i 的可信度 β_{ij}，当 p_i 不是 t_j 的输出时，$k_{ij}=0$，其中 $i=1,2,\cdots,n;j=1,2,\cdots,m$。

(3) $S=[s_1,s_2,\cdots,s_n]^T$ 为定义在模糊库所集 P 上的状态向量，表示 n 个命题的可信度，$s_i\in[0,1],i=1,2,\cdots,n$，$S_0=[s_{10},s_{20},\cdots,s_{n0}]^T$ 表示命题的初始可信度。

(4) $t=[t_1,t_2,\cdots,t_n]^T$ 为变迁的阈值，$t_i\in[0,1],i=1,2,\cdots,m$。

2) 计算算子

为清晰简洁地表示矩阵运算，定义矩阵运算算子如下：

(1) 加法算子 $\oplus$：$\boldsymbol{A}\oplus\boldsymbol{B}=\boldsymbol{C}$，则 $c_{ij}=\max(a_{ij},b_{ij})$，式中：$\boldsymbol{A}$，$\boldsymbol{B}$ 和 $\boldsymbol{C}$ 是 $m\times n$ 矩阵。

(2) 直乘算子 $\otimes$：$a\otimes b=c$，则 $c_i=a_i\times b_i$，式中：a，b 和 c 为同维向量。

(3) 大于算子 $\odot$：$a\odot b=c$，若 $a_i\geqslant b_i$，$c_i=1$，否则 $c_i=0$，式中：a，b 和 c 是同维向量。

3) 推理算法

设某个推理过程中有 n 个命题和 m 个推理规则，表现在 FPN 模型中则有 n 个库所和 m 个变迁，FPN 的输入矩阵 $Q_{n\times m}$、输出矩阵 $K_{n\times m}$、变迁的阈值向量 t 和状态矩阵 S。其推理过程分解为以下几步进行：

（1）初始状态矩阵。

根据前文的装备采购单指标评估结果得到初始状态矩阵 S_0。

（2）修正输入矩阵。

根据初始状态，在已知输入矩阵的基础上进行修正。修正规则如下：假设有 m 个判断规则，根据初始状态和推理规则，可以确认有 e 个不可用判断规则。将不可用的判断规则对应输入矩阵的数据设置为 0，得到修正后的输入矩阵为 Q_1。

（3）计算等效模糊输入可信度：

$$E = Q^{\mathrm{T}} \times S_0 \tag{5-47}$$

（4）等效模糊输入可信度与变迁阈值的比较：

$$G = E \odot t \tag{5-48}$$

G 为 m 维列向量，当等效模糊输入的可信度大于等于变迁阈值时，G 向量中对应的位置为 1，否则为 0。

（5）剔除等效模糊输入中可信度小于等于变迁阈值的输入项：

$$H = E \otimes G \tag{5-49}$$

其中 H 是与 E、G 同维的列向量。

（6）计算模糊输出库所的可信度。

如果输出对应的是单规则，那么：

$$S^1 = K \times H \tag{5-50}$$

如果输出对应的是多规则，那么：

$$S^1 = \begin{bmatrix} s_0 \\ s_1 \\ \vdots \\ s \end{bmatrix} = \begin{bmatrix} \max(l_{11}, l_{12}, \cdots, l_{1m}) \\ \max(l_{21}, l_{22}, \cdots, l_{21m}) \\ \vdots \\ \max(l_{n1}, l_{n2}, \cdots, l_{nm}) \end{bmatrix}, \text{其中}$$

$$L = K \otimes H^1, \quad H^1 = \begin{bmatrix} 1 \\ 1 \\ \vdots \\ 1 \end{bmatrix}_{1\times n} \times H^{\mathrm{T}} \tag{5-51}$$

(7) 计算当前可得到的所有命题的可信度：
$$S_1 = S_0 \oplus S^1 \quad (5-52)$$
(8) 进行反复迭代，在第 K 步推理进行后，所有命题的可信度为：
$$S_K = S_{K-1} \oplus S^K \quad (5-53)$$
(9) 当 $S_K = S_{K-1}$ 时，推理结束。
(10) 根据计算结果，进行归一化处理，得到定性评估结果。

$$L_{定性} = (l_1, l_2, l_3)$$
$$= \left(\frac{S_{K(n-2)}}{S_{K(n-2)} + S_{K(n-1)} + S_{K(n)}}, \frac{S_{K(n-1)}}{S_{K(n-2)} + S_{K(n-1)} + S_{K(n)}}, \frac{S_{K(n)}}{S_{K(n-2)} + S_{K(n-1)} + S_{K(n)}} \right) \quad (5-54)$$

表示评估指标隶属于优、合格和不合格的程度。

(11) 定量评估结果。

根据定性评估结果，设 {优, 合格, 不合格} 对应的得分为 $\{d_1, d_2, d_3\}$ = $\{1, 0.6, 0.2\}$，那么定量评估结果可以表示为：

$$L_{定量} = l_1 \times d_1 + l_2 \times d_2 + l_3 \times d_3 \quad (5-55)$$

3. 应用案例

以装备采购效益评估为例，分析基于模糊 Petri 网的装备采购评估模型。

1) 推理规则

根据专家调查结果，得到装备采购效益评估的推理规则如下：

规则1：若军事效益为"优"（0.4）、政治效益为"优"（0.4）、经济效益为"合格"（0.3），则($t_1 = 0.2$)装备采购效益为"优"（规则的可信度为0.8）；

规则2：若军事效益为"优"（0.5）、社会效益为"优"（0.5），则($t_2 = 0.2$)装备采购效益为"优"（规则的可信度为0.8）；

规则3：若军事效益为"合格"（0.4）、政治效益为"优"（0.4）、经济效益为"优"（0.3），则($t_3 = 0.2$)装备采购效益为"合格"（规则的可信度为0.6）；

规则4：若政治效益为"优"（0.5）、社会效益为"合格"（0.5），则($t_4 = 0.2$)装备采购效益为"合格"（规则的可信度为0.8）；

规则5：若军事效益为"合格"（0.5）、经济效益为"优"（0.5），则($t_5 = 0.2$)装备采购效益为"合格"（规则的可信度为1）；

规则6：若社会效益为"优"（0.5）、政治效益为"合格"（0.5），则($t_6 = 0.2$)装备采购效益为"合格"（规则的可信度为0.8）；

规则7：若军事效益为"不合格"（1），则($t_7 = 0.2$)装备采购效益为

"不合格"（规则的可信度为1）；

规则8：若政治效益为"不合格"（0.5）、社会效益为"合格"（0.5），则($t_8=0.2$)装备采购效益为"不合格"（规则的可信度为1）。

条件括号里的数表示条件在该规则中的权重，$t_1,t_2,\cdots t_8$ 分别表示规则的阈值，每个规则后面为规则的可信度。推理过程的模糊 Petri 网，如图 5-34 所示。

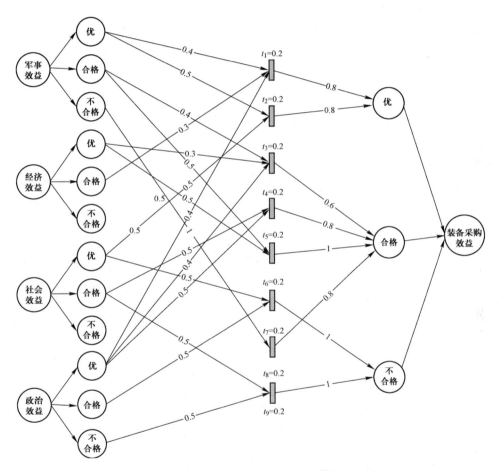

图 5-34 装备采购效益评估推理过程模糊 Petri 网

2）输入矩阵

假设某次装备采购效益评估的输入矩阵的数据，见表 5-34。

表 5-34 装备采购效益评估指标输入矩阵的数据

		规则 1	规则 2	规则 3	规则 4	规则 5	规则 6	规则 7	规则 8
军事效益	优	0.4	0.5	0	0	0	0	0	0
	合格	0	0	0.4	0	0.5	0	0	0
	不合格	0	0	0	0	0	0	1	0
经济效益	优	0	0	0.3	0	0.5	0	0	0
	合格	0.3	0	0	0.5	0	0	0	0
	不合格	0	0	0	0	0	0	0	0
社会效益	优	0	0.5	0	0	0	0.5	0	0
	合格	0	0	0	0	0	0	0	0.5
	不合格	0	0	0	0	0	0	0	0
政治效益	优	0.4	0	0.4	0.5	0	0	0	0
	合格	0	0	0	0	0	0.5	0	0
	不合格	0	0	0	0	0	0	0	0.5
装备采购效益	优	0	0	0	0	0	0	0	0
	合格	0	0	0	0	0	0	0	0
	不合格	0	0	0	0	0	0	0	0

得到输入矩阵：

$$Q = \begin{bmatrix} 0.4 & 0.5 & 0 & 0 & 0 & 0 & 0 & 0 \\ 0 & 0 & 0.4 & 0 & 0.5 & 0 & 0 & 0 \\ 0 & 0 & 0 & 0 & 0 & 0 & 1 & 0 \\ 0 & 0 & 0.3 & 0 & 0.5 & 0 & 0 & 0 \\ 0.3 & 0 & 0 & 0.5 & 0 & 0 & 0 & 0 \\ 0 & 0 & 0 & 0 & 0 & 0 & 0 & 0 \\ 0 & 0.5 & 0 & 0 & 0 & 0.5 & 0 & 0 \\ 0 & 0 & 0 & 0 & 0 & 0 & 0 & 0.5 \\ 0 & 0 & 0 & 0 & 0 & 0 & 0 & 0 \\ 0.4 & 0 & 0.4 & 0.5 & 0 & 0 & 0 & 0 \\ 0 & 0 & 0 & 0 & 0 & 0.5 & 0 & 0 \\ 0 & 0 & 0 & 0 & 0 & 0 & 0 & 0.5 \\ 0 & 0 & 0 & 0 & 0 & 0 & 0 & 0 \\ 0 & 0 & 0 & 0 & 0 & 0 & 0 & 0 \\ 0 & 0 & 0 & 0 & 0 & 0 & 0 & 0 \end{bmatrix}$$

3) 输出矩阵

此次装备采购效益评估的输出矩阵的数据,见表 5-35。

表 5-35 装备采购效益评估指标输出矩阵的数据

		规则 1	规则 2	规则 3	规则 4	规则 5	规则 6	规则 7	规则 8
军事效益	优	0	0	0	0	0	0	0	0
	合格	0	0	0	0	0	0	0	0
	不合格	0	0	0	0	0	0	0	0
经济效益	优	0	0	0	0	0	0	0	0
	合格	0	0	0	0	0	0	0	0
	不合格	0	0	0	0	0	0	0	0
社会效益	优	0	0	0	0	0	0	0	0
	合格	0	0	0	0	0	0	0	0
	不合格	0	0	0	0	0	0	0	0
政治效益	优	0	0	0	0	0	0	0	0
	合格	0	0	0	0	0	0	0	0
	不合格	0	0	0	0	0	0	0	0
装备采购效益	优	0.8	0.8	0.6	0	0	0	0	0
	合格	0	0	0	0.8	1	0.8	0	0
	不合格	0	0	0	0	0	0	1	1

得到输出矩阵:

$$K = \begin{bmatrix} 0 & 0 & 0 & 0 & 0 & 0 & 0 & 0 \\ 0 & 0 & 0 & 0 & 0 & 0 & 0 & 0 \\ 0 & 0 & 0 & 0 & 0 & 0 & 0 & 0 \\ 0 & 0 & 0 & 0 & 0 & 0 & 0 & 0 \\ 0 & 0 & 0 & 0 & 0 & 0 & 0 & 0 \\ 0 & 0 & 0 & 0 & 0 & 0 & 0 & 0 \\ 0 & 0 & 0 & 0 & 0 & 0 & 0 & 0 \\ 0 & 0 & 0 & 0 & 0 & 0 & 0 & 0 \\ 0 & 0 & 0 & 0 & 0 & 0 & 0 & 0 \\ 0 & 0 & 0 & 0 & 0 & 0 & 0 & 0 \\ 0 & 0 & 0 & 0 & 0 & 0 & 0 & 0 \\ 0 & 0 & 0 & 0 & 0 & 0 & 0 & 0 \\ 0.8 & 0.8 & 0.6 & 0 & 0 & 0 & 0 & 0 \\ 0 & 0 & 0 & 0.8 & 1 & 0.8 & 0 & 0 \\ 0 & 0 & 0 & 0 & 0 & 0 & 1 & 1 \end{bmatrix}$$

4）初始状态矩阵

此次装备采购效益评估初始状态的数据，见表 5-36。

表 5-36 装备采购效益评估指标初始状态的数据

军事效益			经济效益			社会效益			政治效益			装备采购效益		
优	合格	不合格	优	合格	不合格	优	合格	不合格	优	合格	不合格	优	合格	不合格
0.6	0.4	0	0.5	0.5	0	0.2	0.5	0	0.7	0.3	0	0	0	0

得到初始状态矩阵：

$$S_0 = [0.6\ \ 0.4\ \ 0\ \ 0.5\ \ 0.5\ \ 0\ \ 0.2\ \ 0.5\ \ 0\ \ 0.7\ \ 0.3\ \ 0\ \ 0\ \ 0\ \ 0]$$

规则的阈值矩阵为：

$$t = [0.2\ \ 0.2\ \ 0.2\ \ 0.2\ \ 0.2\ \ 0.2\ \ 0.2\ \ 0.2]$$

5）修正后的输入矩阵

根据初始状态和推理规则 7、规则 8 不可用，得到修正后的装备采购效益评估输入矩阵：

$$Q_1 = \begin{bmatrix} 0.4 & 0.5 & 0 & 0 & 0 & 0 & 0 & 0 \\ 0 & 0 & 0.4 & 0 & 0.5 & 0 & 0 & 0 \\ 0 & 0 & 0 & 0 & 0 & 0 & 0 & 0 \\ 0 & 0 & 0.3 & 0 & 0.5 & 0 & 0 & 0 \\ 0.3 & 0 & 0 & 0.5 & 0 & 0 & 0 & 0 \\ 0 & 0 & 0 & 0 & 0 & 0 & 0 & 0 \\ 0 & 0.5 & 0 & 0 & 0 & 0.5 & 0 & 0 \\ 0 & 0 & 0 & 0 & 0 & 0 & 0 & 0 \\ 0 & 0 & 0 & 0 & 0 & 0 & 0 & 0 \\ 0.4 & 0 & 0.4 & 0.5 & 0 & 0 & 0 & 0 \\ 0 & 0 & 0 & 0 & 0.5 & 0 & 0 & 0 \\ 0 & 0 & 0 & 0 & 0 & 0 & 0 & 0 \\ 0 & 0 & 0 & 0 & 0 & 0 & 0 & 0 \\ 0 & 0 & 0 & 0 & 0 & 0 & 0 & 0 \\ 0 & 0 & 0 & 0 & 0 & 0 & 0 & 0 \end{bmatrix}$$

6）输入可信度

根据式（5-47），得到此次装备采购效益评估输入可信度：

$$E = Q^{\mathrm{T}} \times S_0 = \begin{bmatrix} 0.67 \\ 0.4 \\ 0.59 \\ 0.6 \\ 0.45 \\ 0.25 \\ 0 \\ 0 \end{bmatrix}$$

根据式（5-48），得到此次装备采购效益评估的输入可信度与变迁阈值的比较：

$$G = E \odot t = \begin{bmatrix} 1 \\ 1 \\ 1 \\ 1 \\ 1 \\ 1 \\ 0 \\ 0 \end{bmatrix}$$

根据式（5-49），得到：

$$H = E \otimes G = \begin{bmatrix} 0.67 \\ 0.4 \\ 0.59 \\ 0.6 \\ 0.45 \\ 0.25 \\ 0 \\ 0 \end{bmatrix}$$

7) 输出可信度

根据式（5-50），得到此次装备采购效益评估的输出可信度：

$$S^1 = \begin{bmatrix} s_0 \\ s_1 \\ \vdots \\ s \end{bmatrix} = \begin{bmatrix} \max(l_{11}, l_{12}, \cdots, l_{1m}) \\ \max(l_{21}, l_{22}, \cdots, l_{21m}) \\ \vdots \\ \max(l_{n1}, l_{n2}, \cdots, l_{nm}) \end{bmatrix} = \begin{bmatrix} 0 \\ 0 \\ 0 \\ 0 \\ 0 \\ 0 \\ 0 \\ 0 \\ 0 \\ 0 \\ 0 \\ 0 \\ 1.21 \\ 1.13 \\ 0 \end{bmatrix}$$

根据式（5-51），得到：

$$S_1 = S_0 \oplus S^1 = \begin{bmatrix} 0.6 \\ 0.4 \\ 0 \\ 0.5 \\ 0.5 \\ 0 \\ 0.2 \\ 0.5 \\ 0 \\ 0.7 \\ 0 \\ 0 \\ 1.21 \\ 1.13 \\ 0 \end{bmatrix}$$

进行迭代，得到：

$$S_2 = S_1 \oplus S^2 = \begin{Bmatrix} 0.6 \\ 0.4 \\ 0 \\ 0.5 \\ 0.5 \\ 0 \\ 0.2 \\ 0.5 \\ 0 \\ 0.7 \\ 0 \\ 0 \\ 1.21 \\ 1.13 \\ 0 \end{Bmatrix}$$

由于 $S_2 = S_1$，所以推理结束。

8）评估结果

根据式（5-54），得到此次装备采购效益评估的定性评估结果为：

$$L_{定性} = (0.52, 0.48, 0)$$

该次装备采购效益评估隶属于"优"的程度为 0.52，隶属于"合格"程度为 0.48。根据最大隶属度原则，定性评估结果为"优"。

根据式（5-55），得到此次装备采购效益评估的定量评估结果为：

$$L_{定量} = 0.8$$

由此可知，此次装备采购效益评估的定量评估结果为 0.8。

5.3.15 模糊物元评估模型

装备采购评估不仅仅关注单个单位或某个部门的情况，更重要的是关注不同装备采购单位之间的差距以及排序。针对不同评估对象，本书构建了基于欧氏贴近度的模糊物元装备采购评估模型[43,44]。

1. 基础理论

物元分析方法是我国著名学者蔡文教授于 1983 年首创的介于数学和实验之间的学科。该方法通过分析大量实例发现：人们在处理不相容问题时，必须将事物、特征及相应的量值综合在一起考虑，才能构思出解决不相容问题的方法，更贴切地描述客观事物变化规律，把解决矛盾问题的过程形式化。物元分析是研究物元及其变化规律，并用于解决现实世界中的不相容问题的有效方法。

任何事物都可以用"事物、特征、量值"这三个要素来加以描述，以便对事物作定性和定量分析与计算。用这些要素组成有序三元组来描述事物的基本元，称为物元。如果其量值具有模糊性，便形成了"事物、特征、模糊量值"的有序三元组，称为模糊物元，记为

$$模糊物元 = \begin{bmatrix} & 事物 \\ 特征 & 模糊量值 \end{bmatrix}$$

模糊物元评估模型，就是把模糊数学和物元分析方法等进行有机地结合，对事物特征相应的量值所具有的模糊性和影响事物众多因素关系进行分析与综合，从而获得解决评估问题的新方法。

2. 主要步骤

基于欧氏贴近度的模糊物元装备采购评估模型的步骤如下：

1）模糊物元模型

对于给定事物的名称为 M，其关于特征 C 有量值为 V，以有序三元组 $R(M,C,V)$ 作为描述事物的基本元，称之为物元。如果其中量值 V 具有模糊性，则称之为模糊物元，记为

$$R = \begin{bmatrix} & M \\ C & u(x) \end{bmatrix} \tag{5-56}$$

式中：R 元素为模糊物元；M 为事物；C 为事物 M 的特征；$u(x)$ 为与事物特征 C 相对应的模糊量值，即事物 M 对于其特征 C 相应量值 x 的隶属度。对于装备采购评估，M 就是评估对象（评估样本）；C 就是评估指标；$u(x)$ 则是评估对象 M 对于评估指标 C 相应的定量评估值。

2）复合模糊物元模型

若装备采购评估对象 M 有 n 项评估指标 $C_1, C_2, \cdots, C_n$；与其相应的模糊量值分别为 $u(x_1)$，$u(x_2)$，$\cdots$，$u(x_n)$；则称 R 为 n 维模糊物元。若以 $\boldsymbol{R}_{mn}$ 表示 m 个评估对象 n 维复合模糊物元，并以 M_j 表示第 j 个评估对象，表示第 j 个样本第 i 项评估指标，与其对应的模糊量值为 $u(x_{ji})$，$(i=1,2,\cdots,n; j=1,2,\cdots,m)$，则有：

$$\boldsymbol{R}_{mn} = \begin{bmatrix} & M_1 & M_2 & \cdots & M_m \\ C_1 & u(x_{11}) & u(x_{21}) & \cdots & u(x_{m1}) \\ C_2 & u(x_{12}) & u(x_{22}) & \cdots & u(x_{m2}) \\ \vdots & \vdots & \vdots & \vdots & \vdots \\ C_n & u(x_{1n}) & u(x_{2n}) & \cdots & u(x_{mn}) \end{bmatrix} \qquad (5\text{-}57)$$

3) 从优隶属度

装备采购各单项评估指标相应的模糊量值，从属于最优样本相应的模糊量值的隶属程度，称之为从优隶属度。从优隶属度可由下式计算：

越大越优型评估指标而言，则有 $u(x_{ji}) = \dfrac{x_{ji}}{\max x_{ji}}$

越小越优型评估指标而言，则有 $u(x_{ji}) = \dfrac{\min x_{ji}}{x_{ji}}$

式中：x_{ji} 为第 j 个样本第 i 项评估指标对应的量值；$\max x_{ji}$，$\min x_{ji}$ 分别为评估对象中每一项评估指标所有量值 x_{ji} 中的最大值和最小值，即最优评估对象（理想对象）各评估指标相应的量值。

4) 标准模糊物元与差平方复合模糊物元

由式（5-57）可以构造标准样本 n 维模糊物元 $\boldsymbol{R}_{0n}$，其中各项由 $\boldsymbol{R}_{mn}$ 内各评估对象从优隶属度中的最大值或最小值加以确定，则可得：

$$\boldsymbol{R}_{0n} = \begin{bmatrix} & M_0 \\ C_1 & u(x_{01}) \\ C_2 & u(x_{02}) \\ \vdots & \vdots \\ C_n & u(x_{0n}) \end{bmatrix} \qquad (5\text{-}58)$$

若以 Δ_{ji} 表示标准模糊物元 $\boldsymbol{R}_{0n}$ 与复合模糊物元 $\boldsymbol{R}_{mn}$ 中各项差的平方，组成的差平方复合模糊物元 $\boldsymbol{R}_{\Delta}$，即：

$$\boldsymbol{R}_{\Delta} = \begin{bmatrix} & M_1 & M_2 & \cdots & M_m \\ C_1 & \Delta_{11} & \Delta_{21} & \cdots & \Delta_{m1} \\ C_2 & \Delta_{12} & \Delta_{22} & \cdots & \Delta_{m2} \\ \vdots & \vdots & \vdots & \vdots & \vdots \\ C_n & \Delta_{1n} & \Delta_{2n} & \cdots & \Delta_{mn} \end{bmatrix} \qquad (5\text{-}59)$$

其中 $\Delta_{ji} = [u(x_{oi}) - u(x_{ji})]^2$，$i = 1, 2, \cdots, n$；$j = 1, 2, \cdots, m$。

5) 评估指标权重的复合物元

ω_i 为第 i 个装备采购评估指标的权重。如果用 ω_i 表示每个评估对象第 i 项评估指标的权重，则可以构造评估指标的权重复合物元 R_ω。即：

$$R_\omega = \begin{bmatrix} & M_1 & M_2 & \cdots & M_m \\ C_1 & \omega_1 & \omega_1 & \cdots & \omega_1 \\ C_2 & \omega_2 & \omega_2 & \cdots & \omega_2 \\ \vdots & \vdots & \vdots & \vdots & \vdots \\ C_n & \omega_n & \omega_n & \cdots & \omega_n \end{bmatrix} \tag{5-60}$$

6) 基于欧氏贴近度的评估模型

本书将采用欧氏贴近度公式构建装备采购评估模型，计算欧氏贴近度 ρH_j。

$$\rho H_j = 1 - \sqrt{\sum_{i=1}^{n} \omega_i \times \Delta_{ji}} \tag{5-61}$$

式中，$\rho H_j (j=1,2,\cdots,m)$。标识第 j 个评估对象与标准样本（理想样本或最优样本）之间的相互接近程度，其值越大，表示两者越接近；反之，则相差越大。然后，以此构成欧氏贴近度复合模糊物元 $R_{\rho H}$，即

$$R_{\rho H} = \begin{bmatrix} & M_1 & M_2 & \cdots & M_m \\ \rho H_j & \rho H_1 & \rho H_2 & \cdots & \rho H_m \end{bmatrix} \tag{5-62}$$

由于欧氏贴近度是表示装备采购评估对象与标准样本之间的贴近程度，根据贴近度值即可对装备采购各评估对象的相对优劣进行排序。

3. 应用案例

以不同军兵种装备采购评估为例，运用模糊物元评估模型，开展 6 个军兵种的装备采购评估结果，并进行对比分析。已知不同军兵种装备采购评估数据，见表 5-37。

表 5-37 不同军兵种装备采购评估数据

	装备采购效益评估值	装备采购要素评估值	装备采购阶段评估值
A 军兵种	0.84	0.56	0.8
B 军兵种	0.75	0.82	0.62
C 军兵种	0.92	0.75	0.54
D 军兵种	0.53	0.35	0.78
E 军兵种	0.36	0.65	0.45
F 军兵种	0.62	0.78	0.56

1）复合模糊物元

根据表 5-37 中数据，构造装备采购评估模糊物元，如下：

$$R_{6\times 4} = \begin{bmatrix} & M_1 & M_2 & M_3 & M_4 & M_5 & M_6 \\ C_1 & 0.84 & 0.75 & 0.92 & 0.53 & 0.36 & 0.62 \\ C_2 & 0.56 & 0.82 & 0.75 & 0.35 & 0.65 & 0.78 \\ C_3 & 0.8 & 0.62 & 0.54 & 0.78 & 0.45 & 0.56 \end{bmatrix}$$

2）标准模糊物元

由于装备采购评估指标都是越大越优型指标，因此标准模糊物元为各项的最大值。

$$R_{0\times 4} = \begin{bmatrix} & M_0 \\ C_1 & 0.92 \\ C_2 & 0.82 \\ C_3 & 0.8 \end{bmatrix}$$

3）差平方复合模糊物元

根据式（5-59），计算得到差平方符合模糊物元。

$$R_\Delta = \begin{bmatrix} & M_1 & M_2 & M_3 & M_4 & M_5 & M_6 \\ C_1 & 0.0064 & 0.0289 & 0 & 0.1521 & 0.3136 & 0.09 \\ C_2 & 0.0676 & 0 & 0.0049 & 0.2209 & 0.0289 & 0.0016 \\ C_3 & 0 & 0.0324 & 0.0676 & 0.0004 & 0.1225 & 0.0576 \end{bmatrix}$$

4）基于欧氏贴近度的评估模型

假设装备采购效益评估指标权重为 0.4，要素评估指标权重为 0.3，阶段评估指标权重为 0.3，根据式（5-62），计算得到欧氏贴近度复合模糊物元 $R_{\rho H}$。

$$R_{\rho H} = \begin{bmatrix} & M_1 & M_2 & M_3 & M_4 & M_5 & M_6 \\ \rho H_j & 0.849 & 0.854 & 0.85 & 064 & 0.59 & 0.79 \end{bmatrix}$$

5）评估结果

由欧氏贴近度的排序 $\rho H_2 > \rho H_3 > \rho H_1 > \rho H_6 > \rho H_4 > \rho H_5$，可知 6 个军兵种装备采购评估排序为：B 军兵种>C 军兵种>A 军兵种>F 军兵种> D 军兵种>E 军兵种。

5.3.16 聚类分析模型

开展装备采购评估的聚类分析，核心是根据装备采购评估值的变化关系和趋势的相似度情况，对评估对象进行分类描述和画像，从而进行精细化分类管理[45-48]。

1. 基础理论

"人以群分，物以类聚"是人们认识事物的出发点，因而分类学成为人们认识世界的基础科学，通过对事物进行分类也成为人们认识世界的重要的方法。在古老的分类学中，人们主要利用已有经验和专业知识，很少利用数学。随着生产技术和科学的发展，分类越来越细致，导致有时光凭经验和专业知识很难进行确切的分类，于是数学工具逐渐被引入到分类学中，形成了数值分类学。近年来，数理统计的多元分析方法得到了迅速的发展，多元分析技术自然被引进到分类学中，于是从数值分类学中又分离出聚类分析这个新的分支。

聚类分析在统计分析的应用领域已经得到了极为广泛的应用。常见的聚类分析方法有层次聚类和 K-means 聚类。其中，层次聚类又称系统聚类，简单地讲是指聚类过程是按照一定层次进行的。层次聚类有两种类型，分别是 Q 型聚类和 R 型聚类。Q 型聚类，是对样本进行聚类，将具有相似特征的样本聚集在一起，使差异性大的样本分离开来。R 型聚类，是对变量进行聚类，使具有相似性变量聚集在一起，差异性大的变量分离开来，可在相似变量中选择少数具有代表性的变量参与其他分析，实现减少变量个数，达到变量降维目的。

本书将对装备采购评估对象进行聚类分析，核心是对样本进行聚类，因此属于层次聚类的 Q 型聚类。装备采购评估聚类分析可以应用在不同军兵种以及不同单位装备采购评估聚类分析，根据评估一级指标结果，进行聚类分析，将不同军兵种以及不同单位装备采购整体情况归纳为不同类型，以便提出针对性的对策建议。

2. 案例分析

以表 5-27 中数据为例，运用 SPSS 中的 K-means 聚类算法，得到 6 个军兵种装备采购情况的聚类分析结果，见表 5-38。

表 5-38 聚类分析结果

群集成员	
军兵种	2 群集
A 军兵种	2
B 军兵种	2

续表

群集成员	
军兵种	2 群集
C 军兵种	2
D 军兵种	1
E 军兵种	1
F 军兵种	2

由此可见，通过聚类分析，可以将6个军兵种装备采购分为两类：

第1类，D军兵种和E军兵种，装备采购水平一般，短板弱项较为明显。

第2类，A军兵种、B军兵种、C军兵种和F军兵种，装备采购水平普遍较高，短板弱项不明显。

同时，得到装备采购评估聚类分析的冰状图，如图5-35所示。从图中可以看出，如果将6个军兵种装备采购聚成5类，B军兵种和F军兵种为一类，其他军兵种各自一类；如果聚成4类，B军兵种、C军兵种和F军兵种为一类，其他军兵种各自一类；如果聚成3类，A军兵种、B军兵种、C军兵种和F军兵种为一类，其他军兵种各自一类；如果聚成2类，A军兵种、B军兵种、C军兵种和F军兵种为一类，D军兵种和E军兵种一类。

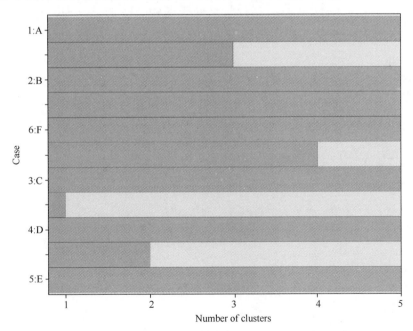

图5-35 装备采购评估聚类分析的冰状图

5.3.17 灰色评估模型

1. 基础理论

在控制论中，人们通常用颜色的深浅来表示信息的明确程度。通常情况下，用"黑"表示信息完全未知，用"白"表示信息完全明确，用"灰"表示部分信息明确、部分信息不明确，即信息不完全。灰色系统理论是我国著名学者邓聚龙教授1982年创立的新兴科学，以"部分信息已知，部分信息未知"的"小样本"不确定性系统为研究对象，主要通过对"部分"已知信息（灰色信息）的生成、开发，提取有价值的信息，实现对系统运行行为的正确认识和有效控制。灰色理论方法的重要特征是依据不完全信息来处理问题，特别是能够有效解决常规数理统计方法无法求解的复杂问题[49-50]。

2. 主要步骤

1）制订评估等级标准

设装备采购评估指标的优劣等级划分为3级，即优、合格和不合格，并分别赋值3分、2分、1分，指标等级处于两相邻等级之间时，相应评估结果为2.5分和1.5分。评估等级设为 $C=(c_1,c_2,c_3)=(优,合格,不合格)=(3,2,1)$

2）计算得到评估矩阵

假设邀请3名专家按照评估指标的评估等级标准针对装备采购评估对象进行评估，并填写评分表。专家根据评估表对 n 个指标进行评估，第 j 个专家对第 i 个指标的评估结果为 d_{ij}，可求得评估对象矩阵 D。

$$D = \begin{bmatrix} d_{11} & \cdots & d_{1n} \\ d_{21} & \cdots & d_{2n} \\ d_{31} & \cdots & d_{3n} \end{bmatrix} \quad (5-63)$$

3）确定评估灰类

评估灰类是指评估灰类的等级数、灰类的灰数和灰数的白化权函数。根据评估指标的评估等级标准，设定3个评估灰类，灰类序号为 e_i，即 $e=1,2,3$。分别是优、合格和不合格，相应灰类的白化权函数，见表5-39。

表 5-39 灰类的白化权函数

类别	灰数	白化权函数	函数示意图
优 ($e=1$)	灰数$\otimes_1 \in [3,\infty]$	$f_1(d_{ij}) = \begin{cases} \dfrac{d_{ij}}{3} & d_{ij} \in [0,3] \\ 1 & d_{ij} \in [3,\infty] \\ 0 & d_{ij} \notin [0,\infty] \end{cases}$	
合格 ($e=2$)	灰数$\otimes_3 \in [0,2,4]$	$f_2(d_{ij}) = \begin{cases} \dfrac{d_{ij}}{2} & d_{ij} \in [0,2] \\ \dfrac{4-d_{ij}}{2} & d_{ij} \in [2,4] \\ 0 & d_{ij} \notin [0,4] \end{cases}$	
不合格 ($e=3$)	灰数$\otimes_4 \in [0,1,2]$	$f_3(d_{ij}) = \begin{cases} 1 & d_{ij} \in [0,1] \\ 2-d_{ij} & d_{ij} \in [1,2] \\ 0 & d_{ij} \notin [0,2] \end{cases}$	

4) 计算灰色评估系数

评估指标 i 属于第 e 个评估灰类的灰色评估系数,即 x_{ie}。

$$x_{ie} = \sum_{i=1}^{3} f_e(d_{ij}) \tag{5-64}$$

式中:d_{ij} 为第 i 个专家对第 j 个指标的评估结果。

评估对象属于各个评估灰类的总灰色评估系数,即 x_i。

$$x_i = \sum_{e=1}^{3} x_{ie}。$$

5) 计算灰色评估向量矩阵

根据灰色评估系数,得到评估指标 i 属于第 e 个灰类的灰色评估系数,即 r_{ie}。

$$r_{ie} = \frac{x_{ie}}{x_i}$$

同理,得到评估指标 i 的灰色评估向量,即 r_i。

$$\boldsymbol{r}_i = (r_{i1}, r_{i2}, r_{i3})$$

计算得到装备采购评估指标对于评估灰类的灰色评估矩阵,即 $\boldsymbol{R}$。

$$\boldsymbol{R} = \begin{bmatrix} r_{11} & r_{12} & r_{13} \\ \vdots & \cdots & \vdots \\ r_{n1} & r_{n2} & r_{n3} \end{bmatrix} \tag{5-65}$$

6) 得到评估结果

(1) 定性评估结果。

根据装备采购评估指标的权重 $\boldsymbol{W} = [w_1, w_2, \cdots, w_m]$ 和灰色评估矩阵 $\boldsymbol{R}$,计算得到装备采购的定性评估值:

$$l = \boldsymbol{W} \times \boldsymbol{R} \tag{5-66}$$

式中:$\boldsymbol{W}$ 为权重;$\boldsymbol{R}$ 为灰色评估矩阵;l 为隶属于优、合格和不合格的程度,按照最大隶属原则,得到定性评估结果。

(2) 定量评估结果。

假设评分等级对应的分值 $\boldsymbol{C} = (c_1, c_2, c_3) = (1, 0.6, 0.2)$,计算得到装备采购的定量评估值:

$$l^1 = l \times \boldsymbol{C}^{\mathrm{T}} \tag{5-67}$$

式中:l 为隶属于优、合格和不合格的程度;$\boldsymbol{C}$ 表示评分等级对应的分值;l^1 为定量评估结果。

3. 案例分析

以某次装备采购效益评估为例,分析装备采购灰色综合评估模型。装备采购效益一级评估指标 $= \{A_1, A_2, A_3, A_4\} = \{$军事效益,经济效益,社会效益,政治效益$\}$。

1) 评分矩阵

已知 3 个专家对装备采购效益一级评估指标,见表 5-40。

表 5-40 评估专家给出评估值

三级指标	专家1	专家2	专家3
军事效益 A_1	3	2.5	3
经济效益 A_2	2	3	2.5
社会效益 A_3	2	2	2
政治效益 A_4	2.5	3	2

根据表 5-40,可以得到评估结果矩阵:

$$D = \begin{bmatrix} 3 & 2.5 & 3 \\ 2 & 3 & 2.5 \\ 2 & 2 & 2 \\ 2.5 & 3 & 2 \end{bmatrix}$$

2) 计算灰色评估系数

以装备采购效益评估指标"军事效益 A_1"为例,根据式(5-64),得到灰色评估系数。

$$x_{11} = \sum_{i=1}^{3} f_1(d_{i1}) = f_1(d_{11}) + f_1(d_{21}) + f_1(d_{31})$$
$$= f_1(3) + f_1(2.5) + f_1(3)$$
$$= 1 + 0.83 + 1$$
$$= 2.83$$

$$x_{12} = \sum_{i=1}^{3} f_2(d_{i1}) = f_2(d_{11}) + f_2(d_{21}) + f_2(d_{31})$$
$$= f_2(3) + f_2(2.5) + f_2(3)$$
$$= 0.5 + 0.75 + 0.5$$
$$= 1.75$$

$$x_{13} = \sum_{i=1}^{3} f_3(d_{i1}) = f_3(d_{11}) + f_3(d_{21}) + f_3(d_{31})$$
$$= f_3(3) + f_3(2.5) + f_3(3)$$
$$= 0 + 0 + 0$$
$$= 0$$

$$x_1 = \sum_{e=1}^{3} x_{ie} = 2.83 + 1.75 + 0 = 4.58$$

同理可分别求出装备采购效益评估指标的灰色评估系数。

3) 灰色评估矩阵

以装备采购效益评估指标"军事效益 A_1"为例,根据式(5-65),计算得到装备采购效益评估指标灰色评估向量:

$$r_{11} = \frac{x_{11}}{x_1} = \frac{2}{4.58} = 0.62$$

$$r_{12} = \frac{x_{12}}{x_1} = \frac{0.75}{4.58} = 0.38$$

$$r_{13} = \frac{x_{13}}{x_1} = \frac{0}{3.75} = 0$$

同理，计算得到装备采购效益评估指标的灰色评估向量，数据见表 5-41。

表 5-41　灰色评估向量

评估指标	优	合　格	不　合　格
军事效益 A_1	0.62	0.38	0
经济效益 A_2	0.53	0.47	0
社会效益 A_3	0.4	0.6	0
政治效益 A_4	0.53	0.47	0

在此基础上，得到灰色评估矩阵 R：

$$R = \begin{bmatrix} 0.62 & 0.38 & 0 \\ 0.53 & 0.47 & 0 \\ 0.4 & 0.6 & 0 \\ 0.53 & 0.47 & 0 \end{bmatrix}$$

4）计算评估结果

根据装备采购效益评估指标权重和灰色评估矩阵，得到装备采购效益评估结果。

（1）定性评估结果。

根据式（5-66），计算得到定性评估结果。

$$l = W \times R = \begin{bmatrix} 0.55 \\ 0.07 \\ 0.13 \\ 0.25 \end{bmatrix}^T \times \begin{bmatrix} 0.62 & 0.38 & 0 \\ 0.53 & 0.47 & 0 \\ 0.4 & 0.6 & 0 \\ 0.53 & 0.47 & 0 \end{bmatrix} = \begin{bmatrix} 0.56 & 0.44 & 0 \end{bmatrix}$$

该次装备采购效益评估结果隶属于优的程度为 56%，隶属于合格的程度为 44%，隶属于不合格的程度为 0%。

（2）定量评估结果。

根据式（5-67），计算装备采购效益评估的定量评估结果为 0.82。

$$l^1 = \begin{bmatrix} 0.56 & 0.44 & 0 \end{bmatrix} \times \begin{bmatrix} 1 & 0.6 & 0.2 \end{bmatrix} = 0.82$$

5.3.18　粗糙集评估模型

1. 基础理论

粗糙集理论，是波兰数学家 Z. Pawlak 提出的数学分析理论，是处理模糊和不确定性知识的数学工具，是在概率论、模糊集和证据理论等基础上发展而来的模型方法。该理论不需要任何先验知识，完全从数据中得到隶属函数或推理规则,实现了真正意义上的"让数据自己说话"。该理论具有以下特点:①能够高质量处理各种数据,包括不完整数据以及拥有众多变量的数据;②处理数据的不精确性和模棱两可,包括确定性和非确定性的情况;③能求得知识的最小表达和知识的各种不同颗粒层次;④能从数据中揭示出概念简单,易于操作的模式;⑤能产生精确而又易于检查和证实的规则。该理论已在信息系统分析、模糊识别、决策支持系统、知识发现、数据挖掘、人工智能等方面进行了广泛的推广应用[51,52]。

基于粗糙集的装备采购评估模型,核心是构建规则(信息)表,规则表是知识表达的形式,也是研究对象的集合。而研究对象的知识通常通过对象的属性值进行描述。规则表的知识表达为 $S=<U,A\cup D,V,F>$。其中,U 是对象集合,也称为论域,$A\cup D$ 是属性集合,A 为条件属性子集,D 是结果属性子集,$f:U\times A\rightarrow V$ 被称为信息函数。

2. 主要步骤

基于粗糙集的装备采购评估模型主要步骤,如图 5-36 所示。

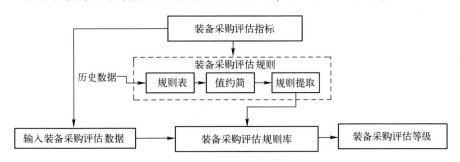

图 5-36 基于粗糙集的装备采购评估模型主要步骤

1)构建装备采购评估指标

收集整理装备采购相关资料和历史数据,构建装备采购评估指标。

2)确定装备采购评估规则

运用粗糙集理论,在分析挖掘装备采购历史数据的基础上,得到评估规则。

(1)建立评估规则表。

根据装备采购评估影响因素,在汇总整理评估历史数据基础上,得到装备采购评估规则表,该表是对装备采购评估知识的特殊表达形式。

(2)值约简。

值约简是对装备采购评估规则表进行属性值的约简。属性值的约简相当于规则的约简,即消去每个评估规则中的不必要条件,去掉该规则中的冗余属性值,以便能得到最小最优的评估规则。

(3) 规则提取。

从支持数和可信度对装备采购评估规则进行分析,过滤得到满足要求的装备采购评估规则。

3) 输入装备采购评估数据

根据装备采购评估对象的数据,判断评估指标的输入等级。

4) 确定装备采购评估结果

根据装备采购评估输入数据,以及评估规则,综合分析得到评估结果。装备采购评估结果用 D 表示,可以分为3个等级,分别是优秀 D_1、合格 D_2 和不合格 D_3。

3. 基于粗糙集的评估规则构建

包括构建装备采购评估规则表、值约简和滤取评估规则等步骤。以装备采购承制单位评估为例,分析装备采购承制单位评估规则的构建。

1) 建立评估规则表

以装备采购承制单位评估指标作为条件属性,评估结论作为结果属性,构建装备采购承制单位评估规则表。令评估规则表 $S=<U,A\cup D,V,F>$,其中条件属性 $A=\{$军品营业额,军品研发投入,创新能力,特色,装备采购推进$\}$,结果属性 $D=\{$优秀,合格,不合格$\}$。其中,装备采购优秀承制单位,是指装备采购基础条件很好,创新能力突出,特色鲜明,推进措施有力的承制单位;装备采购合格承制单位,装备采购基础条件较好,创新能力较为突出,特色较为鲜明,推进措施较为有力的承制单位;装备采购不合格承制单位,是指装备采购基础条件较差,创新能力较差,特色一般,推进措施较差的承制单位。属性值集合 V 由历史数据获得。根据装备采购承制单位评估历史数据,得到评估规则表,见表 5-42。

表 5-42 装备采购承制单位评估规则表

样本	军品营业额 A_1	军品研发投入 A_2	创新能力 A_3	特色 A_4	装备采购推进 A_5	评估结论 D
1	比较合理 A_{12}	规模大 A_{21}	一般 A_{32}	鲜明 A_{41}	效果好 A_{51}	优秀 D_1
2	不合理 A_{13}	规模大 A_{21}	低 A_{331}	特色一般 A_{43}	效果一般 A_{52}	不合格 D_3
3	非常合理 A_{11}	规模一般 A_{22}	强 A_{31}	特色一般 A_{43}	效果一般 A_{52}	优秀 D_1
4	非常合理 A_{11}	规模大 A_{21}	一般 A_{32}	鲜明 A_{41}	效果好 A_{51}	优秀 D_1

续表

样本	军品营业额 A_1	军品研发投入 A_2	创新能力 A_3	特色 A_4	装备采购推进 A_5	评估结论 D
5	不合理 A_{13}	规模大 A_{21}	强 A_{31}	较为鲜明 A_{42}	效果好 A_{51}	合格 D_2
6	不合理 A_{13}	规模大 A_{21}	一般 A_{32}	特色一般 A_{43}	效果一般 A_{52}	合格 D_2
7	比较合理 A_{12}	规模大 A_{21}	一般 A_{32}	较为鲜明 A_{42}	效果一般 A_{52}	优秀 D_1
8	不合理 A_{13}	规模小 A_{23}	强 A_{31}	鲜明 A_{41}	效果好 A_{51}	优秀 D_1
9	非常合理 A_{11}	规模小 A_{23}	低 A_{33}	特色一般 A_{43}	效果一般 A_{52}	优秀 D_1
10	比较合理 A_{12}	规模一般 A_{22}	一般 A_{32}	鲜明 A_{41}	效果差 A_{52}	不合格 D_3
11	不合理 A_{13}	规模一般 A_{22}	一般 A_{32}	特色一般 A_{43}	效果一般 A_{52}	不合格 D_3
12	非常合理 A_{11}	规模大 A_{21}	强 A_{31}	特色一般 A_{43}	效果好 A_{51}	优秀 D_1
13	非常合理 A_{11}	规模小 A_{23}	一般 A_{32}	鲜明 A_{41}	效果一般 A_{52}	优秀 D_1
14	非常合理 A_{11}	规模一般 A_{22}	强 A_{31}	鲜明 A_{41}	效果较差 A_{53}	优秀 D_1
15	不合理 A_{13}	规模大 A_{21}	强 A_{31}	较为鲜明 A_{42}	效果一般 A_{52}	优秀 D_1
16	不合理 A_{13}	规模小 A_{23}	强 A_{31}	特色一般 A_{43}	效果差 A_{52}	不合格 D_3
17	非常合理 A_{11}	规模大 A_{21}	一般 A_{32}	鲜明 A_{41}	效果差 A_{52}	不合格 D_3
18	非常合理 A_{11}	规模一般 A_{22}	低 A_{33}	鲜明 A_{41}	效果好 A_{51}	优秀 D_1
19	不合理 A_{13}	规模大 A_{21}	强 A_{31}	特色一般 A_{43}	效果一般 A_{52}	合格 D_2
20	非常合理 A_{11}	规模大 A_{21}	一般 A_{32}	特色一般 A_{43}	效果一般 A_{52}	合格 D_2
21	非常合理 A_{11}	规模大 A_{21}	强 A_{31}	较为鲜明 A_{42}	效果好 A_{51}	优秀 D_1
22	非常合理 A_{11}	规模小 A_{23}	一般 A_{32}	特色一般 A_{43}	效果一般 A_{52}	优秀 D_1
23	不合理 A_{13}	规模大 A_{21}	强 A_{31}	较为鲜明 A_{42}	效果好 A_{51}	优秀 D_1
24	非常合理 A_{11}	规模一般 A_{22}	强 A_{31}	鲜明 A_{41}	效果一般 A_{52}	优秀 D_1
25	不合理 A_{13}	规模大 A_{21}	强 A_{31}	特色一般 A_{43}	效果好 A_{51}	合格 D_2
26	不合理 A_{13}	规模一般 A_{22}	一般 A_{32}	特色一般 A_{43}	效果好 A_{51}	合格 D_2
27	比较合理 A_{12}	规模大 A_{21}	低 A_{33}	较为鲜明 A_{42}	效果一般 A_{52}	优秀 D_1
28	不合理 A_{13}	规模一般 A_{22}	一般 A_{32}	特色一般 A_{43}	效果一般 A_{52}	不合格 D_3
29	比较合理 A_{12}	规模一般 A_{22}	一般 A_{32}	较为鲜明 A_{42}	效果差 A_{52}	不合格 D_3
30	不合理 A_{13}	规模大 A_{21}	强 A_{31}	特色一般 A_{43}	效果一般 A_{52}	不合格 D_3

2) 值约简

运用基于属性值重要程度的值约简算法,对装备采购承制单位评估指标属性进行值约简。

（1）确定评估指标重要程度排序。

根据专家经验，对装备采购承制单位评估影响因素重要程度进行排序，得到：装备采购推进 A_5>特色 A_4>军品营业额 A_1>军品研发投入 A_2>创新能力 A_3。

（2）值约简。

按照装备采购承制单位评估指标重要程度排序，对指标进行值约简。如果有 j 个样本的 A_i 取值与其他 A_i 取值不同，且这 j 个样本对应的评估结果相同，则该 j 个样本的 A_i 属性值生成一个规则。生成规则后，将评估规则表中已经用来生成规则的 j 个样本属性组合打上标记，表示不能生成新的规则。重复上述算法，不断挖掘新的生成规则。值约简后的装备采购承制企业评估规则表，见表5-43。

表5-43 值约简后的装备采购承制单位评估规则表

样本	军品营业额 A_1	军品研发投入 A_2	创新能力 A_3	特色 A_4	装备采购推进 A_5	评估结论 D
1	—	—	—	鲜明 A_{41}	效果好 A_{51}	优秀 D_1
2	不合理 A_{13}	—	—	特色一般 A_{43}	效果一般 A_{52}	不合格 D_3
3	非常合理 A_{11}	—	—	特色一般 A_{43}	效果一般 A_{52}	优秀 D_1
4	—	—	—	鲜明 A_{41}	效果好 A_{51}	优秀 D_1
5	不合理 A_{13}	—	—	—	效果好 A_{51}	合格 D_2
6	—	规模大 A_{21}	—	特色一般 A_{43}	效果一般 A_{52}	合格 D_2
7	—	规模大 A_{21}	—	较为鲜明 A_{42}	效果一般 A_{52}	优秀 D_1
8	—	—	—	鲜明 A_{41}	效果好 A_{51}	优秀 D_1
9	非常合理 A_{11}	—	—	特色一般 A_{43}	效果一般 A_{52}	优秀 D_1
10	—	—	—	—	效果差 A_{53}	不合格 D_3
11	不合理 A_{13}	—	—	特色一般 A_{43}	效果一般 A_{52}	不合格 D_3
12	—	规模大 A_{21}	强 A_{31}	—	效果好 A_{51}	优秀 D_1
13	非常合理 A_{11}	—	—	鲜明 A_{41}	—	优秀 D_1
14	非常合理 A_{11}	—	—	鲜明 A_{41}	—	优秀 D_1
15	—	规模大 A_{21}	—	较为鲜明 A_{42}	效果一般 A_{52}	优秀 D_1
16	—	—	—	—	效果差 A_{53}	不合格 D_3

续表

样本	军品营业额 A_1	军品研发投入 A_2	创新能力 A_3	特色 A_4	装备采购推进 A_5	评估结论 D
17	—	—	—	—	效果差 A_{53}	不合格 D_3
18	—	—	—	鲜明 A_{41}	效果好 A_{51}	优秀 D_1
19	—	规模大 A_{21}	—	特色一般 A_{43}	效果一般 A_{52}	合格 D_2
20	—	规模大 A_{21}	—	特色一般 A_{43}	效果一般 A_{52}	合格 D_2
21	—	规模大 A_{21}	强 A_{31}	—	效果好 A_{51}	优秀 D_1
22	非常合理 A_{11}	—	—	特色一般 A_{43}	效果一般 A_{52}	优秀 D_1
23	—	规模大 A_{21}	强 A_{31}	—	效果好 A_{51}	优秀 D_1
24	非常合理 A_{11}	—	—	鲜明 A_{41}	—	优秀 D_1
25	不合理 A_{13}	—	—	—	效果好 A_{51}	合格 D_2
26	不合理 A_{13}	—	—	—	效果好 A_{51}	合格 D_2
27	—	规模大 A_{21}	—	较为鲜明 A_{42}	效果一般 A_{52}	优秀 D_1
28	不合理 A_{13}	—	—	特色一般 A_{43}	效果一般 A_{52}	不合格 D_3
29	—	—	—	—	效果差 A_{53}	不合格 D_3
30	不合理 A_{13}	—	—	特色一般 A_{43}	效果一般 A_{52}	不合格 D_3

3) 滤取评估规则

依据支持数和可信度,开展装备采购承制单位评估规则的衡量滤取工作。主要通过设定支持数和可信度阈值,滤取满足条件的评估规则。评估规则用 $a \rightarrow \beta$ 表示,其可信度为 $\sup port(a \rightarrow \beta)$ 用下式表示:

$$\sup port(a \rightarrow \beta) = \frac{\sup port(a \cdot \beta)}{\sup port(a)}$$

式中:$\sup port(a)$ 为规则总数;$\sup port(a \cdot \beta)$ 为满足规则 $a \rightarrow \beta$ 的个数。

本书设置的装备采购承制单位评估规则滤取的支持数阈值为3,可信度阈值为0.07。经过计算30条评估规则中,共有9条规则满足条件,由此得到装备采购承制单位评估规则,见表5-44。

表5-44 装备采购承制单位评估规则

序 号	规 则	支持数	可信度
1	$A_{53} \rightarrow D_1$	4	0.133

续表

序号	规则	支持数	可信度
2	$A_{51} \cap A_{41} \to D_1$	4	0.133
3	$A_{52} \cap A_{42} \cap A_{21} \to D_1$	3	0.1
4	$A_{51} \cap A_{13} \to D_2$	3	0.1
5	$A_{41} \cap A_{11} \to D_1$	3	0.1
6	$A_{52} \cap A_{43} \cap A_{11} \to D_1$	3	0.1
7	$A_{52} \cap A_{43} \cap A_{21} \to D_2$	3	0.1
8	$A_{51} \cap A_{21} \cap A_{31} \to D_1$	3	0.1
9	$A_{51} \cap A_{43} \cap A_{13} \to D_3$	4	0.133

由表可知，装备采购承制单位评估规则如下：

规则1：若装备采购推进 A_5 = 效果差 A_{53}，则承制单位评估等级 D = 不合格 D_3；

规则2：若装备采购推进 A_5 = 效果好 A_{51} 且特色 A_4 = 鲜明 A_{41}，则承制单位评估等级 D = 优秀 D_1；

规则3：若装备采购推进 A_5 = 效果一般 A_{52} 且特色 A_4 = 较为鲜明 A_{42} 且军品研发投入 A_2 = 规模大 A_{21}，则承制单位评估等级 D = 优秀 D_1；

规则4：若装备采购推进 A_5 = 效果好 A_{51} 且军品营业额 A_1 = 不合理 A_{13}，则承制单位评估等级 D = 合格 D_2；

规则5：若特色 A_4 = 鲜明 A_{41} and 军品营业额 A_1 = 非常合理 A_{11}，则承制单位评估等级 D = 优秀 D_1；

规则6：若装备采购推进 A_5 = 效果一般 A_{52} 且特色 A_4 = 特色一般 A_{43} 且军品营业额 A_1 = 非常合理 A_{11}，则承制单位评估等级 D = 优秀 D_1；

规则7：若装备采购推进 A_5 = 效果一般 A_{52} 且特色 A_4 = 特色一般 A_{43} 且军品营业额 A_1 = 非常合理 A_{11}，则承制单位评估等级 D = 合格 D_2；

规则8：若装备采购推进 A_5 = 效果好 A_{51} 且军品研发投入 A_2 = 规模大 A_{21} 且创新能力 A_3 = 强 A_{31}，则承制单位评估等级 D = 优秀 D_1；

规则9：若装备采购推进 A_5 = 效果好 A_{51} 且特色 A_4 = 特色一般 A_{43} 且军品营业额 A_1 = 不合理 A_{13}，则承制单位评估等级 D = 不合格 D_3。

根据评估规则，构建了装备采购承制单位评估规则树，如图5-37所示。根据评估规则树，就可以判断装备采购承制单位评估等级。

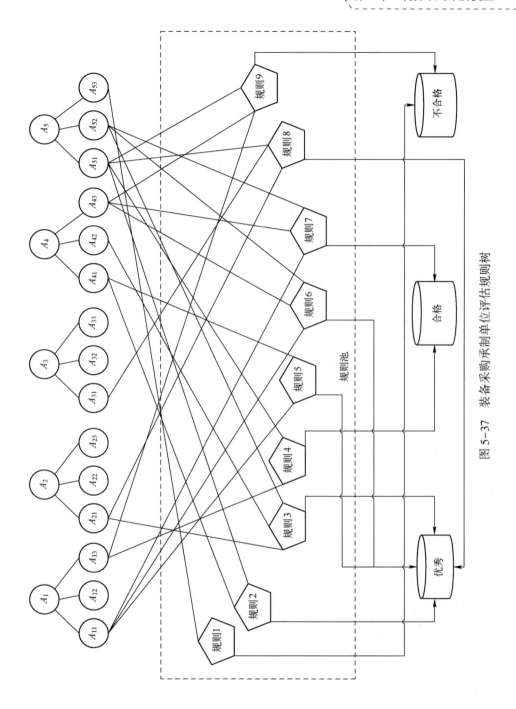

图 5-37 装备采购承制单位评估规则树

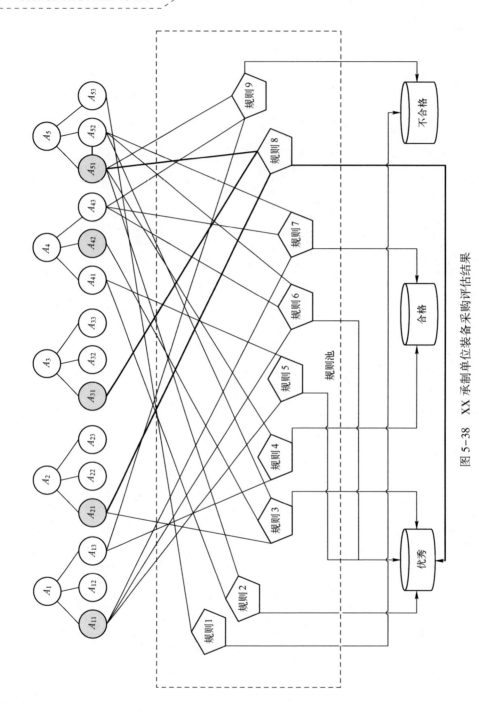

图 5-38 XX 承制单位装备采购评估结果

4. 案例分析

以 XX 承制单位为例，开展装备采购承制单位评估案例分析。

1）评估指标计算

军品营业额。已知该承制单位是军工企业，军品营业额比例为 54%。根据军品营业额等级划分标准，该承制单位军品营业额评估等级为非常合理 A_{11}。

军品研发投入。已知该承制单位是军工企业，军品研发投入比例为 82%。根据军品营业额等级划分标准，该承制单位军品研发投入等级为投入规模大 A_{21}。

创新能力。该承制单位非常注重研发投入，拥有大量自主知识产权的产品技术，拥有独树一帜的关键核心技术，突破解决了国防领域关键技术问题，创新能力等级为能力强 A_{31}。

特色。该承制单位聚焦信号系统装备领域，且在军民两个方面都有较为突出的成绩，特色等级为较为鲜明 A_{42}。

装备采购措施。该承制单位在保持原有军工优势地位的基础上，通过成立联合公司、联合研发、兼并重组等方式，加大民用技术向军用转化力度，同时，该承制单位主动开放了军品配套产业链，吸引了优势民口企业参与配套建设，产生了较好的经济和社会效益，装备采购推进等级为效果好 A_{51}。

2）评估结果

由装备采购承制单位评估规则可知，XX 承制单位装备采购推进效果好，军品研发投入规模大、创新能力强，触发了规则 8，因此 XX 承制单位评估等级为优秀 D_1。

5.3.19 系统动力学评估模型

本书将采用系统动力学（system dynamics）方法，构建装备采购评估系统动力学模型，模拟装备采购要素之间的相互作用关系，以及对结果影响程度，从而得到装备采购动态变化规律[53-55]。

1. 基础理论

系统动力学由美国麻省理工学院 Jay W. Forrester 教授提出。系统动力学模型博采众长，是系统论、控制论、信息论、决策论、管理科学论及计算机仿真技术等理论和技术的集成。该模型是从问题的确定开始，然后通过识别与问题紧密相联的系统边界，描绘主要变量的因果关系图，建立系统流程图并转化为系统动力学方程组，最后再利用计算机求解并分析评价，为决策者提供政策建议。该模型以时变的、动态的、系统的眼光观察研究对象，其对各种复杂现象描述为微分方程组。

2. 主要步骤

系统动力学的主要步骤，如图5-39所示。

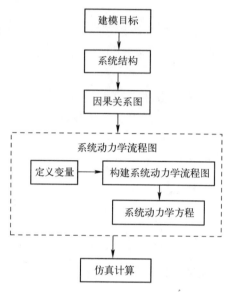

图5-39　系统动力学的步骤

1) 建模目标

无论某个系统采取什么样的策略，总是与该系统的目标紧密相连。因此在应用系统动力学进行仿真时，应该首先弄清系统的目标，仿真的目的。确定系统目标是进行系统动力学建模的首要阶段，也是模型成功与否的先决条件。确定建模目标主要包括要弄清解决的问题；规划系统的边界、关键变量、初步确定参考模式等。

2) 系统结构

在确定了建模目标之后，就要构建系统结构。分析系统各要素之间的相互关系和作用方式，总结系统整体与局部的反馈机制，构建系统结构图。系统动力学研究的对象是各种各样的复杂系统，描述系统的非线性特点，各个子结构的线性和非线性相互作用。为了清楚地描述系统，需要将其划分成几个互相连接的子系统。描述如下：

$$S=(P,R)$$
$$P=\{P_i \mid i \in I\}$$
$$R=\{r \mid j \in J, k \in K \text{ 且 } J=K=I\}$$

其中：

S：系统动力学模型

P：子系统

R：子系统之间的变量

3) 因果关系图

因果关系图，主要描述系统构成要素之间的因果关系。因果关系图是系统内部若干元素的因果链相串联而形成的一条闭合回路。因果链，主要通过箭头表示系统内部两元素之间的因果关系。因果关系的特性就是因果链的极性，用正负号表示。由于元素之间的相互关系非常复杂，在确定因果链极性时，要设定其他所有影响变量保持不变。反馈回路，如图 5-40 所示。反馈回路一般包括正反馈回路和负反馈回路。

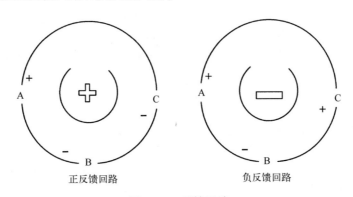

图 5-40　反馈回路

因果关系示意图，如图 5-41 所示。该关系图是一个多重反馈回路，列出了影响系统功能的主要变量。该关系图表示在因素 A、因素 B 和因素 C 共同作用下对系统效能的影响，通过 3 个因素共同使得系统效能不断趋于期望目标值，差距逐渐逼近于 0。

其中有一条反馈回路：与期望效益的差距→因素 A→因素 B→因素 C→与期望效益的差距。与期望效益的差距增大必将导致因素 A 提升，因素 A 大小的提升必将导致因素 B 的减少，因素 B 的减少将导致因素 C 提升，因素 C 提升将使得与期望效益的差距减少。

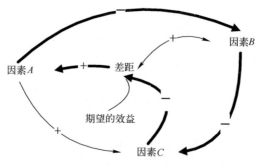

图 5-41 因果关系示意图

4）系统动力学流程图

流程图是因果关系图的扩展，是系统结构的再现。流程图反映系统中各变量间因果关系和反馈控制网络，正反馈环有强化系统功能，表现为偏离目标的发散行为；负反馈环则有抑制功能，能跟踪目标产生收敛机制。二者组合使系统在增长与衰减交替过程中保持动态平衡，达到预期目标。

（1）定义变量。

系统动力学中最主要的变量类型有 4 种：

① 流位变量（level）：系统内部流的堆积量，描述了系统的内部状态。流位的状态受控于输入流与输出流的大小，以及延迟的时间。其流图符号为：

② 流率变量（rate）：流位的变化速率，流位变量的增加或减少速度。其流图符号为：

③ 辅助变量（auxilary）：在流位变量与流率变量之间的变量。其流图符号为：

④ 常量（const）：始终保持不变的参数。

(2) 构建系统动力学流程图。

系统动力学流程图，如图 5-42 所示。

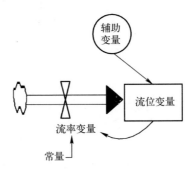

图 5-42　系统动力学流程图

(3) 系统动力学方程。

建立系统动力学流程图后，根据模型中变量之间的关系建立参数方程，确定和估计有关参数，参数方程可以是线性或非线性函数关系，其一般表达式为：

$$\frac{dX}{dt} = f(X_i, V_i, R_i, P_i)$$

其差分形式可形成：$X(t+\Delta t) = X_{(t)} + f(X_i, V_i, R_i, P_i) \cdot \Delta t$

式中：X 为状态变量；V 为辅助变量；R 为流率变量；P 为参数；t 为仿真时间；Δt 为仿真步长。

5) 仿真计算

根据上述分析结果，在软件上设计系统动力学流程图，输入相关参数，通过仿真计算得到结果，并验证结果的可信度。随后改变输入参数，进行多次仿真，对比分析多次仿真结果，得到结论。

3. 案例分析

本书将采用系统动力学模型，通过建立装备采购评估系统动力学模型，模拟装备采购动态变化规律，分析各影响因素之间的关系，得到装备采购效益动态变化趋势。

1) 因果关系图

装备采购动态变化的因果关系，如图 5-43 所示。该因果关系图是由影响装备采购主要变量以及多重反馈回路的共同作用，使装备采购整体效益不断趋于期望目标值，差距逐渐逼近于 0。

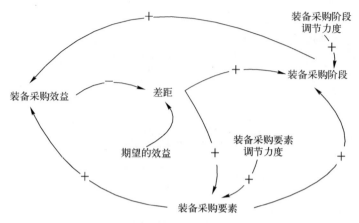

图 5-43　装备采购的因果关系

（1）主要变量。

装备采购系统动力学模型主要变量包括装备采购要素、装备采购阶段和装备采购效益等主要变量。

① 装备采购要素。

装备采购要素，主要包括了装备采购组织管理体制、工作运行机制和政策制度等方面的要素。该变量的数值主要反映装备采购要素建设情况，最大值为 1，最小值为 0。

② 装备采购阶段。

装备采购阶段，主要包括了装备预研阶段、装备研制阶段、装备订购阶段和装备维修阶段等方面的要素。该变量的数值主要反映装备采购阶段建设情况，最大值为 1，最小值为 0。

③ 装备采购效益。

装备采购效益，主要包括了军事效益、经济效益、社会效益和政治效益等方面要素。该变量的数值主要反映装备采购效益情况，最大值为 1，最小值为 0。

④ 装备采购要素调节力度。

装备采购要素调节力度，是指根据装备采购整体情况和差距，以行政手段为主，对装备采购组织管理体制、运行机制和政策制度进行动态调节，从而提高要素的整体数值。该变量的数值主要反映装备采购要素调节力度情况，最大值为 1，最小值为 0。

⑤ 装备采购阶段调节力度。

装备采购阶段调节力度，是指根据装备采购整体情况和差距，以市场手段和行政手段相结合方式，对装备采购某个阶段或多个阶段进行动态调节，从而提高阶段的整体数值。该变量的数值主要反映装备采购阶段调节情况，最大值为1，最小值为0。

（2）反馈回路。

本书所构建的装备采购因果关系图，主要有3条反馈回路。

① 差距→要素→效益→差距。

与期望的装备采购效益差距增大，必将改进装备采购组织管理、运行机制和政策制度等要素，从而提升要素分值。要素分值提升将增加效益值，从而提高发展效益，减少差距。

② 差距→阶段→效益→差距。

与期望的装备采购效益差距增大，必将改进装备采购相关阶段的建设，从而提升多阶段分值。多阶段分值提升将增加效益值，从而提高发展效益，减少差距。

③ 差距→要素→阶段→效益→差距。

与期望的装备采购效益差距增大，必将改进装备采购组织管理、运行机制和政策制度等要素，从而提升要素分值。要素分值提升将改进装备采购各阶段工作，阶段分值也随之提升。阶段分值提升将增加效益值，从而提高发展效益，减少差距。

2）系统动力学流程图

建立的装备采购评估系统动力学模型的基本变量参数，见表5-45。

表5-45　基本变量参数表

参数类型	参数名称	含义
流位变量	YS	装备采购要素
	LY	装备采购阶段
流率变量	YSR	装备采购要素变化率
	LYR	装备采购阶段变化率
辅助变量	YSZY	装备采购要素对效益影响
	LYZY	装备采购阶段对效益影响
	YSZYLY	装备采购要素对阶段影响
	YSLD	装备采购要素调节力度
	LYLD	装备采购阶段调节力度

续表

参数类型	参数名称	含义
辅助变量	XY	装备采购效益
	CJ	差距
常量	QWXY	期望的装备采购效益

装备采购评估系统动力学流程图，如图 5-44 所示。

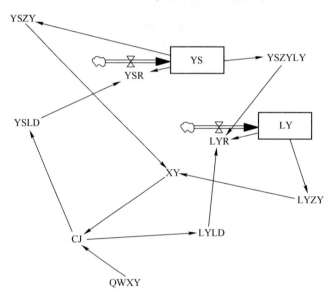

图 5-44 装备采购评估系统动力学流程图

3）系统动力学参数方程

运用 Vensim PLE 软件对装备采购评估系统动力学模型进行仿真和模拟。建立的系统动力学参数方程如下（部分）：

CJ=IF THEN ELSE（XY<=1,QWXY-XY,0）

LY= INTEG（LYR,A_1），A_1 表示装备采购阶段评估的初始值

LYLD = WITH LOOKUP（CJ,（[(0,0)-(1,1)],(0,0),(0.2,0.1),(0.5,0.3),(0.6,0.5),(0.7,0.65),(0.8,0.78),(0.9,0.9)））

LYR=IF THEN ELSE(LY<1, LYLD*0.15+YSZYLY*0.05，0）

LYZY = WITH LOOKUP（LY,（[(0,0)-(1,1)],(0,0),(0.3,0.2),(0.6,0.55),(0.85,0.78),(1,0.85)））

QWXY=1

$XY = w_1 * LYZY + w_2 * YSZY$，$w_1$ 表示装备采购阶段权重，w_2 表示装备采购要素权重

$YS = INTEG(YSR, A_2)$，A_2 表示装备采购要素评估的初始值

$YSLD = WITH\ LOOKUP\ (CJ, ([(0,0)-(1,1)], (0,0), (0.2, 0.1), (0.4, 0.2), (0.5, 0.25), (0.7, 0.4), (0.85, 0.7), (0.9, 0.8)))$

$YSR = IF\ THEN\ ELSE(YS<1, YSLD*0.12, 0)$

$YSZY = WITH\ LOOKUP\ (YS, ([(0,0)-(1,1)], (0,0), (0.4, 0.56), (0.8, 0.62), (1, 0.85)))$

$YSZYLY = IF\ THEN\ ELSE(YS<1, YS*0.2, 0)$

4）结果分析

假设，当前装备采购要素初始评估值 A_2 为 0.2，阶段初始评估值 A_1 为 0.3，装备采购阶段权重 w_1 为 0.55，要素权重 w_2 为 0.45。通过仿真得到装备采购效益的动态变化情况，如图 5-45 所示。

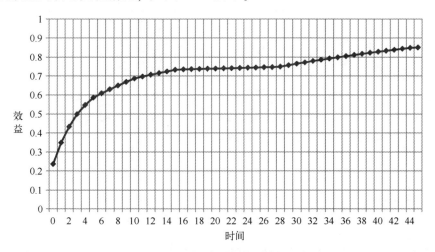

图 5-45　装备采购效益的动态变化

从图中可以看出，装备采购效益在要素和阶段的共同作用下，不断提升，逐步达到峰值，主要经历了 3 个阶段。第 1 阶段，快速增长阶段，在 12 个单位时间内，装备采购效益呈现快速增长趋势；第 2 阶段，平稳过渡阶段，在 13 个单位时间至 30 个单位时间，由于装备采购改革进入深水区，发展效益保持稳定，几乎没有增长；第 3 阶段，稳步提升阶段，30 个单位时间至 44 个单位时间，装备采购体制性障碍、结构性矛盾和政策性问题有效解决，发展效益缓慢增长，最终达到峰值（0.85）。

下面分析装备采购要素和阶段的灵敏度，即装备采购要素和阶段对装备采购效益的"贡献"。装备采购要素和阶段灵敏度分析，如图5-46所示。在装备采购要素灵敏度分析时，假设装备采购要素初始评估值 A_2 为 0.5，阶段初始评估值 A_1 为 0。在装备采购阶段灵敏度分析时，假设装备采购阶段初始评估值 A_1 为 0.5，要素初始评估值 A_2 为 0。

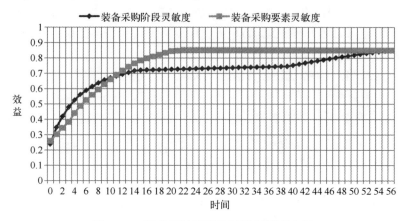

图 5-46　装备采购要素和阶段灵敏度分析

从图中可以看出，装备采购阶段在装备采购初期对发展效益影响较大，在中期影响较小，在后期影响逐步变大。装备采购要素对装备采购效益的影响呈现稳步增长趋势，但在中后期影响作用较小。

参考文献

[1] 柳芳，陶丝雨，谢俊大，等. 基于德尔菲法构建中药饮片处方点评内容 [J]. 中国医院药学杂志，2020，40（20）：2170-2174.

[2] 刘大伟，周洪宇，陈俊. 中国教育智库评价指标体系构建——一项基于德尔菲法与层次分析法的研究 [J]. 教育学术月刊，2019（02）：29-35.

[3] 江涛. 班主任核心素养及专业标准体系建构——基于德尔菲法的研究 [J]. 教育科学研究，2018（12）：78-87.

[4] 米钰，吴丹，钱金平，等. 基于德尔菲法和层次分析法构建护理人员健康教育胜任力评价指标体系 [J]. 现代预防医学，2020，47（16）：2895-2898.

[5] 张举玺，王文娟. 基于层次分析法的国际一流新型主流媒体评价指标体系研究 [J]. 现代传播（中国传媒大学学报），2020，42（08）：1-8.

[6] 程臻, 薛惠锋. 基于模糊层次分析法的国防科技战略有效性评价 [J]. 科学管理研究, 2019, 37 (02): 36-40.

[7] 张黎, 李倩. 基于直觉模糊层次分析法的专利质量模糊综合评价 [J]. 科技管理研究, 2019, 39 (07): 85-92.

[8] 刘婷, 庞新生. 基于熵权模糊综合评价方法的居民收支数据质量评估 [J]. 商业研究, 2016 (12): 41-47.

[9] 鹿伟, 陈英杰, 曾鸣, 等. 基于改进熵权值法的需求侧节电潜力评价模型及应用 [J]. 水电能源科学, 2013, 31 (04): 233-235.

[10] 韦小泉, 夏云峰, 刘朝晖. 基于熵权值法的连锁药店综合竞争力评价 [J]. 统计与决策, 2009 (15): 169-170.

[11] 张国方, 包凡彪. 熵权值模糊综合评判法在物流选址中的应用 [J]. 武汉理工大学学报, 2005 (07): 91-93.

[12] 严志雁, 苏小波, 吴辉, 等. 基于模糊隶属度的烟草还苗期气象风险评估方法 [J]. 南方农业学报, 2019, 50 (02): 315-322.

[13] 麦海明. 基于模糊隶属函数的职业病危害风险评估模型 [J]. 中华劳动卫生职业病杂志, 2009 (05): 298-302.

[14] 王乾坤, 年春光, 邓勤犁. 基于云物元理论的装配式建筑施工绿色度评价方法研究 [J]. 建筑经济, 2020, 41 (11): 84-89.

[15] 山红梅, 周宇, 石京. 基于云模型的快递业物流服务质量评估 [J]. 统计与决策, 2018, 34 (12): 39-42.

[16] 苏为华, 周金明. 基于云理论的统计信息质量评估方法研究 [J]. 统计研究, 2018, 35 (04): 86-93.

[17] 罗娟. 基于马尔可夫链的外语教学动态评估模型 [J]. 外语教学理论与实践, 2020 (01): 26-33.

[18] 刘鲁文, 陈兴荣, 何涛. 基于马尔科夫链的教学效果评估方法 [J]. 统计与决策, 2014 (03): 93-94.

[19] 唐宇, 迟卫, 谢田华. 基于马尔科夫链的舰艇生命力评估 [J]. 舰船科学技术, 2003 (05): 9-11.

[20] 熊尧, 李弼程, 王子玥. 基于模糊综合评判的网络舆论引导效果评估 [J]. 现代情报, 2020, 40 (06): 55-67.

[21] 贾向丹. 基于模糊综合模型的金融体系国际竞争力评估研究 [J]. 现代管理科学, 2015 (11): 42-44+63.

[22] 杜江, 孙铭阳. 基于变权灰云模型的变压器状态层次评估方法 [J]. 电工技术学报, 2020, 35 (20): 4306-4316.

[23] 王方雨, 刘文颖, 陈鑫鑫, 等. 基于惩罚变权的RDA同期线损数据质量评估模型 [J]. 中国电力, 2020, 53 (12): 223-231.

[24] 王君, 白华珍, 邵雷. 基于变权理论的目标威胁评估方法 [J]. 探测与控制学报, 2018, 40 (02): 23-28.

[25] 高江涛, 李红, 邵金鸣. 基于DEA模型的中国粮食产业安全评估 [J]. 统计与决策, 2020, 36 (23): 61-65.

[26] 杨浩, 张灵. 基于数据包络（DEA）分析的京津冀地区环境绩效评估研究 [J]. 科技进步与对

策, 2018, 35 (14): 43-49.

[27] 黎娜, 李爱军, 王晓梅. 基于 DEA 模型的我国农业产业安全度评估 [J]. 统计与决策, 2017 (18): 69-71.

[28] Sujie Geng S J, Wang X L, Xiuli Wang. Research on data-driven method for circuit breaker condition assessment based on back propagation neural network [J]. Computers and Electrical Engineering, 2020, 86.

[29] 白宝光, 范清秀, 朱洪磊. 基于 BP 神经网络的高新区公共服务质量评价模型研究 [J]. 数学的实践与认识, 2020, 50 (03): 154-163.

[30] 吴东平, 周志鹏, 卢建新. 基于 BP 神经网络的 PPP 项目绩效评价 [J]. 建筑经济, 2019, 40 (12): 51-54.

[31] 王力. 基于 BP 神经网络的科研项目经费管理风险评估 [J]. 财务与会计, 2019 (22): 25-31.

[32] 马庆涛, 尚国琲, 焦新颖. 基于 BP 神经网络的智慧城市建设水平评价研究 [J]. 数学的实践与认识, 2018, 48 (14): 64-72.

[33] 王媛娜, 李英顺, 贺喆. D-S 证据理论融合粗糙集的火控系统状态评估 [J]. 控制工程, 2020, 27 (12): 2176-2184.

[34] 孙志鹏, 陈桂明, 高卫刚. 基于证据推理的预警反击作战体系保障能力评估方法 [J]. 兵工学报, 2019, 40 (09): 1928-1934.

[35] 王广泽, 杨桂芝, 胡楠楠等. 证据推理方法在供应商评估中的应用 [J]. 哈尔滨理工大学学报, 2017, 22 (06): 76-81.

[36] 石勇, 李如忠, 熊鸿斌, 等. 基于未确知数的湖泊富营养化评价模式 [J]. 合肥工业大学学报 (自然科学版), 2009, 32 (02): 150-154.

[37] 孟科, 张恒喜, 段经纬, 等. 基于未确知理论的装备全寿命费用定性估算方法 [J]. 电光与控制, 2005 (06): 66-69.

[38] 王炜, 梁雄兵, 余娅玲, 等. 水质 COD 测试结果可信度的未确知数分析方法 [J]. 湖南科技大学学报 (自然科学版), 2005 (03): 58-61.

[39] 董有德, 李沁筑. 基于模糊质量功能展开的服务外包供应商选择的评价模型及应用 [J]. 上海大学学报 (自然科学版), 2015, 21 (02): 267-274.

[40] 程平. 基于质量功能展开的投资项目绩效审计评价研究 [J]. 会计之友, 2014 (06): 91-95.

[41] 尹鑫伟, 王瑜, 代宝乾, 等. 模糊 Petri 网在城市安全发展水平评价中的应用分析 [J]. 中国安全科学学报, 2020, 30 (05): 129-135.

[42] 陆秋琴, 刘浩峥, 段文强. 基于模糊 Petri 网的招标方信任风险评价模型研究 [J]. 郑州大学学报 (理学版), 2014, 46 (01): 115-120.

[43] 徐少癸, 左逸帆, 章牧. 基于模糊物元模型的中国旅游生态安全评价及障碍因子诊断研究 [J]. 地理科学, 2021, 41 (01): 33-43.

[44] 黄伟, 杨子力, 柳思岐. 基于物元可拓模型的特色小镇能源系统综合评价 [J]. 现代电力, 2020, 37 (05): 448-457.

[45] 郭金茂, 尹瀚泽, 徐玉国. 装备维修保障能力评估指标模糊聚类分析 [J]. 兵器装备工程学报, 2020, 41 (10): 76-80.

[46] 赵鹏武, 武峻毅, 张恒. 基于聚类分析法的我国森林火险等级区划研究 [J]. 林业工程学报,

2021, 6（03）：142-148.

［47］烟竹. 我国省域居民消费价格指数聚类分析与比较研究［J］. 价格理论与实践, 2021（01）：116-119+174.

［48］王丹丹, 师建华, 李燕, 等. 基于主成分与聚类分析的辣椒主要农艺性状评价［J］. 中国瓜菜, 2021, 34（02）：47-53.

［49］孟晓轲, 徐姗姗. 灰色关联分析和深度学习的大学生就业质量评价模型［J］. 现代电子技术, 2021, 44（03）：100-104.

［50］韩治国. 灰色关联分析指标的大学科研评估系统［J］. 现代电子技术, 2020, 43（13）：126-129.

［51］张文修等. 粗糙集理论与方法［M］. 北京：科学出版社, 2001.

［52］张俊峰, 薛青, 王常琳, 等. 基于粗糙集的指挥决策仿真可信性评估方法［J］. 计算机仿真, 2020, 37（07）：14-19.

［53］潘星, 左督军, 张跃东. 基于系统动力学的装备体系贡献率评估方法［J］. 系统工程与电子技术, 2021, 43（01）：112-120.

［54］马涵玉, 黄川友, 殷彤, 等. 系统动力学模型在成都市水生态承载力评估方面的应用［J］. 南水北调与水利科技, 2017, 15（04）：101-110.

［55］樊巧利, 王建忠, 王斌, 等. 系统动力学应用于收益法评估的探讨［J］. 黑龙江畜牧兽医, 2016（20）：53-55.

［56］吕彬, 李晓松, 陈庆华. 装备采购风险管理理论和方法［M］. 北京：国防工业出版社, 2011.

［57］李晓松, 吕彬, 肖振华. 军民融合式武器装备科研生产体系评价［M］. 北京：国防工业出版社, 2014.

［58］李晓松, 肖振华, 吕彬. 装备建设军民融合评价与优化［M］. 北京：国防工业出版社, 2017.

第 6 章 装备采购评估管理

6.1 基础理论

6.1.1 项目组织结构理论

根据项目管理理论,组织结构类型包括直线式、职能式、直线职能式、直线职能参谋式、职能式、项目式、矩阵式、多维立体式、控股型组织结构等。最常用的组织结构包括职能式组织结构、项目式组织结构、矩阵式组织结构三种。本书将围绕这三种组织结构展开分析。[1-4]

1. 职能式组织结构

职能式组织结构是一种传统的组织结构形式,当接到项目任务时,各部门派人参加项目,参加者向本部门领导报告,跨部门的协调在各部门领导之间进行,没有专职的负责人,职能式的项目组织结构,如图 6-1 所示。

在这种组织结构中,各部门领导可以合理分配本部门与项目的工作任务。当项目某一成员因故不能参加时,其所在的部门可以马上安排人员予以补充,因而项目不会因为组织中的某一成员的流失而受到过大的影响,因此有利于项目发展与管理的连续性。但这种组织结构由于组织中各成员分散于各部门,受部门与项目领导的双重领导。相对于部门来讲,项目组织没有正式的权威性,因此项目成员对项目不易产生事业感与成就感,并且由于组织成员分属于不同的部门,不利于互相之间的交流,使得项目实施受到限制。

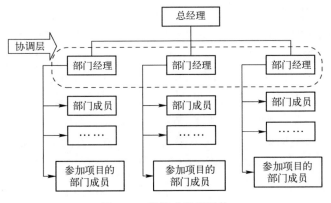

图 6-1　职能式组织结构

2. 项目式组织结构

项目式组织结构，其实质就是将"项目管理组织"独立于部门之外，由组织结构自己独立负责项目主要工作的一种组织结构。项目式组织结构，如图 6-2 所示。在项目式组织结构中，通过成立独立的项目组织对项目活动进行管理，该组织的负责人即项目负责人，负责协调各单位开展项目活动，并抽调人员组建多个子组织细化项目活动。

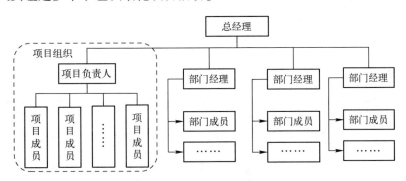

图 6-2　项目式组织结构模式

项目式组织结构的典型特点，在于项目负责人及组织独立于部门之外，组织整体可以专注于项目工作，其工作目标比较单一、组织内部沟通顺畅。管理层次简单、决策响应速度快，对于项目的控制能力相对较强。但是在实际运作中发现，由于该组织结构采用的是简单的"垂直-并列"管理模式，因此只适用于参与人员不多、管理范围不大、子任务不多、资源相对较少的情况。

3. 矩阵式组织结构

矩阵式组织结构是把职能式和项目式组织结构结合起来组成一个矩阵，人员既同原职能部门保持组织业务上的联系，又参加项目的工作。职能部门是固定的组织，项目小组是临时组织，项目完成之后就解散了，其成员回原职能部门工作。矩阵式组织结构模式，如图6-3所示。在矩阵式组织结构中，由项目负责人协调各个部门抽调相关人员，组成多个临时的组织，开展项目工作，在该组织结构下项目协调主要通过组织内部的协调，而不用通过原职能部门的协调。矩阵式组织结构主要有三种：

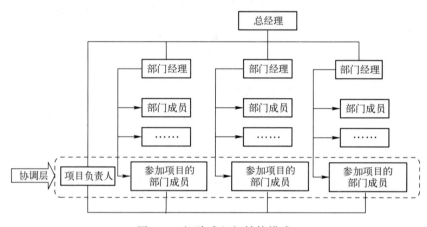

图6-3 矩阵式组织结构模式

1) 弱（职能）矩阵式组织结构

该组织结构可能会提高项目的整合度，减少内部冲突，但缺点是对项目控制力较弱。

2) 强（项目）矩阵式组织结构

该组织结构虽然能提供一个更好的框架来管理项目实施过程中的冲突，但却是以整个系统的低效作为整合的代价。

3) 平衡矩阵式组织结构

该组织结构虽能够更好地实现职能部门与项目需求之间的平衡，但平衡点的建立与维持是十分微妙的过程。

6.1.2 工作分解结构

工作分解结构（work breakdown structures，WBS），根据需要和可能将项目分解成一系列可以管理的基本活动，以便通过对各项基本活动进度的控制来达到控制整个项目的进度的目的,是系统安排项目工作的一种常用的标准技术。WBS 是将项目加以定义,明确项目工作任务。"做正确的事,正确地做事"是从事项目管理的一句格言,WBS 首先解决的就是"做正确的事"问题,只有明确了"做正确的事","正确地做事"才有基础[5-8]。

任何一个项目,无论是简单还是复杂,都是由一些简单的基本活动组成的,而这些活动又是由更为简单的基本活动组成,并可据之而分解下去。项目活动定义所依据的项目工作分解结构的详细程度和层次多少主要取决于两个因素:一个是项目组织中各项目小组或个人的工作责任划分和能力水平,另一个是项目管理与项目预算控制的要求高低和具体项目团队的管理能力水平。WBS 的步骤如下:

(1) 确定项目特性并确定 WBS 层次,比如项目的规模是多大;
(2) 确定项目管理的重点,为项目管理目标划分优先级别,比如,项目质量是放在第一位的,还是项目进度居于首位;
(3) 针对项目管理目标的优先级别确定每级 WBS 划分方法;
(4) 确定可交付成果的组成元素;
(5) 为工作分解结构进行编码。

6.1.3 箭头图法

箭头图方法是一种利用箭线代表活动而在节点处将活动联系起来表示依赖关系的编制项目网络图的方法,如图 6-4 所示。该方法仅利用"结束→开始"关系以及用虚工作线表示活动间逻辑关系。在箭式网络图中,活动由连接两个点的箭线表示,有关这一活动的描述可以写在箭线的上方,代表项目活动的箭线通过圆圈连接起来,这些连接用的圆圈表示项目的具体事件。

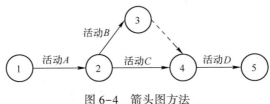

图 6-4 箭头图方法

6.1.4 计划评审技术

计划评审技术(program evaluation and review technique,PERT),是利

用网络顺序逻辑关系和加权估算来计算项目完成时间的重要方法。该方法是一种双代号非肯定型网络分析方法，其理论基础是假设项目持续时间以及整个项目完成时间是随机的，且服从概率分布。该方法适用于不可预知因素较多、从未做过的新项目和复杂项目[9-14]。PERT 法涉及的统计学概念包括：

（1）数字期望：随机变量平均值或中心位置的量度；

（2）方差：随机变量差异性的量度；

（3）正态概率分布：描述连续型随机变量的概率分布，如图 6-5 所示。

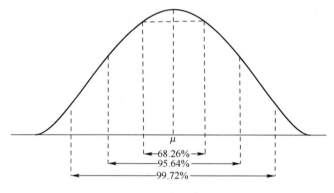

图 6-5　正态概率分布

正态概率分布函数：

$$f(x) = \frac{1}{\sqrt{2\pi}\sigma} e^{\frac{-(x-\mu)^2}{2\sigma^2}}$$

式中：μ 为数学期望；σ 为标准差。

在区间 $(-3\sigma, +3\sigma)$ 时，正态随机变量的概率为 99.72%，所以认为在 $(-3\sigma, +3\sigma)$ 间计算出的完成时间为最有把握的，并以此计算结果作为时间估算的基础。

6.1.5　责任矩阵

责任矩阵（responsibility matrix），是一种将 WBS 中的活动落实到具体部门或人员，并明确其在活动中的地位、责任和作用的方法和工具。通过责任矩阵能够清晰地识别各项活动的责任主体，明确各项活动谁负责、谁参与、谁协助[15-17]。典型的责任矩阵，见表 6-1。

表 6-1　典型的责任矩阵

活　动	部门 1	部门 2	部门 3	部门 4
活动 1	★	●	◆	●
活动 2	◆	★		
活动 3	●	★	●	◆
活动 4				★

从表中可以看出，责任矩阵由行、列和元素构成。其中责任矩阵中的行表示项目的具体活动。责任矩阵的列表示参与项目的部门或人员。责任矩阵的元素表示每个部门或人员在每项活动中所承担的责任，用●、◆、★、■等符号表示，●表示全面负责该项活动，每项活动必须且只能有一个●；◆表示参与负责该项活动，每项活动可以有多个或 0 个◆；★表示监督该项活动，每项活动最多只能有一个★；■表示审批该项活动，每项活动最多只能有一个■。

6.2　装备采购评估组织结构

装备采购评估组织结构，是指为了提高装备采购评估活动质量效益，按照项目管理的特点，针对评估主体和评估对象建立的职责、职权和相互关系框架。装备采购评估组织结构是装备采购评估顺利开展的前提和核心。在开展装备采购评估活动时，应该科学设计组织结构形式，避免"跟着感觉走"。同时，需要指出的是装备采购评估管理活动既有艺术性，又有科学性，没有哪一种组织结构是绝对完美和绝对科学的。因此，装备采购评估组织结构所追求的应该是"适合"而不是"最优"。

6.2.1　装备采购评估组织结构类型

装备采购评估组织结构类型主要包括职能式、项目式和矩阵式等三类[18-20]。

1. 职能式装备采购评估组织结构

职能式装备采购评估组织结构是一种传统的组织结构，根据装备采购评估任务，由装备采购相关职能部门派人参加评估活动，参加者向本部门领导报告，跨部门的协调在各部门领导之间进行，没有专职的负责人，装备采购评估职能式组织结构，如图 6-6 所示。如，开展全军层面装备采购评估工作，涉及的部门包括军队部门和政府部门等。其中，军队部门涉及军委装备发展部、军兵种装备部等装备采购业务部门；政府部门涉及工信部、国防科工局等部门。

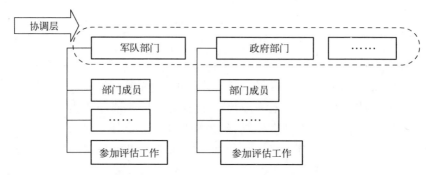

图6-6 职能式装备采购评估组织结构模式

在职能式装备采购评估组织结构中，参加装备采购评估活动的人员是从各部门抽调，没有专职的负责人，抽调人员还隶属于原来的部门。在职能式装备采购评估组织结构中，评估活动不设专门的负责人，只是各个职能部门中的部分成员参与完成某部分评估活动。在职能式组织结构中，纵向控制大于横向协调，正式的权力和影响来自于职能部门的高层管理者。

2. 项目式装备采购评估组织结构

项目式装备采购评估组织结构，其实质就是将"项目管理组织"独立于职能部门之外，由专门的项目组织结构独立负责装备采购评估工作，如图6-7所示。在项目式装备采购评估组织结构中，通过成立独立的装备采购评估项目团队对评估活动进行管理，该团队的负责人即评估总负责人，负责协调各职能部门开展装备采购评估活动，并抽调人员组建多个子团队负责不同评估活动。如，开展全军层面装备采购评估工作，项目负责人由军委装备发展部相关人员担任，项目团队包括评估管理部门、评估服务部门和专家组等，成员主要来自军队和政府装备采购相关部门。

3. 矩阵式装备采购评估组织结构

矩阵式装备采购评估组织结构，核心是把按职能划分的部门和按装备采购评估项目组结合起来组成矩阵，人员既同原职能部门保持业务上的联系，又参加装备采购评估项目组的工作，如图6-8所示。职能部门是固定的组织，装备采购评估项目小组是临时组织，评估任务完成之后就解散，其成员回原职能部门工作。如，开展全军层面装备采购评估工作，项目负责人由军委装

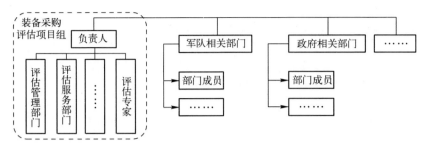

图 6-7 项目式装备采购评估组织结构

备发展部相关人员担任,协调军兵种装备管理部门和政府相关部门组成装备采购评估项目组,开展装备采购评估的工作。

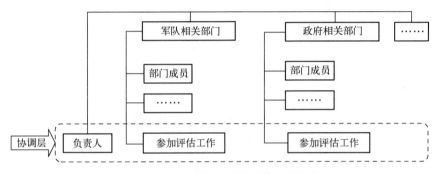

图 6-8 矩阵式装备采购评估组织结构

4. 装备采购评估组织结构对比分析

通过上节对装备采购评估组织结构的分析可知,装备采购评估组织结构通常可分为以下 3 种:职能式组织结构、项目式组织结构和矩阵式组织结构。装备采购评估 3 种组织结构的优缺点,见表 6-2。

表 6-2 装备采购评估组织结构优缺点对比

装备采购评估组织结构	优 点	缺 点
职能式装备采购评估组织结构	• 人力资源集中,信息沟通渠道多 • 同类人才集中,办事效率高,有利于评估活动开展	• 评估团队的凝聚力相对较弱 • 评估成员面临多头指挥的困扰 • 开展综合性评估难度较大
项目式装备采购评估组织结构	• 主体负责制,工作障碍少,有利于评估目标的达成 • 评估工作统一指挥,团队凝聚力较强 • 有利于开展综合性评估	• 评估团队稳定性较差 • 专业业务力量不足 • 职能部门协调难度大

续表

装备采购评估组织结构	优 点	缺 点
矩阵式装备采购评估组织结构	• 有明确的评估负责人 • 评估负责人具有调动、协调职能部门资源的能力 • 工作效率较高	• 评估项目负责人及团队成员仍旧从属于某一部门,面临多头管理的弊端 • 评估项目负责人的决策力、对资源的调动能力受到一定的限制

6.2.2 装备采购评估组织结构优选方法

本书将运用模糊综合评估法建立装备采购评估组织结构模式优选模型。模糊综合评估法是以模糊数学为基础,应用模糊关系合成的原理,将一些边界不清、不易定量的因素定量化,从多个因素对被评估对象隶属等级状况进行综合评价的一种方法。装备采购评估组织结构优选的步骤,如图6-9所示。

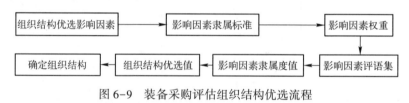

图6-9 装备采购评估组织结构优选流程

1. 影响因素

从职能式组织结构模式,到矩阵式组织结构模式,再到项目式组织结构模式,装备采购评估项目负责人从无到有,跨部门协调效率从低到高,项目管理力度由小到大。在具体的装备采购评估项目实践中,究竟选择哪一种装备采购评估项目的组织结构需要综合考虑评估任务的不确定性 A_1、复杂程度 A_2、持续时间 A_3、规模 A_4、重要性 A_5、内部依赖 A_6 和外部依赖 A_7 等因素。

2. 影响因素隶属标准

根据历史经验和专家调查,装备采购评估影响因素隶属于不同类型组织结构的标准,见表6-3。

表6-3 装备采购评估组织结构影响因素隶属标准

	职能式	矩阵式	项目式
不确定性 A_1	低	高	高
复杂程度 A_2	低	中等	高
持续时间 A_3	短	中等	长
规模 A_4	小	中等	大

续表

	职能式	矩阵式	项目式
重要性 A_5	低	中	高
对内部的依赖性 A_6	弱	中等	强
对外部的依赖性 A_7	强	中等	弱

3. 影响因素权重

装备采购评估组织结构各影响因素在组织结构优选中的重要程度，即权重，运用层次分析法确定权重，$W=(w_1,w_2,\cdots,w_7)$，见表6-4。

表6-4 装备采购评估项目组织结构影响因素权重

	编 号	权 重
不确定性 A_1	w_1	0.10
复杂程度 A_2	w_2	0.15
持续时间 A_3	w_3	0.10
规模 A_4	w_4	0.20
重要性 A_5	w_5	0.20
对内部的依赖性 A_6	w_6	0.15
对外部的依赖性 A_7	w_7	0.10

4. 影响因素评语集

装备采购评估组织结构影响因素的评语集，$V=\{v_1,v_2,v_3\}$，见表6-5。

表6-5 装备采购评估组织结构影响因素的评语集

指 标	评语等级	解 释	信息获取方式
不确定性	高	装备采购评估活动可借鉴的经验少，不确定性高	专家评判
	中	装备采购评估活动可借鉴的经验较少，不确定性为中等	
	低	装备采购评估活动经验丰富，不确定性低	
复杂程度	高	装备采购评估活动复杂程度高	专家评判
	中	装备采购评估活动复杂程度中等	
	低	装备采购评估活动复杂程度较低	
持续时间	长	装备采购评估活动持续时间超过6个月	统计数据
	中等	装备采购评估活动持续时间多于1个月，少于6个月	
	短	装备采购评估活动持续时间少于1个月	

续表

指　标	评语等级	解　释	信息获取方式
规模	大	全军级别的装备采购评估	统计数据
	中等	军兵种的装备采购评估	
	小	项目或承制单位装备采购评估	
重要性	高	装备采购评估非常重要	专家调查
	中	装备采购评估比较重要	
	低	装备采购评估不是很重要	
对内部的依赖性	强	对参加装备采购评估的机构和人员依赖度强	专家调查
	中等	对参加装备采购评估的机构和人员依赖度一般	
	弱	对参加装备采购评估的机构和人员依赖度弱	
对外部的依赖性	强	对配合开展装备采购评估的机构和人员依赖度强	专家调查
	中等	对配合开展装备采购评估的机构和人员依赖度一般	
	弱	对配合开展装备采购评估的机构和人员依赖度弱	

5. 影响因素的隶属度值

选取专家根据表6-5，确定装备采购评估影响因素的评语集。然后，根据影响因素评语集对照表6-3中3种组织结构的隶属度标准值，得到第j种组织结构下影响因素的隶属度值g_i，与标准值一致即为1，否则为0。得到3种装备采购评估项目组织结构影响因素隶属度矩阵，$G_j = \{g_1, g_2, g_3, \cdots, g_7\}$，$j$表示第$j$种组织结构模式。

6. 组织结构的优选值

根据装备采购评估组织结构影响因素权重向量W和影响因素隶属度G_j后，计算得到组织结构的优选值：

$$l_j = W \times (G_j)^T, j \text{ 表示第} j \text{种组织结构} \tag{6-1}$$

式中：W为权重向量；G_j为隶属度矩阵；l_j为第j种组织结构模式的综合评价结果。

7. 确定最合适的组织结构

根据最大隶属度原则，选择优选值最高的组织结构作为最合适的装备采购评估组织结构。

$$l = \max(l_1, l_2, l_3) \tag{6-2}$$

6.2.3　装备采购评估组织结构分析

装备采购评估任务主要包括宏观装备采购评估任务、中观装备采购评估任务和微观装备采购评估任务。其中，宏观层面装备采购评估任务是指从军队层面对装备采购整体情况进行评估，包括装备采购要素、阶段、效益评估等；中观层面装备采购评估任务是对军兵种、战区或领域装备采购整体情况进行评估，包括海军装备采购评估、网信领域装备采购评估等；微观层面装备采购评估任务主要是对装备采购的重大项目、承制单位等情况进行评估。

1. 影响因素评语集

根据宏观、中观和微观装备采购评估任务的特点，得到组织结构的影响因素评语集，见表6-6。

表6-6 装备采购评估组织结构影响因素评语集

	宏观装备采购评估任务	中观装备采购评估任务	微观装备采购评估任务
不确定性 A_1	高	中	低
复杂程度 A_2	高	高	中等
持续时间 A_3	长	中等	短
规模 A_4	大	中等	小
重要性 A_5	高	高	中
对内部的依赖性 A_6	强	中等	弱
对外部的依赖性 A_7	强	中等	弱

2. 确定最合适的组织结构

根据装备采购评估影响因素评语集，得到3种组织结构影响因素的隶属度值和优选值，分别见表6-7。

表6-7 装备采购评估组织结构的影响因素隶属度值和优选值

影响因素	权重	宏观组织结构			中观组织结构			微观组织结构		
		职能式	矩阵式	项目式	职能式	矩阵式	项目式	职能式	矩阵式	项目式
不确定性 A_1	0.1	0	1	1	0	0	0	1	0	0
复杂程度 A_2	0.15	0	0	1	0	0	1	0	1	0
持续时间 A_3	0.1	0	0	1	1	1	0	1	0	0
规模 A_4	0.2	0	0	1	1	1	0	1	0	0
重要性 A_5	0.2	0	0	1	0	0	1	0	1	0
对内部的依赖性 A_6	0.15	0	0	1	1	1	0	1	0	0
对外部的依赖性 A_7	0.1	0	0	0	0	1	1	0	0	1
优选值		0	0.1	0.9	0.45	0.55	0.45	0.55	0.35	0.1

根据表 6-7 数据，按照公式可知，最合适的宏观装备采购评估组织结构为项目式，$l_{职能式}=0$，$l_{矩阵式}=0.1$，$l_{项目式}=0.9$；最合适的中观装备采购评估组织结构为矩阵式，$l_{职能式}=0.45$，$l_{矩阵式}=0.55$，$l_{项目式}=0.45$；最合适的微观装备采购评估组织结构为职能式，$l_{职能式}=0.55$，$l_{矩阵式}=0.35$，$l_{项目式}=0.1$。

6.3 装备采购评估计划管理

马克思曾说："最蹩脚的建筑师从一开始就高出最灵巧的蜜蜂的地方，是他在用蜂蜡建筑蜂房以前，已经在自己的头脑中把它建成了。"将房屋在头脑中建设的过程就是一个计划的过程，它在有形和无形的生活中指导着人们的日常生活。

凡事预则立，不预则废。装备采购评估计划管理，是通过确定合理的工作顺序，采用一定的方法对评估范围所包含的工作及其之间的相互关系进行分析，在满足时间要求和资源约束的情况下，对各项工作所需要的时间进行估计，并在时间期限内合理地安排和控制所有工作的开始和结束时间，使资源配置和成本消耗达到均衡状态的一系列管理活动和过程[18-20]。

6.3.1 装备采购评估计划管理步骤

装备采购评估计划管理步骤，如图 6-10 所示。

1. 活动定义

活动定义，是指为完成装备采购评估实施活动可交付成果所必须进行的具体活动，是进行实施计划和控制的基础。

2. 活动排序

活动排序，就是识别装备采购评估实施活动清单中各项活动的相互关联和依赖关系，并据此对装备采购评估实施各项活动的先后顺序进行安排和确定的工作。

3. 活动资源估算

资源估算，就是确定在实施装备采购评估实施活动时要使用何种资源，以及何时将资源用于计划工作。

4. 进度估计

进度估计，就是根据实施范围、资源和相关信息对已确定的装备采购评估过程中各种活动的可能持续时间长度进行估算。

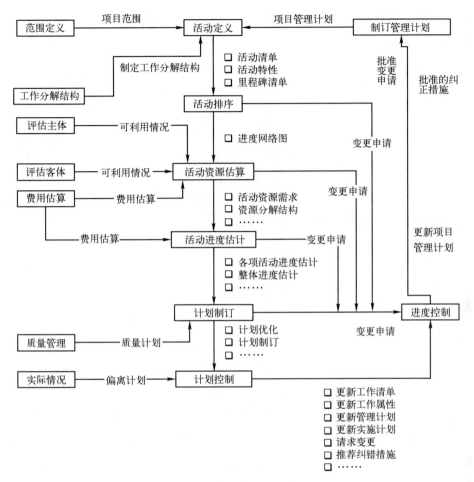

图 6-10 装备采购评估计划管理步骤

5. 计划制订

计划制订,是指根据装备采购评估活动的分解和定义、活动的进度和所需资源,编制装备采购评估实施计划。

6. 计划控制

计划控制,就是在计划制订以后,在装备采购评估过程中,对评估进展情况进行定期的检查、对比、分析和调整,以确保计划总目标得以实现。

6.3.2 装备采购评估活动定义

装备采购评估活动,是指为完成装备采购评估任务所必须进行的具体活动,活动定义是制订评估计划的基础。装备采购评估活动定义过程,如图6-11所示。

图6-11　装备采购评估活动定义过程

6.3.3　装备采购评估活动排序

装备采购评估活动定义仅是确定了完成评估工作必须开展的工作,还必须确定各项活动在完成评估工作中的先后顺序。装备采购评估活动实施排序就是识别评估活动清单中各项活动的相互关联和依赖关系,并据此对各项活动的先后顺序进行规划和确定。装备采购评估活动排序过程,如图6-12所示。

图6-12　装备采购评估活动排序过程

6.3.4　装备采购评估资源估算

装备采购评估资源估算是确定评估过程中要使用何种资源（人员、设备、物资等）和每种资源的数量,以及何时将资源用于评估工作的过程。装备采购评估活动资源估算过程,如图6-13所示。

图6-13　装备采购评估项目活动资源估算过程

6.3.5 装备采购评估活动进度估计

装备采购评估活动进度估计,也叫活动历时或持续时间估计,是根据评估任务、资源和相关信息对已确定的评估各种活动可能持续时间长度进行估算的过程。装备采购评估活动进度估计是编制评估计划的一项重要基础性工作。装备采购评估活动进度估计过程,如图 6-14 所示。

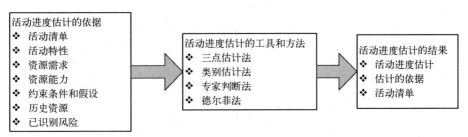

图 6-14 装备采购评估活动进度估计过程

本书将运用 PERT 进行装备采购评估进度估计。

1. 第 i 项活动的进度估计

运用 PERT 方法,开展装备采购评估活动的完成时间估算时,按 3 种不同情况进行估计:

(1) 乐观时间——任何事情都顺利的情况下,完成某项活动的时间,用 t_o 表示;

(2) 最可能时间——正常情况下,完成某项工作的时间,用 t_m 表示;

(3) 悲观时间——最不利的情况下,完成某项工作的时间,用 t_p 表示。

假定 3 个估计服从 β 分布,由此可算出第 i 项活动的期望时间 t_{e_i}:

$$t_{e_i} = \frac{t_{o_i} + 4t_{m_i} + t_{p_i}}{6} \qquad (6-3)$$

根据 β 分布的方差计算方法,第 i 项活动的持续时间方差为

$$\sigma_i^2 = \frac{(t_{p_i} - t_{o_i})^2}{36} \qquad (6-4)$$

时间估计由装备采购评估管理部门和专家根据以往历史经验和实际情况给出具体估算值。

2. 整体进度期望值和方差

装备采购评估整体进度的期望值 (T_E) 和方差 (σ_E^2) 分别为网络计划中关键路径上各项活动持续时间期望值(t_{e_i})的总和及各条路径标准方差($\sigma_{e_i}^2$)总

和的最大值，即

$$T_E = \sum t_{e_i} \qquad (6-5)$$

$$\sigma_E^2 = \max \sum \sigma_e^2 \qquad (6-6)$$

$$\sigma_E = \sqrt{\max \sum \sigma_e^2} \qquad (6-7)$$

6.3.6 装备采购评估计划编制

装备采购评估计划编制是以评估活动的分解和定义、评估活动的进度和所需资源等为依据，编制的装备采购评估实施计划。装备采购评估实施计划，是开展装备采购评估控制的基准，是确保评估活动高效完成的重要保证。装备采购评估计划编制过程，如图6-15所示。

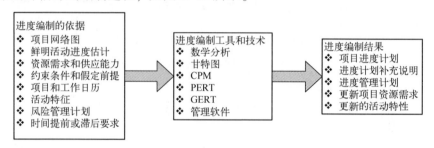

图 6-15 装备采购评估计划编制

装备采购评估实施计划是对评估实施全过程的总体安排和筹划，通常在评估准备阶段完成。评估计划必须以评估实施活动定义与排序，以及评估实施进度估算结果为依据，由评估主体按照上级评估指示、评估任务和评估目标进行编制。评估计划是为周密安排评估工作而拟制的内部文件，是评估组织开展评估活动的行动依据。评估计划的内容通常包括：起止时间，评估活动内容，实施主体以及备注。评估计划的格式可拟制成文字式或表格式，无论采取何种格式，都要求内容完整，叙述准确简明，操作性强。装备采购评估实施计划编制的范本，见表6-8。

表 6-8 装备采购评估计划编制范本

序号	时间		活动名称	活动内容	主体	备注
	开始时间	结束时间				

6.4 装备采购评估监督管理

装备采购评估监督贯穿于装备采购评估全过程、全要素和全主体。既包括评估过程的监督,又包括评估结果的监督;既包括评估指标的监督,又包括评估数据的监督;既包括评估管理机构的监督,又包括评估专家的监督。装备采购评估监督的核心是保证评估过程的每个节点和每项活动可回溯,提高装备采购评估质量效益[18-20]。装备采购评估主要监督活动,如图6-16所示。

6.4.1 评估准备阶段监督

(1) 评估任务的监督。重点监督装备采购评估任务的科学性、合理性和有效性。

(2) 评估组织的监督。重点监督装备采购评估组织构建的科学性和公正性,以及评估成员的合理性。在专家遴选环节,对专业覆盖率、行业覆盖率、专家人员组成结构等进行监督。

(3) 评估指标和标准监督。采取定性与定量相结合的方式,运用数据分析工具,从指标的可信度、离散度、有效性等方面对指标进行监督。在此基础上,邀请专家从评估指标的科学性、合理性、层次性和可操作性等方面进行全面系统监督。通过实证研究对多指标体系进行监测。

(4) 评估模型的监测。运用推演系统工具,针对具体评估对象,自动调取模型库的多种模型,在以往数据(评价基础数据和结论数据)的基础上,调整模型相关参数,对拟采用的多种模型的计算结果进行对比计算分析,与过去的结果进行回归拟合,优选出最可行的模型。

6.4.2 评估实施阶段监督

(1) 评估数据监督。重点监督装备采购评估数据的一致性、准确性和全面性。

(2) 单指标评估和综合评估监督。重点监督专家打分科学性、公正性和有效性,以及评估模型准确性和适用性。

6.4.3 评估处理阶段监督

(1) 评估过程监督。重点对装备采购评估实施全流程进行监督;利用信息系统对评估各环节进行追溯;开展评估过程双向匿名评价;建立评估问责机制以及各方评估细则,保证评价客观公正。

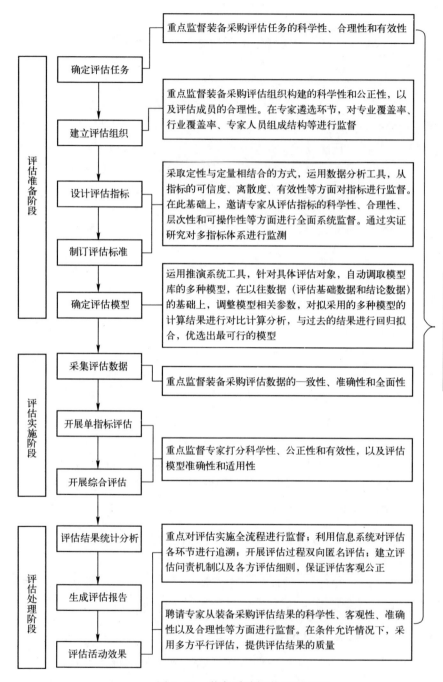

图 6-16 装备采购评价监测环节

（2）评估结果监督。聘请专家从装备采购评估结果的科学性、客观性、准确性以及合理性等方面进行监督。在条件允许情况下，采用多方平行评价，提高评估结果的质量。

6.5 案例分析

以某次全军层面装备采购评估为例，分析装备采购评估组织结构，以及结构的人员构成和职责分工。在此基础上，对装备采购评估进度进行估算。

6.5.1 装备采购评估组织结构

根据表6-7中结论，全军层面装备采购评估组织结构应采取项目式。本书构建的项目式装备采购评估组织结构，如图6-17所示。

从图6-17中可知，军队层面装备采购评估工作的总负责人为军委装备发展部领导，下设决策部门、管理部门、服务部门、专家和监督部门等。下面分析各部门的组成及职责。任何事件成败的决定性因素是人，装备采购评估也是如此，因此科学选择评估成员组成一支精干高效的评估队伍显得尤为重要。装备采购评估成员应限定于装备采购利益相关者，这样有利于提高评估工作质量、改善利益群体之间的关系。

"利益相关者"的概念最早由伊戈尔·安索夫（Igor Ansoff）在他《公司战略》一书中首次提及，它泛指与组织存在各种关系的个人或团体。弗里曼（R. E. Freeman）将"利益相关者"定义为："任何能够影响或被组织目标所影响的团体或个人"，在装备采购评估实施过程中，因为不同的利益相关者对同一评估对象会产生不同的关注焦点，进而得出不同的结论。所以，在选择特定的利益相关者作为评估成员时，应根据特定利益相关者的利益要求特点进行评估。

需要说明的是，并非所有利益相关者都能成为装备采购评估的成员，原因在于评估小组的规模限制。一般而言，装备采购评估小组的规模以20~30人为宜，人数过多，不同群体利益冲突的可能性越大，意见统一和工作协调的难度也越大，容易影响评估效率；当然装备采购评估小组的人员数目也不宜太少，因为评估垄断容易导致信息失真、侵蚀评估的公正性，甚至产生"权力寻租"现象，而且部分群体很可能因为没有自己的代言人而利益受损。

根据图6-17分析项目式装备采购评估组织结构下各部门的职责。

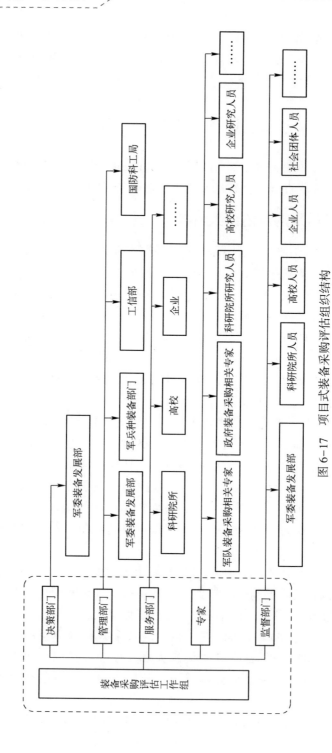

图6-17 项目式装备采购评估组织结构

1. 评估决策部门

装备采购评估决策部门，主要由军委装备发展部领导和机关组成。评估决策部门是整个装备采购评估任务的设计者和规划者，是评估工作的最高领导者和总负责人，负责评估的宏观规划、统筹协调和决策分析。其主要职责是：

- 下达装备采购评估任务；
- 确定评估组织体系，审批人员组成；
- 把握评估方向，审定评估方案，明确评估工作的具体要求和原则；
- 审定评估指标和评估模型；
- 根据评估方案和计划组织，指导和协调各部门单位顺利开展评估工作，并把控评估工作的执行情况；
- 督导装备采购评估活动；
- 负责评估的动员、裁决、讲评和总结；
- 综合应用装备采购评估结果。

2. 评估管理部门

装备采购评估管理部门，主要由军委装备发展部、军兵种装备部、工信部、国防科工局等相关部门的领导和成员组成。评估管理部门是全军装备采购评估任务的组织者和具体实施者，是评估工作的具体责任人。主要负责评估的组织实施。其主要职责是：

- 设计和上报评估任务；
- 拟制和上报评估组织管理体系；
- 制订评估实施计划。主要任务是制订目标，制订评估实施的相关暂行办法，确立评估方式、程序和周期；
- 选择评估专家；
- 建立装备采购评估指标体系；
- 设计装备采购评估标准；
- 确定装备采购评估模型；
- 组织开展装备采购评估；
- 生成装备采购评估报告；
- 回复装备采购评估咨询建议；
- 开展装备采购评估决策支撑。

3. 评估服务部门

评估服务部门主要由科研院所、院校和企业相关的装备采购评估技术团队组成,包括军事学、管理学、经济学、数学、统计学、计算机和信息技术等方面的专家。主要负责评估数据的收集、转化和处理,根据评估模型分析评估信息,得到科学的评估结论,为评估专家开展评估提供支持,为评估管理部门形成评估结论提供参考和依据。其主要职能是:

- 采集装备采购评估数据,进行评估数据的分析、转化和处理;
- 从专业的角度,在评估指标、评估标准、评估权重、评估模型等几个方面提出技术支持和咨询意见;
- 提供评估实施过程中必要的政策和技术咨询,并参与有争议事项的审议并发表意见;
- 管理装备采购评估资源库(指标库、标准库、组织库、任务库、模型库、数据采集模板库等);
- 根据评估指标、评估模型和专家打分,形成相关评估结论;
- 开展评估结果的检查验证;
- 开展评估结果的统计分析工作;
- 辅助开展装备采购评估相关工作。

4. 评估专家

装备采购评估专家由军队和政府装备采购相关部门的管理人员,以及科研院所、高校、企业和第三方团体的装备采购技术专家组成。主要负责根据评估任务和评估指标,实施评估活动。其主要职责:

- 协助确定装备采购评估指标、评估标准、评估权重和评估模型;
- 设计评估数据采集方式;
- 向评估对象宣贯评估任务、计划和指标等;
- 听取并审核评估对象的评估材料;
- 以考试、收集资料、问卷咨询、组织会议等方式采集评估数据;
- 通过考察分析,结合评估服务部门提供的分析结果,开展评估打分工作;
- 集中研讨,确定评估结果;
- 协助生成装备采购评估报告;
- 在评估决策部门的领导下,帮助评估对象提高装备采购水平。

装备采购评估专家成员通常由以下类型人员组成:

A类人员,指具有装备采购主管领导经历的管理干部;
B类人员,指具有装备采购机关工作经验的管理干部;
C类人员,指从事装备采购一线工作的业务人员;

D 类人员，指从事装备采购研究的科研人员。

专家组长一般由 A 类人员担任。装备采购评估实施过程中的专家组成员容易存在以下误差：

- 晕轮效应误差：评估者在对评估对象进行评估时，把与保障能力无关的某一方面看得过重，从而影响了整体的评估；
- 近因效应误差：评估者对评估对象进行评估时，往往只注重近期的表现和成绩，以近期印象来代替其整体表现，因而造成评估误差；
- 感情效应误差：评估者可能随着他对评估课题的感情好坏而不自觉地对评估对象的保障能力评估偏高或偏低；
- 暗示效应误差：评估者在领导人或权威人士的暗示下，很容易接受他们的看法，而改变自己原来的看法，可能造成评估的暗示效应；
- 偏见效应误差：由于评估者对评估对象的某种偏见而影响对其客观的评估，从而造成评估偏见误差。

5. 评估监督部门

装备采购评估监督部门由军委装备发展部管理部门人员，以及科研院所、高校、企业和第三方团体的装备采购专家组成。主要对装备采购评估过程和结果进行监督检查。其主要职责：

- 监督评估工作，对不按程序进行评估的，责令纠正；
- 对评估效果进行评价，以保证评估工作客观公正公平的实施；
- 受理装备采购评估投诉质疑。

6.5.2 装备采购评估活动定义与排序

1. 评估活动定义

根据本书第 3 章的内容，装备采购评估活动主要包括评估准备、评估实施和评估处理等阶段。其中，评估准备阶段主要包括制订装备采购评估任务、设立装备采购评估组织、设计装备采购评估指标体系、制订装备采购评估标准、确定装备采购模型等步骤；评估实施阶段主要包括采集装备采购评估数据、开展装备采购单指标评估、开展装备采购综合评估；评估处理阶段主要包括装备采购评估结果统计分析、生成装备采购评估报告、装备采购评估效果评价等步骤。本书运用 WBS 得到装备采购评估的主要活动，如图 6-18 所示。

从图 6-18 中得到装备采购评估活动列表，为了构建装备采购评估网络计划图，对相关活动进行编号，见表 6-9。

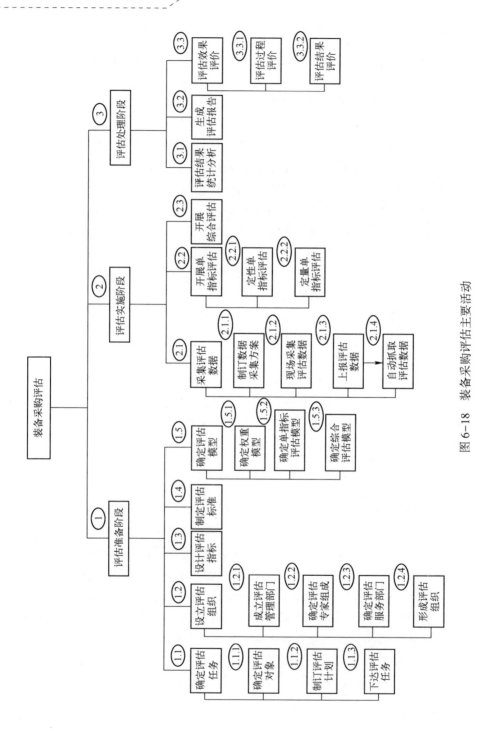

图 6-18 装备采购评估主要活动

表6-9 装备采购评估活动列表

WBS细目	活动	代码
1	评估准备阶段	A
1.1	确定装备采购评估任务	
1.1.1	确定评估对象	A_1
1.1.2	制订评估计划	A_2
1.1.3	下达评估任务	A_3
1.2	设立装备采购评估组织	
1.2.1	成立评估管理部门	A_4
1.2.2	确定评估专家组成	A_5
1.2.3	确定评估服务部门	A_6
1.2.4	形成评估组织	A_7
1.3	设计装备采购评估指标体系	A_8
1.4	制订装备采购评估标准	A_9
1.5	确定装备采购评估模型	
1.5.1	确定指标权重模型	A_{10}
1.5.2	确定单指标模型	A_{11}
1.5.3	确定综合评估模型	A_{12}
2	评估实施阶段	B
2.1	采集装备采购评估数据	
2.1.1	制订数据采集方案	B_1
2.1.2	现场采集评估数据	B_2
2.1.3	上报评估数据	B_3
2.1.4	自动抓取评估数据	B_4
2.2	开展装备采购单指标评估	
2.2.1	定性单指标评估	B_5
2.2.2	定量单指标评估	B_6

续表

WBS 细目	活　动	代码
2.3	开展装备采购综合评估	B_7
3	评估处理阶段	C
3.1	装备采购评估结果统计分析	C_1
3.2	生成装备采购评估报告	C_2
3.3	装备采购评估效果评价	
3.3.1	评估过程评价	C_3
3.3.2	评估结果评价	C_4

2. 评估活动排序

装备采购评估实施各项活动的紧前活动列表，见表6-10。

表6-10　装备采购评估实施各项活动的紧前活动列表

WBS 细目	活　动	代码	紧前活动
1.1.1	确定评估对象	A_1	—
1.1.2	制订评估计划	A_2	A_1
1.1.3	下达评估任务	A_3	A_2
1.2.1	成立评估管理部门	A_4	A_3
1.2.2	确定评估专家组成	A_5	A_4
1.2.3	确定评估服务部门	A_6	A_4
1.2.4	形成评估组织	A_7	A_5, A_6
1.3	设计装备采购评估指标体系	A_8	A_7
1.4	制订装备采购评估标准	A_9	A_8
1.5.1	确定指标权重模型	A_{10}	A_8
1.5.2	确定单指标评估模型	A_{11}	A_8
1.5.3	确定综合评估模型	A_{12}	A_{10}, A_{11}
2.1.1	制订数据采集方案	B_1	A_9, A_{12}
2.1.2	现场采集评估数据	B_2	B_1

续表

WBS 细目	活　动	代　码	紧前活动
2.1.3	上报评估数据	B_3	B_1
2.1.4	自动抓取评估数据	B_4	B_1
2.2.1	定性单指标评估	B_5	B_2, B_3, B_4
2.2.2	定量单指标评估	B_6	B_2, B_3, B_4
2.3	开展装备采购综合评估	B_7	B_5, B_6
3.1	装备采购评估结果统计分析	C_1	B_7
3.2	生成装备采购评估报告	C_2	B_7
3.3.1	评估过程评价	C_3	B_7
3.3.2	评估结果评价	C_4	C_1, C_2, C_3

根据装备采购评估活动排序表6-10，运用箭头图方法得到装备采购评估网络计划图，如图6-19所示。

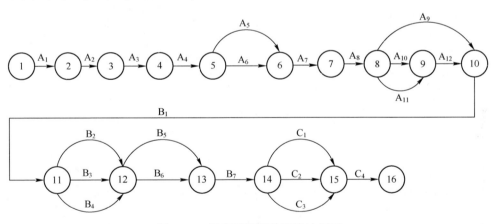

图6-19　装备采购评估网络计划图

6.5.3　装备采购评估进度估计

根据专家调查，得到装备采购评估各项活动的乐观时间、最可能时间和悲观时间，根据式（6-3）和式（6-4），计算得到装备采购评估各项活动进度均值和方差，相关数据见表6-11。

表 6-11 装备采购评估各项活动进度估计数据

阶段	活动		代码	三种时间估计 乐观估计（天）	三种时间估计 最可能估计（天）	三种时间估计 悲观估计（天）	期望值（天）	方差
评估准备阶段	确定装备采购评估任务	确定评估对象	A_1	5	8	10	7.8	0.69
		制订评估计划	A_2	10	15	20	15	2.78
		下达评估任务	A_3	1	2	4	2.2	0.25
	设立装备采购评估组织	成立评估管理部门	A_4	10	15	18	14.7	1.78
		确定评估专家组成	A_5	7	10	12	9.8	0.69
		确定评估服务部门	$A6$	2	4	5	3.8	0.25
		形成评估组织	A_7	2	3	4	3	0.11
	设计装备采购评估指标体系		A_8	12	18	24	18	4
	制订装备采购评估标准		A_9	10	19	22	18	4
	确定装备采购评估模型	指标权重模型	A_{10}	5	8	9	7.7	0.44
		单指标评估模型	A_{11}	4	6	8	6	0.44
		综合评估模型	A_{12}	3	5	7	5	0.44
评估实施阶段	采集装备采购评估数据	制订数据采集方案	B_1	5	8	12	8.2	1.36
		现场采集评估数据	B_2	30	45	60	45	25
		上报评估数据	B_3	15	25	35	25	11.11
		自动抓取评估数据	$B4$	10	15	18	14.7	1.78
	开展装备采购单指标评估	定性单指标评估	B_5	8	12	16	12	1.78
		定量单指标评估	B_6	4	6	9	6.2	0.69
	开展装备采购综合评估		B_7	10	15	20	15	2.78

续表

阶段	活动		代码	三种时间估计 乐观估计（天）	三种时间估计 最可能估计（天）	三种时间估计 悲观估计（天）	期望值（天）	方差
评估处理阶段	装备采购评估结果统计分析		C_1	8	10	15	10.5	1.36
	生成装备采购评估报告		C_2	4	6	8	6	0.44
	装备采购评估效果评价	评估过程评价	C_3	4	6	9	6.2	0.69
		评估结果评价	C_4	10	14	18	14	1.78

根据装备采购评估计划网络图，结合表6-11中的数据，计算各阶段每条路径的进度估计期望值和方差。

1. 评估准备阶段进度估计

根据式（6-5）和式（6-6），计算得到装备采购评估准备阶段每条路径的进度估计期望值和方差，如图6-20所示。准备阶段各条路径进度估计相关数据，见表6-12。

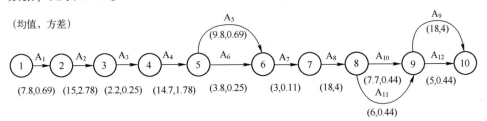

图6-20 装备采购评估准备阶段每条路径的进度估计期望值和方差

表6-12 装备采购评估准备阶段各条路径进度估计相关数据

路 径	期望值（天）	方差	结论
$A_1 \to A_2 \to A_3 \to A_4 \to A_5 \to A_7 \to A_8 \to A_9$	7.8+15+2.2+14.7+9.8+3+18+18=88.5	14.3	关键路线
$A_1 \to A_2 \to A_3 \to A_4 \to A_5 \to A_7 \to A_8 \to A_{10} \to A_{12}$	7.8+15+2.2+14.7+9.8+3+18+7.7+5=83.2	11.2	
$A_1 \to A_2 \to A_3 \to A_4 \to A_5 \to A_7 \to A_8 \to A_{11} \to A_{12}$	7.8+15+2.2+14.7+9.8+3+18+6+5=81.5	11.2	
$A_1 \to A_2 \to A_3 \to A_4 \to A_6 \to A_7 \to A_8 \to A_9$	7.8+15+2.2+14.7+3.8+3+18+18=82.5	13.9	

续表

路　　径	期望值（天）	方差	结论
$A_1 \to A_2 \to A_3 \to A_4 \to A_6 \to A_7 \to A_8 \to A_{10} \to A_{12}$	7.8+15+2.2+14.7+3.8+3+18+7.7+5 =77.2	10.7	
$A_1 \to A_2 \to A_3 \to A_4 \to A_6 \to A_7 \to A_8 \to A_{11} \to A_{12}$	7.8+15+2.2+14.7+3.8+3+18+6+5 =75.5	10.7	

从表 6-12 中得知装备采购评估准备阶段的关键路线是 $A_1 \to A_2 \to A_3 \to A_4 \to A_5 \to A_7 \to A_8 \to A_9$，期望值为 88.5 天，标准方差为 3.8。装备采购评估准备阶段进度概率分布图，如图 6-21 所示。

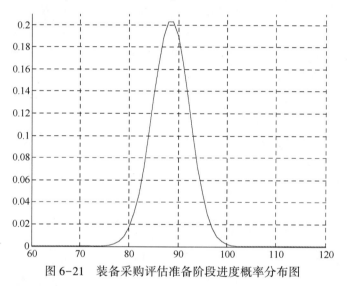

图 6-21　装备采购评估准备阶段进度概率分布图

2. 实施阶段进度估计

根据式（6-5）和式（6-6），计算得到装备采购评估实施阶段每条路径的进度估计期望值和方差，如图 6-22 所示。实施阶段各条路径进度估计相关数据，见表 6-13。

表 6-13　装备采购评估实施阶段各条路径进度估计相关数据

路　　径	期望值（天）	方差	结论
$B_1 \to B_2 \to B_5 \to B_7$	8.2+45+12+15=80.2	30.9	关键路线
$B_1 \to B_2 \to B_6 \to B_7$	8.2+45+6.2+15=74.4	29.8	
$B_1 \to B_3 \to B_5 \to B_7$	8.2+25+12+15=60.2	17	
$B_1 \to B_3 \to B_6 \to B_7$	8.2+25+6.2+15=54.4	15.9	

续表

路径	期望值（天）	方差	结论
$B_1 \to B_4 \to B_5 \to B_7$	8.2+14.7+12+15=49.9	7.7	
$B_1 \to B_4 \to B_6 \to B_7$	8.2+14.7+6.2+15=44.1	6.6	

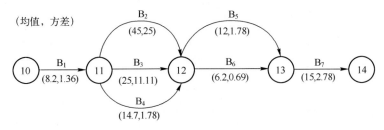

图 6-22 装备采购评估实施阶段每条路径的进度估计期望值和方差

从表 6-13 中得知装备采购评估实施阶段的关键路线是 $B_1 \to B_2 \to B_5 \to B_7$，期望值为 80.2 天，标准方差为 30.9。装备采购评估实施阶段进度概率分布图，如图 6-23 所示。

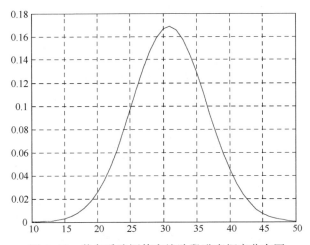

图 6-23 装备采购评估实施阶段进度概率分布图

3. 评估处理阶段进度估计

根据式（6-5）和式（6-6），计算得到装备采购评估处理阶段每条路径的进度估计期望值和方差，如图 6-24 所示。处理阶段各条路径进度估计相关数据，见表 6-14。

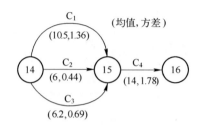

图 6-24 装备采购评估处理阶段每条路径的进度估计期望值和方差

表 6-14 装备采购评估处理阶段各条路径进度估计相关数据

路　径	期望值（天）	方　差	结　论
$C_1 \to C_4$	10.5+14=24.5	3.14	关键路线
$C_2 \to C_4$	6+14=20	2.22	
$C_3 \to C_4$	6.2+14=20.2	2.47	

从表 6-14 中得知装备采购评估处理阶段的关键路线是 $C_1 \to C_4$，期望值为 24.5 天，标准方差为 1.78。装备采购评估处理阶段进度概率分布图，如图 6-25 所示。

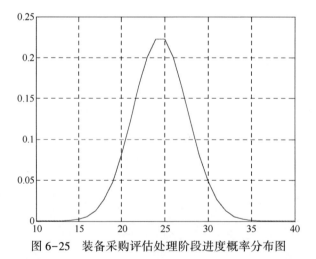

图 6-25 装备采购评估处理阶段进度概率分布图

4. 评估整体进度估计

根据装备采购评估各阶段进度估计值，计算得到装备采购评估关键路径为：$A_1 \to A_2 \to A_3 \to A_4 \to A_5 \to A_7 \to A_8 \to A_9 \to B_1 \to B_2 \to B_5 \to B_7 \to C_1 \to C_4$，整体进度期望值为 193.2（天），方差为 2.14。装备采购评估进度概率分布图，如图 6-26 所示。

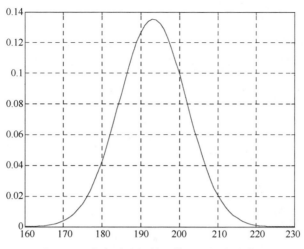

图 6-26　装备采购评估整体进度概率分布图

6.6　装备采购评估责任矩阵

根据装备采购评估活动和组织结构的职责分工，得到装备采购评估责任矩阵，见表 6-15。

表 6-15　装备采购评估责任矩阵

阶段	活　　动		决策部门	管理部门	评估对象	专家	评估服务部门	评估监督部门
评估准备阶段	确定装备采购评估任务	确定评估对象	●					
		制订评估计划	■	●				
		下达评估任务	●					
	设立装备采购评估组织	成立评估管理部门	◆	●				★
		确定评估专家组成	■	●				★
		确定评估服务部门	■	●				★
		形成评估组织	■	●				★
	设计装备采购评估指标体系			●	◆	◆	◆	★
	制订装备采购评估标准			●	◆	◆	◆	★
	确定装备采购评估模型	指标权重模型		◆		●	●	
		单指标评估模型		◆		●	●	
		综合评估模型		◆		●	●	

续表

阶段	活动		决策部门	管理部门	评估对象	专家	评估服务部门	评估监督部门
评估实施阶段	采集装备采购评估数据	制订数据采集方案		●		◆	◆	★
		现场采集评估数据		●		◆	◆	★
		上报评估数据			●		◆	★
		自动抓取评估数据				◆	●	★
	开展装备采购单指标评估	定性单指标评估			◆	●	◆	★
		定量单指标评估			◆	●	●	★
	开展装备采购综合评估			●		◆		★
评估处理阶段	装备采购评估结果统计分析			●	◆			
	生成装备采购评估报告		■	●		◆	◆	
	装备采购评估效果评价	评估过程评价				◆		●
		评估结果评价				◆		●
注：●负责 ◆参与 ★监督 ■审批								

参考文献

[1] 熊彬臣. 联营体模式下境外 EPC 项目组织结构研究——以拉合尔轨道交通橙线项目为例 [J]. 建筑经济, 2021, 42 (01): 35-38.

[2] 张延禄, 廖胜崴, 杨乃定. 复杂航空产品研制项目组织结构有效性评价研究 [J]. 航空工程进展, 2020, 11 (06): 811-818.

[3] 卢勇. 建设工程项目组织结构设计分析 [J]. 山西建筑, 2017, 43 (35): 239-240.

[4] 成于思, 李启明, 袁竞峰. 基于 SNA 的建设工程项目组织结构分析 [J]. 建筑经济, 2013 (11): 37-41.

[5] 董翔, 季晓刚, 梁旭, 等. WBS 在冶金建设项目造价数据库中的应用 [J]. 建筑经济, 2020, 41 (S1): 92-96.

[6] 于海顺, 赵娜, 史妍妍, 等. 航空发动机工作分解结构（WBS）构建方法 [J]. 航空发动机, 2018, 44 (03): 97-102.

[7] 李欢, 赵睿英, 张晓丹, 等. 基于工作分解结构理论分析的高校软件采购管理 [J]. 实验室研究与探索, 2018, 37 (04): 299-303.

[8] 樊延平, 郭齐胜, 李亮, 等. 基于 WBS 的装备作战需求联合论证任务流程设计方法 [J]. 火力与指挥控制, 2015, 40 (07): 62-66.

[9] 张曦. 运用 PERT 技术合理确定项目建设投资研究 [J]. 建筑经济, 2020, 41 (02): 56-62.

[10] 方简．基于 PERT 技术的建设项目进度控制研究——以上海国际金融中心项目为例［J］．建筑经济，2019，40（01）：73-76．

[11] 武小平，安静，熊高江．一种基于 PERT 的资源优化新方法［J］．统计与决策，2018，34（15）：79-82．

[12] 王涛，李宗璇．基于计划评审技术的特高压工程项目前期关键路线管理［J］．企业管理，2017（S2）：566-567．

[13] Kadhim N Z, Kareem A G. Forecasting construction time for road projects and infrastructure using the fuzzy PERT method［J］. IOP Conference Series：Materials Science and Engineering, 2021, 1076 (1).

[14] 尹好．计划评审技术 PERT 在有线电视工程项目时间管理中的应用研究［J］．江苏科技信息，2017（12）：33-35．

[15] 马跃龙，涂用石．责任矩阵在项目变更索赔中的应用［J］．建筑经济，2018，39（08）：72-74．

[16] 方东平，席慧璠，杨钇，等．建设工程安全生产责任矩阵的构建及应用［J］．土木工程学报，2012，45（09）：167-174．

[17] 段伟利，陈国华．企业安全生产管理责任矩阵应用［J］．中国安全科学学报，2010，20（01）：118-124．

[18] 吕彬，李晓松，陈庆华．装备采购风险管理理论和方法［M］．北京：国防工业出版社，2011．

[19] 李晓松，吕彬，肖振华．军民融合式武器装备科研生产体系评价［M］．北京：国防工业出版社，2014．

[20] 李晓松，肖振华，吕彬．装备建设军民融合评价与优化［M］．北京：国防工业出版社，2017．

第 7 章 装备采购评估系统需求与设计

开发装备采购评估系统是装备采购评估工作走向信息化、科学化、制度化和动态化的必由之路,是推动装备采购战略决策实实在在的重要举措。通过开发装备采购评估系统,能够合理高效地利用海量的装备采购评估信息,也能够及时准确地评估装备采购现状,更能够辅助管理部门开展装备采购决策和控制等工作。

装备采购评估系统,属于决策支持系统(decision support system,DSS)的范畴,即专门针对装备采购评估管理和使用的决策支持系统,具有以下几方面的基本特征:对评估主体和评估对象提供信息化辅助支持,而不是代替评估主体判断;支持评估主体解决半结构化或者非结构化的评估问题;支持评估过程的统一管理和综合服务。

7.1 研制意义

7.1.1 有助于精准掌握装备采购态势

装备采购改革核心是在"新"字上求突破,就是要强化改革创新,着力解决制约装备采购的体制性障碍、结构性矛盾、政策性问题。通过装备采购评估系统,运用信息化和智能化的创新手段,能够随时获取装备采购的数据,针对关键领域、重要方向和核心要素开展评估,形成装备采购综合态势图和领域态势图,及时准确掌握装备采购现状以及存在问题,精准预警装备采购的薄弱环节,合理调整装备采购的方针和策略,有针对性地提高装备采购整体水平。

7.1.2 有助于构建装备采购的权威档案

通过装备采购评估系统，能够为装备采购建立"一对一""点对点"的标准档案，系统权威地管理装备采购的数据，以及各项指标随着时间的动态变化情况，形成装备采购变化趋势图表，为管理部门抓实、抓细装备采购工作提供权威的一手资料，促进装备采购管理工作"有数可依，用数说话"。

7.1.3 有助于支持装备采购规划的实施

当前我国装备采购管理处于深化改革的攻坚期，实现跨越式发展的关键期，在思想观念、体制机制、政策法规等方面面临众多深层次的矛盾和问题。通过装备采购评估系统，全面了解装备采购规划提出的目标任务完成情况，实时掌握规划的实施情况与效果，不仅可以快速明确目标的实现程度，而且可以跟踪重点任务指标的完成情况，对未来发展进行评估分析，发现发展过程中的问题，提供发展的思路与决策依据，推动目标与任务的顺利达成。

7.1.4 有助于形成数据驱动的装备采购管理模式

习主席强调指出："善于获取数据、分析数据、运用数据。"通过装备采购评估系统，可以对大量的装备采购评估数据进行挖掘，通过运筹学、统计学等知识设计数据分析模型，发现装备采购的隐藏信息。如，将装备采购评估数据与军队建设发展数据进行融合分析，可分析出装备采购效果与军事能力生成之间的内在联系和客观规律，指导装备采购工作更好的服务作战、服务部队。通过以数据为基础的装备采购评估研究，最终形成"用数据说话、用数据决策、用数据发展、用数据管理"的装备采购方式，推动装备采购管理综合治理体系性重塑，从大到强、从大到精、从大到智。

7.2 装备采购评估系统需求分析

7.2.1 概念内涵

1. 需求

"需求"通常是指因为需要而产生的要求，表现为对某种事物或目标的欲望和要求，是在经济、政治、军事、科技和文化等各领域广泛使用的概念。"装备采购评估系统需求"，是指一定时期内，装备采购主体为实现装备采购评估目标，针对系统对象，提出系统建设愿望或条件，如图 7-1 所示。"装备采购主体"，包括评估决策部门、评估管理部门、专家、评估服务部门等组织和人员。"系统对象"，包括装备采购评估系统的架构、组成、功能、技术、性能和条件等。

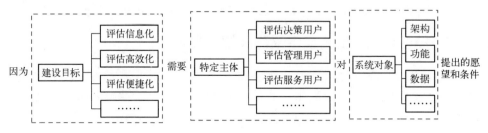

图 7-1 装备采购评估系统需求

装备采购评估系统需求具有客观刚性、主体复杂和内容多样等特点。

1) 客观刚性

装备采购评估系统需求来源于装备采购的现实需要和实践要求，是装备采购评估的外在表现。需求是客观存在，且内容、要求和目标等都具有刚性约束。

2) 主体复杂

装备采购评估系统需求提出主体包括评估决策部门、评估管理部门、专家、评估服务部门等组织或个人。由于各主体的利益诉求大相径庭，对系统建设的重点、内容和方向，可能有完全不同的见解。由于系统需求主体的复杂性，在装备采购评估系统需求分析过程中，要充分考虑和归纳各类主体的系统建设需求，并进行高效的需求对接和统筹协调。

3) 内容多样

装备采购评估系统需求是一个从宏观到微观，再由微观到宏观反复迭代的动态递进过程。需求既包括了宏观、中观和微观不同层次的评估需求，也包括了评估准备、评估实施和评估处理等不同内容需求，又包括了海军、陆军、空军等不同军兵种装备采购评估需求。因此，系统需求具有内容多样性特点。

2. 装备采购评估系统需求分析

"装备采购评估系统需求分析"，是指从不同渠道收集和发现装备采购主体的需求信息，利用系统工程理论和方法，对需求进行整理、归纳和研究，并与主体进行对接协调，最终得到科学的装备采购评估系统需求的过程。装备采购评估系统需求是装备采购评估系统建设的逻辑起点，是系统建设基础性和源头性问题，牵引着平台发展方向，决定着平台建设途径和重点。

7.2.2 多视图需求树理论

1. 多视图

多视图，是指不同主体分别从不同角度提出和描述装备采购评估系统的需求。按照主体类型进行划分，装备采购评估系统需求提出主体包括装备采购评估管理人员、系统分析人员和信息技术人员等。其中，装备采购评估管理人员，主要提出装备采购评估的主要任务和工作活动等方面的业务需求；系统分析人员，主要根据业务需求提出装备采购评估系统功能需求、用户需求和数据需求；信息技术人员，主要根据业务需求提出装备采购评估系统建设的技术需求。这3类人员从不同角度提出的装备采购评估系统需求，形成了业务需求视图、功能需求视图、用户需求视图、数据需求视图和技术需求视图共5个需求视图，较全面和科学地体现了各类人员对装备采购评估系统建设的需要和愿望，构成了装备采购评估系统需求的整体描述。5个需求视图之间的相互关系，如图7-2所示。

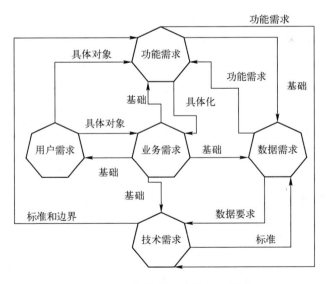

图7-2　5个视图之间的相互关系

其中，业务需求明确了装备采购评估需要完成的任务、活动和重点，是功能需求、用户需求、数据需求和技术需求分析的基础。功能需求明确了装备采购评估系统实现各业务的方式和手段，是业务需求的具体化和实践化。功能需求明确了数据来源、引接和分析等方面的要求，是数据需求分析的基础。用户需求是业务需求和功能需求落实到具体对象的需要。数据需求是功能需求分析的补充，提出了数据对于系统功能的要求。数据需求明确了技术需求在数据层面对技术与标准的要求。技术需求明确了数据分析的技术与标准。功能需求为技术需求分析提供了实现或获得相关功能的技术要求，而技术需求则为功能需求分析提供了标准规范和技术边界。

2. 需求树

需求树，是用树形结构描述装备采购评估系统需求，如图7-3所示。需求树根节点为"被描述对象"，中间节点为"被描述对象"的"需求条目"，叶子节点为中间节点"需求条目"的一个"子需求条目"。由于装备采购评估系统需求具有多样性和层次性，需求树上任何一个中间节点的"需求条目"也可看成"被描述对象"，与其下属的全部或部分子节点构成树形结构，亦称为"需求子树"。

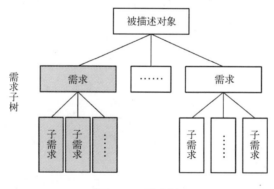

图7-3 需求树

3. 多视图需求树

本书综合多视图和需求树理论，提出基于多视图需求树的装备采购评估系统需求分析方法。具体思路：①装备采购评估系统需求分析作为需求树的根节点，即表示"被描述对象"。②业务需求、功能需求、用户需求、数据需求和技术需求等视图作为装备采购评估系统需求树的5个"需求子树"进行分析。

7.2.3 需求分析框架

基于多视图需求树的装备采购评估系统需求分析结果（部分子节点省略），如图7-4所示。装备采购评估需求分析，主要包括业务需求分析、功能需求分析、用户需求分析、数据需求分析和技术需求分析等。

7.2.4 业务需求

装备采购评估系统业务需求子树包括了评估准备、评估实施、评估处理和评估综合服务等方面的业务需求。其中，评估准备业务主要包括制订装备采购评估任务、设立装备采购评估组织、设计装备采购评估指标体系、制订装备采购评估标准、确定装备采购模型等步骤；评估实施业务主要包括采集装备采购评估数据、开展装备采购单指标评估、开展装备采购综合评估；评估处理业务主要包括装备采购评估结果统计分析、生成装备采购评估报告、评估装备采购评估效果等步骤；评估综合服务业务主要包括装备采购评估专家申报、信息发布、投诉质疑和咨询建议等。其中，评估准备、评估实施和评估处理主要业务详见第3章，本节重点介绍评估综合服务业务。

1. 装备采购评估专家申报

装备采购评估专家申报，主要实现装备采购评估专家的申报、遴选和监督管理。

2. 装备采购评估信息发布

装备采购评估信息发布，主要实现装备采购评估信息采集、审核、发布、查询和检索。

3. 装备采购评估投诉质疑

装备采购评估投诉质疑，主要实现装备采购评估过程和结果的投诉质疑问题提报、处理和反馈。

4. 装备采购评估咨询建议

装备采购评估咨询建议，主要实现装备采购评估咨询建议的提报、处理和反馈。

7.2.5 功能需求

装备采购评估系统功能需求子树包括装备采购评估准备管理、装备采购评估实施管理、装备采购评估处理管理、装备采购评估综合服务、装备采购

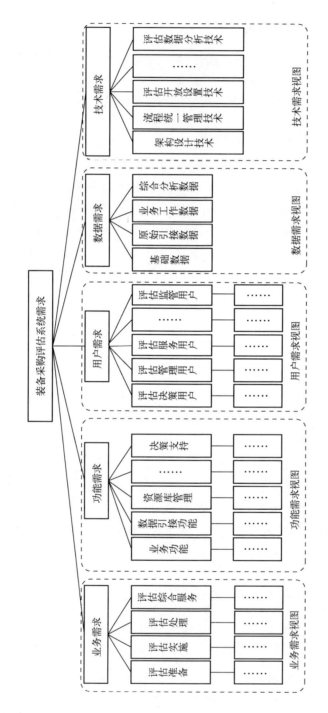

图 7-4 基于多视图需求树的装备采购评估系统需求分析结果

评估数据引接转化、装备采购评估决策支撑、装备采购评估资源库管理、装备采购评估系统管理和装备采购评估大数据分析环境等，如图7-5所示。

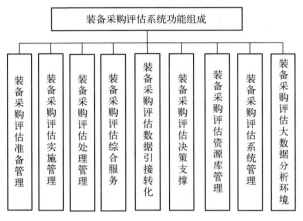

图7-5 装备采购评估功能需求

1. 装备采购评估准备管理

装备采购评估准备管理，主要实现装备采购评估任务管理、组织管理、指标体系管理、标准管理、模型管理等功能。

1) 装备采购评估任务管理

装备采购评估任务管理，实现从装备采购评估任务库中调用相关任务，并能够实现评估任务的查询、编辑、确定等管理。

2) 装备采购评估组织管理

装备采购评估组织管理，实现从装备采购评估组织管理库中调用管理部门和专家，并能够实现装备采购评估管理部门的查询、编辑和确定，以及专家的遴选和确定。

3) 装备采购评估指标体系管理

装备采购评估指标体系管理，按照装备采购评估任务，调用装备采购评估指标库中的相关指标，形成装备采购评估指标体系，并能够实现装备采购评估指标体系的录入、查询、编辑和确定。

4) 装备采购评估标准管理

装备采购评估标准管理，按照装备采购评估指标，调用装备采购评估标准库中的相关标准，并能够实现装备采购评估标准的录入、查询、编辑和确定。

5）装备采购评估模型管理

装备采购评估模型管理，根据装备采购评估指标，调用模型库中的装备采购评估指标权重模型、单指标评估模型和综合评估模型，并能够实现装备采购评估模型的修改、查询、编辑和确定。同时，邀请专家确定装备采购评估指标权重。

2. 装备采购评估实施管理

装备采购评估实施管理，主要实现装备采购评估数据采集管理、单指标评估管理、综合评估管理等。

1）装备采购评估数据采集管理

装备采购评估数据采集管理，按照装备采购评估指标类型，调用相应的数据采集方式，下达数据采集任务，收集相关数据，并能够对数据进行查询和校验。

2）装备采购单指标评估管理

装备采购单指标评估管理，根据装备采购单指标评估数据和模型，计算得到单指标评估结果，并能够对评估结果进行查询和可视化展示。

3）装备采购综合评估管理

装备采购综合评估管理，根据装备采购评估指标权重和单指标评估结果，调用综合评估模型，计算得到装备采购评估结果，并能够对评估结果进行查询和可视化展示。

3. 装备采购评估处理管理

装备采购评估处理管理，主要实现装备采购评估结果统计分析、生成装备采购评估报告和装备采购评估效果评价等。

1）装备采购评估结果统计分析

装备采购评估结果统计分析，实现装备采购评估结果的可视化展示，以及评估数据的挖掘和深度分析，找出隐含规律，及时发现和预警装备采购的薄弱环节。

2）装备采购评估报告管理

装备采购评估报告管理，按照装备采购评估报告模板，根据装备采购评估指标和评估结果，自动生成装备采购评估报告，并能够对评估报告进行查询和编辑。

3）装备采购评估效果评价

装备采购评估效果评价，按照评价指标和标准，根据装备采购评估过程数据和结果，对装备采购评估效果进行综合评价，生成评价报告，并能够对评估报告进行查询和编辑。

4. 装备采购评估综合服务

装备采购评估综合服务，实现装备采购评估专家申报、信息发布、投诉质疑和咨询建议等功能。

1）装备采购评估专家申报

装备采购评估专家申报，主要实现装备采购评估专家的在线申报和审批管理。

2）装备采购评估信息发布

装备采购评估信息发布，主要实现装备采购评估指标、评估标准、评估结果的公开或定向发布。

3）装备采购评估投诉质疑

装备采购评估投诉质疑，主要实现装备采购评估投诉和质疑的提报和解决。

4）装备采购评估专家咨询

装备采购评估专家咨询，主要实现装备采购评估问题的咨询和意见建议的提报。

5. 装备采购评估数据引接转化

装备采购评估数据引接转化，主要实现数据的引接、清洗和处理。

1）装备采购评估数据引接

装备采购评估数据引接，主要实现装备采购评估数据自动抓取和数据导入等功能。

2）装备采购评估引接数据清洗

装备采购评估引接数据清洗，主要实现引接数据的完整性、唯一性、权威性、合法性和一致性等数据清洗工作。

3）装备采购评估引接数据处理

装备采购评估引接数据处理，主要实现引接数据抽取和转化，形成统一描述的标准数据。

6. 装备采购评估资源库管理

装备采购评估资源库管理，主要实现装备采购评估任务库、组织库、指标库、标准库、模型库、采集模块、报告模板等管理，如图7-6所示。

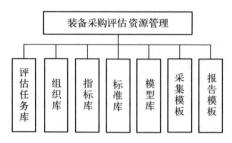

图 7-6　装备采购评估资源管理库功能需求

1）装备采购评估任务库管理

装备采购评估任务库管理，实现装备采购评估任务的添加、修改、删除、查询和展示等。

2）装备采购评估组织库管理

装备采购评估组织库管理，实现装备采购评估组织的添加、修改、删除、查询和展示，以及装备采购评估专家的添加、修改、删除、查询和展示。

3）装备采购评估指标体系库管理

装备采购评估指标体系库管理，实现装备采购评估指标的添加、修改、删除、查询和展示。

4）装备采购评估标准库管理

装备采购评估标准库管理，实现装备采购评估标准的添加、修改、删除、查询和展示。

5）装备采购评估模型库管理

装备采购评估模型库管理，实现装备采购评估模型库的添加、修改、删除、查询和展示。包括权重模型库、单指标评估模型库、综合评估模型库和数据分析模型库等。

6）装备采购评估数据采集模块管理

装备采购评估数据采集模块管理，实现自动抓取、数据导入、专家评判、评估对象上报等数据采集方式管理。一是自动抓取采集方式管理，实现自动抓取对象、关键词和内容的添加、修改、删除、查询和展示，以及抓取周期等参数管理。二是数据导入，实现拟导入系统数据要素的添加、修改、删除、查询和展示。三是专家评判，实现专家评判标准的添加、修改、删除、查询和展示。四是评估对象上报，实现数据上报模板的添加、修改、删除、查询和展示。

7) 装备采购评估报告模板管理

装备采购评估报告模板管理,实现装备采购评估报告模板的添加、修改、删除、查询和展示。

7. 装备采购评估系统管理

装备采购评估系统管理,实现对评估系统的用户管理、权限管理、数据管理和安全管理等。

8. 装备采购评估决策支撑

装备采购评估决策支撑功能,主要包括装备采购评估过程决策支撑、装备采购现状决策支撑、装备采购趋势决策支撑、装备采购效果决策支撑等,详见第3章。

9. 装备采购评估大数据分析环境

装备采购评估大数据分析环境,主要包括数据汇聚融合、数据挖掘、数据分析和数据可视化等功能。

1) 数据汇聚融合

实现多源数据汇聚管理功能,支持按照领域、数据种类、数据来源进行数据分类、存储、浏览;提供数据融合处理功能,支持按照数据结果,选取汇聚数据、配置融合策略,进行数据融合、清洗和合并。

2) 数据挖掘

支持装备采购评估数据统计分析、深度搜索、机器学习和模糊识别,建立装备采购评估数据知识图谱,挖掘隐藏信息,发现有效知识。

3) 数据分析

支持装备采购评估数据的提炼、统计、归类和研判,分析数据之间的关联关系、内在联系、相关性和作用机理。特别是利用语义分析技术,对评估过程中产生的文件资料进行深度语义理解和智能化的分析。

4) 数据可视化

利用计算机图形学和图像处理技术,将数据转化为静态和动态相结合,多维、多层、多角度的图像或图形,支持柱状图、饼状图、折线图等多种展示形式,为装备采购评估数据表示、数据处理和决策分析提供手段。

7.2.6 用户需求

装备采购评估系统用户需求子树包括评估决策用户、评估管理用户、评估对象用户、评估专家用户、评估服务用户、评估监督用户和系统管理用户等类型用户,如图7-7所示。

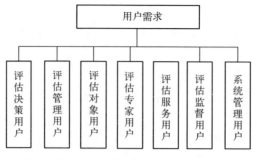

图 7-7　评估用户需求

1. 评估决策用户

装备采购评估决策用户，主要是指装备采购的决策机构用户，如军委装备发展部等部门的领导。主要能够监测装备采购评估全过程，查询装备采购评估结果，开展装备采购评估决策分析。

2. 评估管理用户

装备采购评估管理用户，主要是指组织开展装备采购评估的用户，如军委装备发展部、军兵种装备采购，以及工信部、国防科工局等政府部门。该类用户能够使用装备采购评估任务管理、组织管理、指标管理、报表管理等功能，并能够调用模型，开展装备采购评估。

3. 评估对象用户

装备采购评估对象用户，主要是指装备采购被评估对象用户，如政府和军队装备采购业务部门以及企事业单位用户等。该类用户主要负责采集和上报本领域装备采购评估数据，获取装备采购评估结果等。

4. 评估专家用户

装备采购评估专家用户，主要是指协助开展装备采购评估的专家用户。该类用户主要协助管理用户开展装备采购评估工作。

5. 评估服务用户

装备采购评估服务用户，主要是指在装备采购评估管理部门授权下开展装备采购评估具体工作人员。服务用户主要负责装备采购评估数据的采集、加工与处理，协助确定评估指标、标准和模型，评估系统开发，评估结果的分析等。

6. 评估监督用户

装备采购评估监督用户，主要是指在装备采购评估决策部门授权下对装备采购评估过程和结果进行监督检查，确保每个环节可追溯，提高装备采购评估质量效益。该类用户主要查询和调取装备采购评估过程和结果数据，开展评估结果的分析评价等。

7. 系统管理用户

装备采购评估系统管理用户，主要是指装备采购评估系统的工作人员。该类用户主要负责评估系统的日常管理和运维管理。

7.2.7　数据需求

装备采购评估系统数据需求子树包括基础数据、原始引接数据、业务工作数据、综合分析数据等方面数据需求。

1. 基础数据需求

包括装备采购评估任务、评估组织、评估指标、评估标准、评估模型等方面数据需求。

2. 原始引接数据需求

主要存储装备采购评估工作中引接的军队、地方和企事业单位等相关部门的原始数据，是开展装备采购评估的基础和依据。

3. 业务工作数据需求

装备采购评估工作中所产生的数据集合，包括评估采集数据、专家打分数据、评估过程数据等。

4. 综合分析数据需求

根据装备采购评估基础数据、原始引接数据和业务工作数据，聚集汇总而形成的综合性装备采购评估数据，主要用于装备采购态势展示、综合分析和决策支持。

7.2.8　技术需求

装备采购评估技术需求，主要包括装备采购评估架构设计技术、装备采购评估全流程统一管理技术、装备采购评估开放设置技术、装备采购评估指标智能构建技术、装备采购评估数据校验技术、装备采购数据引接和转化技术、装备采购评估数据分析技术、装备采购评估可视化技术、装备采购评估模型整合技术和装备采购评估结果精准服务技术，如图7-8所示。

1. 装备采购评估系统架构设计技术

架构是信息系统的基础组织方式，包括各系统组成部分、关系（组成部分之间，组成部分与系统环境之间），以及指导系统设计和演进的管控原则。装备采购评估系统涉及流程管理、指标管理、模型管理、数据分析等各个方面，涵盖了管理用户、对象用户、专家用户和系统用户等各类用户。因此，如何创新系统总体架构设计技术，提出科学合理、技术先进、安全可靠的系统体系架构，是系统技术需求之一。

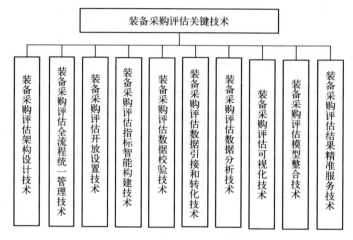

图 7-8　装备采购评估技术需求

2. 装备采购评估全流程统一管理技术

装备采购评估流程由评价准备、评价实施和综合服务等组成，是一个复杂且环环相扣的过程。因此，如何利用信息技术和流程管理技术，对装备采购评估全流程进行统一管理，是系统技术需求之一。

3. 装备采购评估开放设置技术

装备采购评估任务、指标和标准横向包括宏观、中观和微观多个层面，纵向包括全军和军兵种等多个维度，并且针对不同评价任务、指标和标准，需采用相应的评价模型。因此，如何创新技术手段，实现评价任务、指标、标准、数据采集方式和模型的灵活设置，是系统技术需求之一。

4. 装备采购评估指标智能构建技术

装备采购评估涉及的主体多、对象多、领域多、要素多、层次多，且由于装备预研、装备研制、装备订购和装备维修等阶段的特色、基础、条件和目标大相径庭，装备采购评估指标既有相关性，又有特殊性。因此，创新装备采购评估指标构建技术，设计针对不同要素、不同阶段、不同层次的装备采购评估任务，智能生成和重组评价指标，是系统技术需求之一。

5. 装备采购评估数据校验技术

装备采购评估数据类型多样、要素复杂，且评估对象对于装备采购评估指标理解存在差异，数据采集的质量存在较大隐患，需要大量的人工校验工作。因此，如何利用先进数据校验技术，采取信息化手段对装备采购数据进行校验，提高数据质量，是系统技术需求之一。

6. 装备采购评估数据引接和转化技术

由于部分装备采购评估需通过第三方平台引接和抓取，导致数据来源多样、结构复杂、类型多样、格式不统一、表述不规范。因此，如何创新数据引接和转化技术，实现数据的精准引接、科学化清洗、标准化转化，是系统技术需求之一。

7. 装备采购评估数据分析技术

装备采购评估数据隐藏着大量有价值的信息和关联关系，隐含了客观存在的装备采购规律和特点。因此，如何创新利用先进的数据分析技术和手段，实现装备采购评估数据分析与挖掘，是系统技术需求之一。

8. 装备采购评估可视化技术

如何运用图形化手段，动态展示装备采购现状，对比分析装备采购薄弱环节，直观了解装备采购趋势，是管理部门关注的焦点和热点。因此，如何创新利用先进可视化技术，实现装备采购评估过程和结果的可视化展示，是系统需解决的关键技术之一。

9. 装备采购评估模型整合技术

装备采购评估模型既有定性模型，也有定量模型；既有静态模型，也有动态模型；既有线性模型，也有非线性模型。因此，如何创新装备采购评估模型整合技术，构建简单实用且操作方便的评价模型群和方法群，是系统需解决的关键技术之一。

10. 装备采购评估结果精准服务技术

如何运用最精准的指标，反映装备采购的整体态势和发展趋势，是管理部门关注的焦点。因此，如何创新装备采购评估结果精准服务技术，实现装备采购评估定制化服务，是系统需解决的关键技术之一。

7.3 装备采购评估系统总体设计

装备采购评估系统总体设计包括架构设计、功能设计、数据资源设计、模型设计和关键技术设计等主要内容。

7.3.1 设计原则

装备采购评估总体设计需要运用系统的科学观点以及合理的管理方式来进行设计方案的整体规划与分析。以结构化的思维与原则作为指导，按照优先逻辑原则、用户参与原则，以及自上而下的原则，指导装备采购评估系统整体设计与开发。

1. 优先逻辑原则

装备采购评估系统作为一个管理信息系统具有严格的逻辑划分，采用结构化的方式进行研究，并在综合论证与分析的基础上进行开发，从而可以在实践与不断探索后形成完整的系统逻辑方案，确定可以解决用户问题并满足用户需求的信息系统。即系统设计初始首先解决系统是"what to do"，之后根据结合用户需求的分析结果，形成一套程序逻辑，之后依据该逻辑进入正式的系统设计与实施阶段。

2. 用户参与原则

作为最终满足用户需求的装备采购评估系统的人机界面，用户需要使用评估系统直接运用在工作中，形成日常工作的一部分，所以各阶段系统的设计与建设需要用户的参与，来更好地满足需要。装备采购评估系统建设的主要目的就是满足装备采购管理部门日常装备采购评估工作。因此，在系统的整体开发过程中，需要将上述用户的使用习惯与要求以及该类用户的特性考虑在设计范畴之内，以更好地协调人机关系，提高人机系统协同一体化水平。

3. 自上而下原则

该原则贯穿于装备采购评估系统设计全过程，不论在系统的需求分析，系统的整体设计与分级设计以及后期系统的实施以及测试的各个阶段均有体现。每一个整套的系统分析与设计都是在已经确立和建立的系统总体目标与功能需求的基础上形成设计标准，并依次逐级分解细化，来明确每个功能的设计与需求的满足。在此基础上建立的系统才能保证系统整体与功能模块间的相互协同，结构的相对合理，系统总体的目标与功能实现才能具有良好的可实现性与保障。

7.3.2 总体架构设计

装备采购评估系统总体架构，如图7-9所示，系统架构自下而上分为通信网络层、基础环境层、数据资源层、应用服务层4个层次，以及安全保密和标准规范 2 个方面的基础和配套保障。

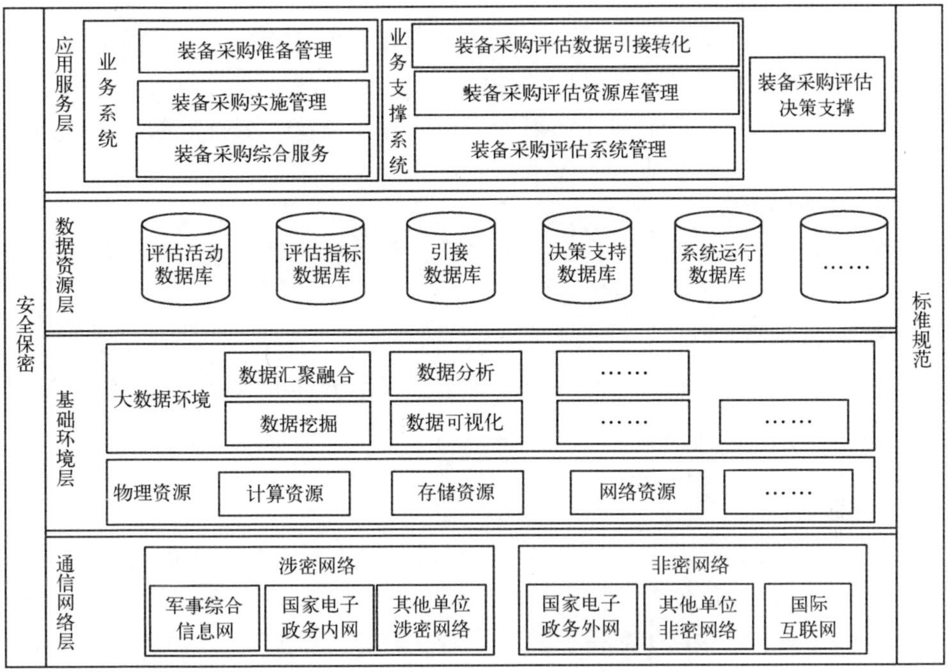

图 7-9　装备采购评估系统总体架构

1. 通信网络层

通信网络层，为装备采购评估系统提供涉密网络环境和非密网络环境。其中，涉密网络环境主要包括军队军事综合信息网、国家电子政务内网，以及军工集团等机构的涉密网络。非密网络主要包括国际互联网、基于国际互联网的国家电子政务外网，以及军工集团等机构基于国际互联网的非密网络。

2. 基础环境层

基础环境层为装备采购评估系统提供基础设施服务，包括硬件资源和大数据环境。硬件资源包含计算、存储、网络等物理设备。大数据分析环境，为装备采购评估数据汇聚融合、数据挖掘、数据分析和数据可视化等提供服务。

3. 数据资源层

数据资源层，支撑装备采购评估系统各类数据，主要包括评估活动数据、评估指标数据、引接数据、决策支持数据项和系统运行数据等。

4. 应用服务层

应用服务层是面向用户的装备采购评估应用软件，用户通过浏览器使用软件所提供的服务功能。主要包括装备采购评估准备管理子系统、装备采购评估实施管理子系统、装备采购评估综合服务子系统、装备采购评估资源库管理应用子系统、装备采购评估数据引接转化子系统、装备采购评估决策支撑子系统和装备采购评估系统管理子系统等。

5. 安全保密

安全保密对装备采购评估系统的安全运行提供支持，主要包括技术防护体系、网络信任体系和安全管理体系等。

6. 标准规范

标准规范主要是装备采购评估系统中应遵循的标准规范，包括管理规范和技术标准。

7.3.3 应用系统设计

装备采购评估系统由"4+3+1+1"组成，即4个业务子系统、3个业务支撑子系统、1个决策支撑子系统和1个数据分析环境。4个业务子系统分别是装备采购评估准备管理子系统、装备采购实施管理子系统、装备采购评估处理管理子系统、装备采购评估综合服务子系统；3个业务支撑子系统分别是装备采购评估数据引接转化子系统、装备采购评估资源库管理子系统和装备采购评估系统管理子系统；1个决策支撑子系统是装备采购评估决策支撑子系统；1个数据分析环境是装备采购评估大数据分析环境，如图7-10所示。

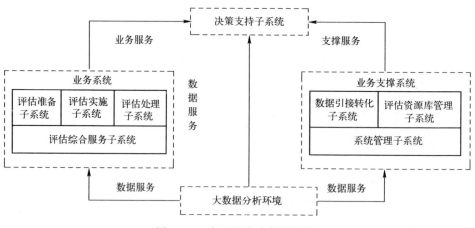

图 7-10 应用系统内部关系图

1. 四个业务系统

评估准备子系统是开展评估实施前的相关准备工作,能够完成建立评估任务、选取指标体系模板、选取标准体系模板,为评估实施奠定基础。

评估实施子系统是评估系统的核心业务系统,能够完成对装备采购指数评估、全要素评估、多阶段评估、高效益评估、共性评估,以及装备采购相关评估。

评估处理子系统是评估系统的综合展示系统,能够完成对装备采购过程和结果的综合分析和定制化展示。

综合服务子系统主要实现评估信息的发布、专家申报、咨询建议等功能,是其他系统对外服务的窗口。

2. 三个业务支撑系统

数据引接转化子系统实现对多源异构数据的引接转换,主要引接和转化从互联网、政府网、军队网以及第三方系统引接的数据,用于支持装备采购准备管理子系统和实施管理子系统,并对引接的信息进行存储,为后续的大数据挖掘提供数据样本。

评估资源库管理子系统实现装备采购评估任务、组织、指标、标准、模型和数据等资源库的管理。

系统管理子系统主要完成对系统的全生命周期的管理和配置,包括对系统用户的管理、菜单管理、安全管理等多方面的内容,全面支撑其他子系统。

3. 一个决策支撑系统

决策支撑系统能够以其他子系统和数据分析环境为基础,提炼装备采购评估中的基础数据、分析数据、评估结果、业务流程、指标动态关联关系等,可视化展示给装备采购管理部门,同时还能够提供信息细节和线索,为首长决策提供依据。

4. 一个大数据分析环境

大数据分析环境是评估系统运行的基本条件,其主要为评估系统的数据计算、存储、分析、挖掘和检索等提供充足的资源,满足系统部署、业务处理、模型分析计算的基本需求。

7.3.4 功能设计

装备采购评估系统功能,主要包括装备采购评估准备管理、实施管理、处理管理、综合服务、数据引接转化、决策支撑、资源库管理、系统管理和大数据分析环境等功能。

1. 装备采购评估准备管理功能设计

装备采购评估准备管理功能，主要包括装备采购评估任务管理、组织管理、指标体系管理、标准管理、模型管理等。

1) 装备采购评估任务管理功能设计

业务活动	设计任务		
用户	评估管理用户	参与部门	评估决策用户
功能需求	一是可调用任务模板； 二是提供交互窗口，可根据任务要素和要素的先后顺序，按步骤新建评估任务； 三是可保存、修改、查询、展示、删除评估任务文档； 四是可创建评估任务模板，可从已有的任务模板中提取任务模板； 五是生成评估任务方案		
输入数据	评估任务要素，以及要素内容		
输出数据	评估任务方案		

业务活动	上报任务	
用户	评估管理用户	参与部门
功能需求	一是可根据报送模板，拟定上报请示； 二是录入、修改、查询、展示、删除上报请示； 三是向评估决策用户上报评估任务方案	
输入数据	评估任务方案	
输出数据	评估任务请示	

2) 装备采购评估组织管理功能设计

业务活动	初拟方案		
用户	评估管理用户	参与部门	评估决策用户
功能需求	一是调用评估组织管理模板； 二是提供交互窗口，可根据组织管理要素和要素的先后顺序，按步骤新建组织管理机构； 三是能够设计组织管理参与部门、人员组成和职责分工； 四是可保存、修改、查询、展示、删除组织管理机构； 五是可创建评估组织管理模板，可从已有的组织管理模板中提取模板； 六是生成评估组织管理方案		
输入数据	评估组织管理要素，以及要素内容		
输出数据	评估组织管理方案		

续表

业务活动	上报方案		
用户	评估管理用户	参与部门	
功能需求	一是可根据报送模板，拟定上报请示； 二是录入、修改、查询、展示、删除上报请示； 三是向评估决策用户上报评估组织管理方案		
输入数据	评估组织管理方案		
输出数据	评估组织管理请示		

业务活动	选择实施部门		
用户	评估管理用户	参与部门	评估决策部门
功能需求	一是可根据组织管理方案，调用组织管理库； 二是添加、录入、修改、查询、展示、删除实施部门和人员		
输入数据	评估组织管理方案		
输出数据	评估实施部门和人员		

业务活动	遴选评估专家		
用户	评估管理用户	参与部门	评估决策部门
功能需求	一是可根据组织管理方案，调用评估专家库； 二是选择专家遴选方案，包括随机抽取和定向邀请，并能够设计专家回避条件； 三是添加、录入、修改、查询、展示、删除评估专家		
输入数据	评估组织管理方案		
输出数据	评估专家名单		

业务活动	邀请专家		
用户	评估管理用户	参与部门	
功能需求	一是查询拟邀请的专家； 二是通过短信和邮件方式邀请专家； 三是确定评估专家		
输入数据	评估专家名单		
输出数据	确定评估专家名单		

业务活动	成立组织管理机构		
用户	评估系统用户	参与部门	评估管理部门

续表

功能需求	一是查询评估实施部门和专家； 二是根据实施部门和专家，成立组织管理机构； 三是为实施部门和专家建立账号和配置相应的权限； 四是图形化展示组织管理机构构成
输入数据	评估实施部门和评估专家
输出数据	评估组织管理机构

3) 装备采购评估指标体系管理功能设计

业务活动	选择评估指标模块		
用户	评估管理用户	参与部门	
功能需求	一是根据评估任务，查询评估指标库； 二是从评估指标库中，选择对应的指标模块，主要包括装备采购指数评估、全要素评估、多阶段评估、高效益评估、共性评估，以及装备采购其他评估（重大项目评估、舆情评估和创新示范区评估）等评估指标模块		
输入数据	评估任务要素，以及要素内容		
输出数据	评估指标模块		

业务活动	修改评估指标		
用户	评估管理用户	参与部门	
功能需求	一是明确任务实际情况和进度要求； 二是根据评估指标模板，添加、修改或删除相关评估指标； 三是填写指标名称、指标类型、指标说明等要素		
输入数据	评估指标模板		
输出数据	评估指标		

业务活动	专家讨论		
用户	评估管理用户	参与部门	
功能需求	一是根据装备采购评估具体指标，邀请评估专家研究讨论； 二是修改完善装备采购评估指标		
输入数据	评估指标		
输出数据	经专家讨论后修改的评估指标		

业务活动	征求意见		
用户	评估管理用户	参与部门	评估对象

续表

功能需求	一是评估管理用户向评估对象下发评估指标； 二是征求评估对象的意见建议
输入数据	经专家讨论后修改的评估指标
输出数据	评估对象的意见建议

业务活动	确定评估指标	
用户	评估管理用户	参与部门
功能需求	一是根据评估对象的意见，修改完善评估指标； 二是得到最终的评估指标	
输入数据	评估指标及评估对象的意见	
输出数据	最终的评估指标	

4) 装备采购评估标准管理功能设计

业务活动	调用评估标准模块	
用户	评估管理用户	参与部门
功能需求	一是获取指标模块； 二是根据指标模块从评估标准库中，调用对应的装备采购评估标准模块，主要包括装备采购指数评估、全要素评估、多阶段评估、高效益评估、共性评估，以及装备采购其他评估（重大项目评估、承制单位评估）等标准模块	
输入数据	指标模块	
输出数据	标准模块	

业务活动	修改评估标准	
用户	评估管理用户	参与部门
功能需求	一是获取评估指标修改情况； 二是根据评估标准模板，添加、修改或删除相关评估标准； 三是填写评估标准名称、等级、描述和依据等要素	
输入数据	评估标准模板	
输出数据	评估标准	

业务活动	专家讨论	
用户	评估管理用户	参与部门

续表

功能需求	一是根据装备采购评估标准，邀请评估专家研究讨论； 二是修改完善装备采购评估标准
输入数据	评估标准
输出数据	经专家讨论后修改的评估标准

业务活动	征求意见		
用户	评估管理用户	参与部门	评估对象
功能需求	一是评估管理用户向评估对象下发评估标准； 二是征求评估对象的意见建议		
输入数据	经专家讨论后修改的评估标准		
输出数据	评估对象的意见建议		

业务活动	确定评估标准	
用户	评估管理用户	参与部门
功能需求	一是根据评估对象的意见，修改完善评估标准； 二是得到最终的评估标准	
输入数据	评估标准及评估对象的意见	
输出数据	最终的评估标准	

5) 装备采购评估模型管理功能设计

业务活动	选择指标权重模型	
用户	评估专家	参与部门
功能需求	一是获取评估任务、评估指标和评估标准； 二是根据评估任务、评估指标和评估标准，从模型库中选择装备采购评估权重模型。包括德尔菲、层次分析法、主成分法等	
输入数据	评估任务、评估指标和评估标准	
输出数据	权重模型	

业务活动	修改权重模型参数	
用户	评估管理用户	参与部门
功能需求	一是获取调用的模型； 二是根据调用的模型，填写和修改相关模型参数	

续表

输入数据	原始评估模型		
输出数据	修改过的评估模型		

业务活动	形成权重意见		
用户	评估专家用户	参与部门	
功能需求	一是根据权重模型，填写相关数据和参数； 二是形成初步的评估指标权重		
输入数据	权重模型		
输出数据	初步的评估指标权重		

业务活动	研讨交流		
用户	评估管理用户	参与部门	评估专家
功能需求	一是评估管理用户查找离散度较大的指标权重； 二是邀请专家用户进行专项研讨，形成一致意见		
输入数据	离散度较大的指标权重		
输出数据	专家意见		

业务活动	确定权重		
用户	评估管理用户	参与部门	
功能需求	一是获取评估专家用户权重确定结果； 二是综合考虑评估专家用户权重确定结果，形成最终的评估指标权重		
输入数据	评估专家用户权重确定结果		
输出数据	最终的评估指标权重		

业务活动	确定单指标评估模型		
用户	评估专家	参与部门	
功能需求	一是获取评估指标类型和评估标准； 二是根据评估指标类型和评估标准，从模型库中选择单指标评估模型，包括数学公式、模糊数学、证据推理、第三方导入（指通过第三方平台和互联网抓取的数据，形成单指标评估结果）等。 三是确定单指标评估模型		
输入数据	评估指标类型和评估标准		

续表

输出数据	单指标评估模型		
业务活动	确定综合评估模型		
用户	评估专家	参与部门	
功能需求	一是获取评估任务、评估指标和评估标准； 二是根据评估任务、评估指标和评估标准，从模型库中选择综合评估模型，包括变权模糊数学、云模型、加权求和等； 三是确定综合评估模型		
输入数据	评估任务、评估指标和评估标准		
输出数据	综合评估模型		

2. 装备采购评估实施管理功能设计

1) 装备采购评估数据采集管理功能设计

业务活动	设计数据采集模板		
用户	评估专家用户	参与部门	评估决策用户
功能需求	一是设计自动抓取模板，专家用户编辑自动抓取对象、关键词和内容，以及抓取周期等参数； 二是设计数据导入模板，专家用户设计和编辑拟导入第三方平台的数据； 三是设计专家评判模板，专家用户设计和编辑评判标准； 四是设计专家评判模板，专家用户设计和编辑数据上报的模板		
输入数据	设计模板要素，以及要素内容		
输出数据	数据采集模板		
业务活动	审核数据采集模板		
用户	评估管理用户	参与部门	评估决策用户
功能需求	一是审核数据采集模板的自动抓取模板，数据导入模板，设计专家评判模板，设计专家评判模板的功能设计与结果体现； 二是提出关于数据采集模板的修改意见		
输入数据	数据采集模板		
输出数据	修改意见		
业务活动	审核数据采集模板		
用户	评估管理用户	参与部门	评估决策用户

续表

功能需求	一是审核数据采集模板的自动抓取模板、数据导入模板、设计专家评判模板，设计专家评判模板的功能设计与结果体现； 二是提出关于数据采集模板的修改意见		
输入数据	数据采集模板		
输出数据	修改意见		

业务活动	下发数据采集任务		
用户	评估管理用户	参与部门	评估对象、评估专家、系统用户
功能需求	一是下发上报模板给评估对象； 二是下发专家评估模板给评估专家； 三是下发自动抓取模板、数据导入模板给系统用户； 四是评估对象、评估专家、系统用户分别上报或导入装备采购评估数据初样		
输入数据	数据采集模板		
输出数据	装备采购评估数据初样		

业务活动	数据检查		
用户	评估系统用户	参与部门	评估决策用户
功能需求	一是完整性检查，对装备采购评估数据填报是否完整进行检查； 二是合理性检查，对装备采购评估数据填报是否合理进行检查； 三是敏感性检查，对装备采购评估数据是否敏感进行检查		
输入数据	装备采购评估数据初样		
输出数据	修改意见		

业务活动	修改完善数据		
用户	评估对象、评估专家、系统用户	参与部门	评估决策用户
功能需求	一是根据数据检查结果，修改完善装备采购评估数据初样； 二是生成装备采购评估数据		
输入数据	装备采购评估数据初样，修改意见		
输出数据	装备采购评估数据		

2) 装备采购单指标评估管理功能设计

业务活动	开展单指标评估		
用户	评估管理用户	参与部门	评估决策用户
功能需求	根据装备采购单指标评估数据和模型,计算得到装备采购单指标评估结果初样		
输入数据	单指标评估数据和模型		
输出数据	单指标评估结果初样		

业务活动	单指标结果检查		
用户	系统用户	参与部门	评估决策用户
功能需求	一是从完整性、真实性和合理性等方面,对装备采购单指标评估结果进行检查; 二是按照结果检查结论,形成装备采购单指标评估结果初步意见		
输入数据	单指标评估结果初样		
输出数据	单指标评估意见		

业务活动	确定单指标评估结果		
用户	评估管理用户	参与部门	评估决策用户
功能需求	综合考虑评估专家意见,形成最终的装备采购评估单指标评估结果		
输入数据	单指标评估结果初样,单指标评估意见		
输出数据	单指标评估结果		

3) 装备采购综合评估管理功能设计

业务活动	开展综合评估		
用户	评估管理用户	参与部门	
功能需求	一是获取单指标评估结果和综合评估模型; 二是根据单指标评估结果和综合评估模型,计算得到综合评估结果		
输入数据	单指标评估结果和综合评估模型		
输出数据	综合评估结果		

业务活动	研讨交流		
用户	评估管理用户	参与部门	评估专家
功能需求	一是邀请专家对评估结果进行研讨交流; 二是根据专家研讨,形成一致意见		
输入数据	评估结果		

续表

输出数据	专家意见		
业务活动	确定综合评估结果		
用户	评估管理用户	参与部门	
功能需求	一是获取专家意见； 二是综合考虑评估专家意见，形成最终的装备采购评估综合评估结果		
输入数据	专家意见		
输出数据	综合评估结果		

3. 装备采购评估处理管理功能设计

1）装备采购评估结果统计分析功能设计

业务活动	下达任务		
用户	评估决策用户	参与部门	
功能需求	下达装备采购评估结果统计分析任务		
输入数据	评估结果		
输出数据	评估结果统计分析任务		

业务活动	统计分析		
用户	评估管理用户	参与部门	系统用户
功能需求	一是获取评估结果统计分析任务； 二是准备并会使用数据分析与挖掘工具； 三是根据下达任务，利用数据分析与挖掘工具，开展装备采购评估结果的统计分析工作； 四是形成统计分析结果		
输入数据	评估结果统计分析任务		
输出数据	统计分析结果		

业务活动	结果展示		
用户	评估决策用户	参与部门	
功能需求	查询评估结果统计分析情况		
输入数据	评估结果		
输出数据	评估结果统计分析情况		

2) 装备采购评估报告管理功能设计

业务活动	调用评估报告模板		
用户	评估管理用户	参与部门	
功能需求	选择和调用评估报告模板		
输入数据	已有评估报告模板		
输出数据	已选择和调用的评估报告模板		

业务活动	修改评估报告模板		
用户	评估管理用户	参与部门	系统用户
功能需求	修改完善评估报告模板		
输入数据	原始的评估报告模板		
输出数据	完善的评估报告模板		

业务活动	生成评估报告		
用户	评估系统用户	参与部门	
功能需求	一是获取完善的评估报告模板；二是按照模板，生成评估报告		
输入数据	完善的评估报告模板		
输出数据	评估报告		

业务活动	修改评估报告		
用户	评估管理用户	参与部门	评估专家用户
功能需求	一是获取系统生成的评估报告；二是根据系统生成的评估报告，进行修改完善		
输入数据	系统生成的评估报告		
输出数据	完善的评估报告		

业务活动	上报评估报告		
用户	评估管理用户	参与部门	
功能需求	一是获取完善的评估报告；二是上报装备采购评估报告		
输入数据	未上报的评估报告		
输出数据	已上报的评估报告		

3) 装备采购评估活动评价功能设计

业务活动	建立活动评价指标		
用户	评估监管用户	参与部门	评估服务用户、评估专家
功能需求	一是选择和调用评估活动评价指标模板； 二是修改评估活动评价指标； 三是修改和完善评估活动评价指标权重； 四是选择和调用评估活动评价模型		
输入数据	已有评估活动评价指标模板、评估模型		
输出数据	修改完善的评估活动评价指标、权重和模型		

业务活动	采集评估活动评价数据		
用户	评估监管用户	参与部门	评估管理用户、评估对象用户、评估服务用户、评估专家用户等
功能需求	一是调用评估活动数据； 二是上报评估活动数据； 三是专家评判评估活动数据； 四是评估活动数据的加工和处理		
输入数据	各种渠道采集评估活动数据		
输出数据	处理完成的评估活动数据		

业务活动	开展评估活动评价工作		
用户	评估监管用户	参与部门	评估管理用户、评估专家用户等
功能需求	一是调用评估活动评价指标和模型； 二是根据数据，开展评估活动评价； 三是生成评估活动评价报告		
输入数据	评估活动数据、评估活动评价指标和模型		
输出数据	评估报告		

业务活动	上报评估活动评价结果		
用户	评估监管用户	参与部门	评估决策用户
功能需求	一是获取系统生成的评估报告； 二是根据系统生成的评估报告，进行修改完善； 三是上报评估活动评价报告		
输入数据	系统生成的评估报告		
输出数据	完成的评估报告		

4. 装备采购评估综合服务功能设计

1) 装备采购评估专家申报功能设计

业务活动	申请		
用户	评估专家用户	参与部门	
功能需求	一是专家在线提出申请； 二是提供申请材料填报页面，根据页面提供的填写要素，按步骤填写申请信息； 三是可保存、修改、查询、展示、删除申请信息； 四是提交最终的申请信息		
输入数据	申请信息		
输出数据	申请信息上报		

业务活动	推荐		
用户	评估管理用户	参与部门	评估决策部门
功能需求	一是政府和军队相关部门推荐发展评估专家； 二是评估专家信息上报请示		
输入数据	评估专家信息		
输出数据	上报评估专家信息		

业务活动	审核		
用户	评估管理用户	参与部门	评估决策部门
功能需求	一是评估管理用户审核专家政治素质和业务能力； 二是审核装备采购评估专家		
输入数据	评估专家信息		
输出数据	审核评估专家是否通过		

业务活动	评估		
用户	评估管理用户	参与部门	评估决策部门
功能需求	一是评估管理用户可以评估专家的能力素质； 二是评估管理用户可以评估专家的工作效果； 三是评估管理用户可以查询评估专家的能力素质和工作效果		
输入数据	专家能力和工作效果要素		
输出数据	专家能力和工作效果结果		

2) 装备采购评估信息发布功能设计

业务活动	收集信息		
用户	评估管理用户	参与部门	
功能需求	一是评估管理用户汇总装备采购评估指标、标准和结果等信息； 二是可保存、修改、查询、展示、删除评估指标、标准和结果； 三是保存的信息可以是文档、视频、图片、音频等多种形式		
输入数据	装备采购评估指标、标准和结果		
输出数据	数据保存成功、上报审核		

业务活动	审核信息		
用户	评估管理用户	参与部门	评估管理部门
功能需求	一是评估管理部门可以查看到当前拟发布的评估指标、标准和结果信息； 二是对拟发布的信息可以进行批准和驳回		
输入数据	拟发布评估指标、标准和结果		
输出数据	审核通过后的评估指标、标准和结果		

业务活动	发布信息		
用户	系统管理用户	参与部门	
功能需求	一是根据审核后的装备采购评估信息，录入系统； 二是对录入的信息进行发布		
输入数据	装备采购评估指标、标准和结果等信息		
输出数据	发布装备采购评估指标、标准和结果等信息		

业务活动	查询信息		
用户	评估对象用户	参与部门	评估对象用户
功能需求	可根据不同的查询方式，查询到装备采购评估信息		
输入数据	评估对象用户信息		
输出数据	该评估对象用户的装备采购评估信息		

3) 装备采购评估投诉质疑功能设计

业务活动	提报投诉质疑		
用户	评估对象用户	参与部门	
功能需求	一是调用装备采购评估投诉质疑填报页面； 二是评估对象用户客观真实填写评估工作的投诉质疑事项； 三是提交投诉质疑事项页面数据		
输入数据	投诉质疑事项		
输出数据	提报投诉质疑成功，等待结果		

业务活动	审核投诉质疑		
用户	系统管理用户	参与部门	评估管理用户
功能需求	一是系统管理用户对投诉质疑事项进行初步审核； 二是初步审核后上报评估管理用户		
输入数据	投诉质疑事项		
输出数据	反馈信息		

业务活动	回复投诉质疑		
用户	评估管理用户	参与部门	评估决策部门
功能需求	一是评估管理用户根据投诉质疑事项，进行了解和调研； 二是在充分了解及调研的基础上，回复投诉质疑事项结果		
输入数据	投诉质疑事项		
输出数据	回复投诉质疑事项结果		

4) 装备采购评估咨询建议功能设计

业务活动	提报咨询建议		
用户	评估对象用户	参与部门	
功能需求	一是评估对象用户调用装备采购评估咨询建议填报页面； 二是评估对象用户针对关心的装备采购评估问题，填写咨询建议； 三是提交咨询建议数据		
输入数据	咨询建议数据		
输出数据	咨询建议上报		

业务活动	审核咨询建议		
用户	系统管理用户	参与部门	评估管理用户

续表

功能需求	一是系统管理用户对咨询建议进行初步审核； 二是录入、修改、查询、展示、删除上报请示； 三是向评估管理用户上报咨询建议数据		
输入数据	咨询建议		
输出数据	咨询建议请示		

业务活动	回复咨询建议		
用户	评估管理用户	参与部门	评估决策部门
功能需求	一是评估管理用户查看咨询建议； 二是评估管理用户根据咨询建议情况，视情况组织专家和有关部门进行解答和回复		
输入数据	咨询建议		
输出数据	咨询建议解答和回复		

5. 装备采购评估数据引接转化功能设计

装备采购评估数据引接转化，主要包括装备采购评估数据引接、装备采购评估数据清洗和装备采购评估数据处理等。

1）装备采购评估数据引接功能设计

装备采购评估数据引接功能设计，主要实现装备采购评估数据自动抓取和数据导入等功能。

（1）数据自动抓取功能设计。

数据自动抓取功能包括确定抓取要素、选择抓取对象和实施抓取等功能。

① 确定抓取要素。根据装备采购评估指标要求，确定拟抓取装备采购评估数据的关键词和有关要求。

② 选择抓取对象。选择拟抓取数据的来源对象，比如互联网的政府、军队和企业网站等。

③ 实施抓取。针对抓取对象，快速获取包含关键字的网站信息，将网站信息以文本格式引入装备采购评估系统，通过来源加以分类，并分析历史抓取内容舍弃重合部分，保证数据新鲜可用。

（2）数据导入功能设计。

数据导入功能包括确定导入数据、选择导入对象和实施导入。

① 确定导入数据。根据装备采购评估指标要求，确定拟导入装备采购评估数据的分类、关键词、格式和有关要求。

② 选取导入对象。选择拟导入数据的来源对象，比如全军武器装备采购

信息网、军队采购网等。

③ 实施导入。根据拟导入数据的要求，从对象相关数据引入装备采购评估系统，并进行分类存储。

2）装备采购评估引接数据清洗功能设计

装备采购评估数据清洗，包括数据完整性清洗、唯一性清洗、权威性清洗、合法性清洗和一致性清洗等功能。

（1）数据完整性清洗功能设计。

引接的装备采购评估数据可能会出现数据缺失或部分数据不完整的现象，这种情况下需要将缺失值补全。缺失值可以从本数据源或其他数据源通过分析、推导、计算等方法补全。若数据缺失严重无法补全，需清理整条数据保证统计准确性。

（2）数据唯一性清洗功能设计。

为了确保装备采购评估系统中的数据具有唯一性，可以根据主键的唯一性进行数据清洗，主键包括指标名称等标准性参数。也可以编写规则对重复数据进行清洗。

（3）数据权威性清洗功能设计。

数据权威性主要针对自动抓取采集的数据。自动抓取采集的数据来源于互联网各大门户网站，且仅通过关键字内容检索不能保证数据来源真实可靠，虚假数据会导致样本值数据偏失。因此需要对数据来源做可靠性判断。

（4）数据合法性清洗功能设计。

数据合法性清洗，主要是对装备采购评估引接错误数据检测、修正、警告及删除。设定强制合法规则，凡是不在此规则范围内的判为无效，直接删除。设置字段类型合法规则，如日期格式等。设置警告规则，不在规则范围内的数据进行警告，通过分箱、聚类、回归及人工处理方式对警告数据进行修正。

（5）数据一致性清洗功能设计。

数据一致性清洗，主要实现对装备采购评估引接数据的名称、类型、单位、格式、字段长度、计数方法以及值域等进行一致性判断。可以采用语法分析和模糊匹配技术完成对多数据源数据的清理，达到数据一致性的要求。

3）装备采购评估引接数据处理功能设计

装备采购评估引接数据处理功能，主要包括数据解析和数据转化等功能。

(1) 数据解析功能设计。

根据装备采购评估引接数据的分类规则，为每类引接数据制订了相应的模板，提供统一的解析规则模板。利用解析规则对数据进行解析。

(2) 数据转化功能设计。

解析出来的装备采购评估数据在语义和表述上仍然有一定的差别。为了能够将这些具有不同表述且又具有相同意义的数据统一起来，需要进行数据转化。数据转化的核心是实现数据统一规范化表述，消除异构性带来的数据理解障碍，形成标准规范的装备采购评估数据库。

6. 装备采购评估资源库管理功能设计

装备采购评估资源库管理功能，主要实现装备采购评估任务库、组织库、指标库、标准库、模型库、采集模块、报告模板等管理。

1) 装备采购评估任务库管理功能设计

装备采购评估任务库管理功能，主要包括任务查询、任务检索、任务编辑、任务展示、任务导入和任务导出等功能。

(1) 任务查询。能够查询装备采购评估任务，包括任务类型、格式和说明等。

(2) 任务检索。提供全文检索和定制化检索功能，能够根据关键字段进行一次或多次检索。同时，支持多条件检索。

(3) 任务编辑。提供装备采购评估任务的添加、修改和删除等编辑功能。

(4) 任务展示。采取柱状图、饼图、雷达图、趋势图等方式，展示装备采购评估任务。

(5) 任务导入。用户通过 Excel 或 Word，导入装备采购评估任务。

(6) 任务导出。用户可以按照条件，导出装备采购评估任务，导出格式为 Excel 或 Word。

2) 装备采购评估组织库管理功能设计

装备采购评估组织库管理功能，主要包括组织查询、组织检索、组织编辑、组织展示、组织导入和组织导出等功能。

(1) 组织查询。能够查询装备采购评估组织管理机构和专家，包括名称、类型、格式和说明等。

(2) 组织检索。提供全文检索和定制化检索功能，能够根据关键字段进行一次或多次检索。同时，支持多条件检索。

(3) 组织编辑。提供装备采购评估组织机构和专家的添加、修改和删除等编辑功能。

（4）组织展示。采取柱状图、饼图、雷达图、趋势图等方式，展示装备采购评估组织和专家的分布和数量等数据。

（5）组织导入。用户通过 Excel 或 Word，导入装备采购评估组织和专家。

（6）组织导出。用户可以按照条件，导出装备采购评估组织和专家，导出格式为 Excel 或 Word。

3）装备采购评估指标体系库管理功能设计

装备采购评估指标体系库管理功能，主要包括指标查询、指标检索、指标编辑、指标展示、指标导入和指标导出等功能。

（1）指标查询。能够查询装备采购评估指标，包括名称、类型、格式和说明等。

（2）指标检索。提供全文检索和定制化检索功能，能够根据关键字段进行一次或多次检索。同时，支持多条件检索。

（3）指标编辑。提供装备采购评估指标的添加、修改和删除等编辑功能。

（4）指标展示。采取柱状图、饼图、雷达图、趋势图等方式，展示装备采购评估指标。

（5）指标导入。用户通过 Excel 或 Word，导入装备采购评估指标。

（6）指标导出。用户可以按照条件，导出装备采购评估指标，导出格式为 Excel 或 Word。

4）装备采购评估标准库管理功能设计

装备采购评估标准库管理功能，主要包括标准查询、标准检索、标准编辑、标准展示、标准导入和标准导出等功能。

（1）标准查询。能够查询装备采购评估标准，包括名称、类型、格式和说明等。

（2）标准检索。提供全文检索和定制化检索功能，能够根据关键字段进行一次或多次检索。同时，支持多条件检索。

（3）标准编辑。提供装备采购评估标准的添加、修改和删除等编辑功能。

（4）标准展示。采取柱状图、饼图、雷达图、趋势图等方式，展示装备采购评估标准。

（5）标准导入。用户通过 Excel 或 Word，导入装备采购评估标准。

（6）标准导出。用户可以按照条件，导出装备采购评估标准，导出格式为 Excel 或 Word。

5）装备采购评估模型库管理功能设计

装备采购评估模型库管理功能，主要包括模型查询、模型检索、模型编辑、模型嵌入、模型展示和模型导出等功能。

（1）模型查询。能够查询装备采购评估模型，包括名称、类型、格式和说明等。

（2）模型检索。提供全文检索和定制化检索功能，能够根据关键字段进行一次或多次检索。同时，支持多条件检索。

（3）模型编辑。提供装备采购评估模型的添加、修改和删除等编辑功能，以及模型参数的调整和修改。

（4）模型嵌入。能够嵌入独立的评估模型。

（5）模型展示。采取柱状图、饼图、雷达图、趋势图等方式，展示装备采购评估模型。

（6）模型导出。用户可以按照条件，导出装备采购评估模型的说明，导出格式为 Word。

6）装备采购评估数据采集模块管理

装备采购评估数据采集模块管理功能，主要包括数据采集模块查询、数据采集模块检索、数据采集模块编辑、数据采集模块展示、数据采集模块导入和数据采集模块导出等功能。

（1）数据采集模块查询。能够查询装备采购评估数据采集模块，包括名称、类型、格式和说明等。

（2）数据采集模块检索。提供全文检索和定制化检索功能，能够根据关键字段进行一次或多次检索。同时，支持多条件检索。

（3）数据采集模块编辑。提供装备采购评估数据采集模块的添加、修改和删除等编辑功能。主要包括自动抓取模板、数据导入模板、专家评判模板和评估对象上报模板等。①自动抓取模板编辑，编辑自动抓取对象、关键词和内容，以及抓取周期等参数。②数据导入模板编辑，编辑拟导入第三方平台的数据。③专家评判模板编辑，编辑专家评判标准。④评估对象上报模板编辑，编辑数据上报的模板。

（4）数据采集模块展示。采取柱状图、饼图、雷达图、趋势图等方式，展示装备采购评估数据采集模块。

（5）数据采集模块导入。用户通过 Excel 或 Word，导入装备采购评估数据采集模块。

（6）数据采集模块导出。用户可以按照条件，导出装备采购评估数据采集模块，导出格式为 Excel 或 Word。

7) 装备采购评估报告模板管理

装备采购评估报告模板管理功能，主要包括评估报告模板查询、评估报告模板检索、评估报告模板编辑、评估报告模板导入和评估报告模板导出等功能。

（1）评估报告模板查询。能够查询装备采购评估报告模板，包括名称、类型、格式和说明等。

（2）评估报告模板检索。提供全文检索和定制化检索功能，能够根据关键字段进行一次或多次检索。同时，支持多条件检索。

（3）评估报告模板编辑。提供装备采购评估报告模板的添加、修改和删除等编辑功能。

（4）评估报告模板导入。用户通过 Excel 或 Word，导入装备采购评估报告模板。

（5）评估报告模板导出。用户可以按照条件，导出装备采购评估报告模板，导出格式为 Excel 或 Word。

7. 装备采购评估系统管理功能设计

装备采购评估系统管理功能，实现对评估系统的用户管理、系统管理和数据管理等。

1) 用户管理

用户管理模块包括用户注册、用户登录、用户基本信息维护等功能。

（1）用户注册。包括装备采购评估决策用户、管理用户和专家用户的注册。注册信息包括账号、密码、姓名、单位等。

（2）用户登录。完成注册的用户可在登录页面进行登录操作，进而查看权限范围内的装备采购评估信息。

（3）信息维护。用户对自己账户的基本信息进行维护，但其中姓名等关键注册信息不能修改。

2) 系统管理功能

系统管理功能，能够对装备采购评估系统用户管理、角色分配、权限配置和安全管理等进行系统管理。

（1）系统参数设置。系统管理员可对系统运行参数进行设置，例如：用户登录过期时长、系统上传图片大小、格式限制等。

（2）创建管理员用户。系统管理员可使用系统管理功能创建各级管理员，如各栏目管理员等；创建管理员用户时，需要输入管理员的账号、密码、个人基本信息等。

(3) 编辑管理员用户。系统管理员可编辑各级管理员的账号信息、个人基本信息等。

(4) 删除管理员用户。系统管理员可删除各级管理员用户，删除成功后，该用户将不能再登录涉密信息管理系统。

(5) 创建管理员角色。系统管理员可创建不同的管理员角色，方便为不同的管理员分配不同的角色，设置不同的操作权限。

(6) 管理员角色分配。系统管理员可对各级管理员进行角色分配，选中要为其分配角色的管理员用户，选择角色，执行角色分配操作，角色分配成功后，该管理员即具备了为其分配的角色对应的操作权限。

(7) 角色权限配置。系统管理员可对其各级管理员角色分配系统操作权限，可根据栏目不同、承担的任务不同分配不同的权限。权限包括系统管理、查询管理、信息审核、信息编辑与发布等权限。

(8) 日志管理。系统用户可以查看系统操作日志，包含登录名、用户名称、操作时间以及执行语句等，并可以通过登录名来进行详细的查询。

3) 数据管理

提供各类数据的备份和数据恢复等功能。

(1) 数据备份。系统管理员使用数据备份功能备份系统的所有数据，执行备份操作，若为第一次数据备份，则系统默认执行全量备份类型，若非一次数据备份，则系统管理员需要选择全量备份还是增量备份，之后系统自动执行数据备份，数据备份成功后，系统将生成一条数据备份记录和备份文件。

(2) 数据恢复。系统提供数据恢复功能，系统管理员选择执行数据恢复，系统自动执行最近一次的全量备份和此次全量备份后的所有增量备份，执行完成后，提示系统管理员，且数据将恢复到之前备份时的情况。

4) 安全管理

(1) 运行状态告警策略配置。运行状态告警策略支持对系统运行状态和数据控制指标设定阈值，当相关参数超过阈值时，形成告警信息。主要可监控的运行状态和指标包括连通性、系统连续工作时间、CPU利用率、内存占用率、端口流量信息、数据状态信息等。

(2) 关联分析告警。对安全时间进行聚合分析以及基于场景的关联分析后，确定安全事件的可信度，再结合安全事件的优先级与目标情况，计算安全事件的风险值，设置风险阈值，当超过阈值时，进行关联分析告警。

(3) 运行状态异常告警。系统对自身运行状态的异常进行告警，对告警信息进行统一管理和分类呈现，支持对告警信息按照告警等级进行排序。

(4) 告警查询。可以根据告警类型、告警等级、告警状态、监控类型、相关业务自定义时间段进行告警查询。

(5) 告警统计。可以根据告警类型、告警等级、告警状态、告警源等多个不同的维度对告警信息进行分类统计。

8. 装备采购评估决策支撑功能设计

装备采购评估决策支撑功能，主要包括装备采购评估过程决策支撑、装备采购现状决策支撑、装备采购趋势决策支撑、装备采购效果决策支撑等。

1) 装备采购评估过程决策支撑功能设计

装备采购评估过程决策支撑功能，主要包括评估任务决策支撑、评估指标决策支撑、评估模型决策支撑和评估效果决策支撑。

(1) 评估任务决策支撑功能设计。

根据装备采购评估过程数据，通过可视化手段，展示装备采购任务整体情况、进度、实施主体和评估专家等数据，便于装备采购管理部门了解装备采购评估任务情况。

(2) 评估指标决策支撑功能设计。

根据装备采购评估指标数据，通过可视化手段，展示装备采购评估指标的相互关系和内在联系，便于装备采购管理部门全面掌握装备采购评估指标体系。

(3) 评估模型决策支撑功能设计。

根据装备采购评估模型数据，通过可视化手段，展示装备采购评估模型的类型、分布和主要算法，便于装备采购管理部门全面掌握装备采购评估模型方法。

(4) 评估效果决策支撑功能设计。

根据装备采购评估过程数据，通过可视化手段，展示专家和评估对象对于装备采购评估结果的认可度和满意度，便于装备采购管理部门了解装备采购评估效果。

2) 装备采购现状决策支撑功能设计

装备采购现状决策支撑功能，主要包括装备采购整体态势、装备采购重点方向情况、装备采购对比分析等。

(1) 装备采购整体态势功能设计。

根据装备采购评估数据和结果，通过多维态势图，实时直观展示当前装备采购态势，形成装备采购现状的"一张图"，为装备采购管理部门宏观掌握装备采购情况提供支撑。

(2) 装备采购重点方向基本现状功能设计。

根据装备采购评估数据和结果，通过多维态势图，实时直观展示当前各军兵种、各领域、各要素装备采购现状，为装备采购管理部门了解重点方向的装备采购情况提供支撑。

(3) 装备采购对比分析功能设计。

根据装备采购评估数据和结果，通过多维态势图，实时直观展示各军兵种之间、要素之间、阶段之间装备采购对比情况，为装备采购管理部门了解装备采购差异情况提供支撑。

3) 装备采购趋势决策支撑功能设计

装备采购趋势决策支撑功能，主要包括装备采购整体态势和装备采购重点方向发展趋势等。

(1) 装备采购整体趋势功能设计。

根据装备采购评估数据和结果，以及数据之间的关联关系，运用趋势预测模型等方法，通过可视化的方式，直观展示装备采购整体变化趋势，为装备采购管理部门宏观掌握装备采购趋势提供支撑。

(2) 装备采购重点方向发展趋势功能设计。

根据装备采购评估数据和结果，以及数据之间的关联关系，通过可视化的方式，直观展示各军兵种、各阶段、各要素装备采购趋势，为装备采购管理部门了解重点方向的装备采购趋势提供支撑。

4) 装备采购效果决策支撑功能设计

装备采购效果决策支撑功能，主要包括装备采购典型经验和存在问题分析等。

(1) 装备采购典型经验。

根据装备采购评估结果，通过可视化手段，实时展示装备采购的典型和成功经验，挖掘推动和落实装备采购战略的"排头兵"和"领头雁"。

(2) 装备采购存在问题分析。

根据装备采购评估结果，通过可视化手段，实时展示装备采购的短板和弱项，深度挖掘装备采购问题的真实原因，为装备采购管理部门精准掌握装备采购存在问题提供支撑。

9. 装备采购评估大数据分析环境功能设计

大数据分析环境，主要包括了数据汇聚融合、数据挖掘、数据分析和数据可视化等功能，如图 7-11 所示。

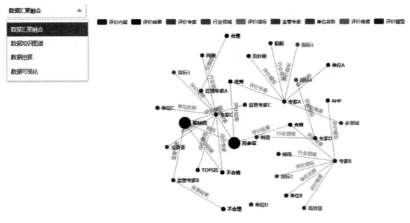

图 7-11　大数据分析图

1）数据汇聚融合功能设计

数据汇聚融合功能，主要包括数据汇聚、数据融合和数据汇聚融合管理等功能。

（1）数据汇聚。主要实现多源数据汇聚管理功能，支持按照领域、数据种类、数据来源进行数据分类、存储、浏览。

（2）数据融合。主要提供数据融合处理功能，支持按照数据结果，选取汇聚数据、配置融合策略，进行数据融合、清洗和合并。

（3）数据汇聚融合管理。主要提供汇聚融合数据的管理，支持数据的修改、删除、导入和导出。

2）数据挖掘功能设计

数据挖掘功能，主要包括数据遍历、数据学习、知识图谱构建等。

（1）数据遍历。支持装备采购评估数据统计分析和深度搜索，完成数据遍历，为数据深度学习奠定基础。

（2）数据学习。支持装备采购评估数据机器学习和模糊识别，为挖掘隐藏信息，发现有效知识奠定基础。

（3）知识图谱。支持装备采购评估数据知识图谱构建，为深度理解装备采购发现数据内在关系和作用机理奠定基础，如图 7-12 所示。

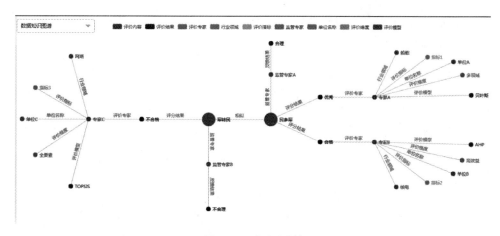

图 7-12　知识图谱

3）数据分析功能设计

数据分析功能，主要包括装备采购评估数据统计、数据关联分析和语义分析等功能。

（1）数据统计，支持按照装备采购评估数据统计策略，对数据进行提炼、归类和研判，形成装备采购评估数据统计分析结果集。

（2）数据关联分析，支持数据之间的关联关系、内在联系、相关性和作用机理的分析。

（3）语义分析，利用语义分析技术，对评估过程中产生的文件资料进行深度语义理解和智能化的分析。

4）数据可视化功能设计

数据可视化功能，主要包括静态数据可视化和动态数据可视化等。

（1）静态数据可视化。利用计算机图形学和图像处理技术，将数据转化为静态的图像或图形，展示某一阶段装备采购的态势和效果。

（2）动态数据可视化。利用计算机图形学和图像处理技术，将数据转化为动态的图像或图形，展示装备采购历史变化情况和发展趋势。

7.3.5　数据设计

装备采购评估数据项，主要包括评估活动数据项、评估指标数据项、数据引接项、决策支持数据项和系统运行数据项等。

1. 评估活动数据项

评估活动数据项主要包括描述装备采购评估工作所需要的各类基础数据，

包括评估任务、评估组织机构、评估指标、评估标准、评估模型、评估数据采集模块等，见表7-1。

表7-1 评估活动数据项

序号	名称	说明	数据内容
1	评估任务数据	描述评估任务的基本情况	主要包括评估任务编号、评估任务名称、评估任务类型（宏观、中观、微观）、评估对象、开始时间、结束时间、评估任务概况、评估计划表等
2	评估组织管理数据	描述评估组织机构和评估专家等基本信息	主要包括评估组织机构人数、组织单位、专家人数、专家姓名、专家单位、职称、职务、专业领域等
3	评估指标数据	描述评估指标的基本信息	主要包括指标编号、指标名称、所属领域、指标说明、指标依据等
4	评估标准数据	描述评估标准的基本信息	主要包括标准编号、标准名称、标准类型、所属领域、标准描述、标准依据等
5	评估模型数据	描述评估模型的基本信息	主要包括模型编号、模型名称、模型类型、所属领域、模型描述和模型算法等
6	数据采集数据	描述评估数据采集的基本信息	主要包括采集数据类型、数据格式、数据来源、数据说明、采集时间等
7	单指标评估数据	描述单指标评估的基本信息	主要包括单指标编号、单指标名称、单指标评估模型、单指标得分结果、单指标描述等
8	综合评估数据	描述综合评估的基本信息	主要包括综合评估编号、综合评估名称、综合评估模型、综合评估结果、综合评估描述等
9	评估报告数据	描述评估报告的基本信息	主要包括评估报告的编号、名称、评估报告内容、评估报告结论等
10	专家申报数据	描述评估专家申报的基本信息	主要包括专家编号、姓名、籍贯、出生年月、单位、职称、职务、专业领域和简介等
11	信息发布数据	描述信息发布的基本情况	主要包括信息编号、信息标题、信息内容、信息发布时间等
12	投诉质疑数据	描述投诉质疑的基本情况	主要包括投诉质疑编号、标题、内容、发布时间、反馈内容、反馈时间等
13	咨询建议数据	描述咨询建议的基本情况	主要包括咨询建议编号、标题、内容、发布时间、反馈内容、反馈时间等

2. 评估指标数据项

评估指标数据项主要包括装备采购要素评估、阶段评估、效益评估等数据。

1）装备采购全要素评估指标数据项

装备采购全要素评估指标数据项，见表7-2。

表 7-2 装备采购全要素评估指标数据项

序号	名 称	说 明	数 据 内 容
1	装备采购组织管理体系评估指标	描述装备采购组织管理体系、机构设置的关键情况	主要包括是否建立了军地双重领导的融合管理体系，管理机构基本设置等
2	装备采购工作运行机制评估指标	描述装备采购工作运行机制的关键情况	主要包括装备采购工作运行体系是否健全，运转是否高效、出台的工作运行政策和制度的数量和级别等
3	装备采购相关政策评估指标	描述装备采购相关政策的关键情况	主要包括在财政、价格、投融资等方面出台的政策数量、政策级别、享受政策的企业和商品数量等
4	装备采购人才队伍评估指标	描述装备采购人才队伍建设的情况	主要包括装备采购人才数量，不同层次（不同学历、不同职称）的人才数量和比例，人才培养、交流和保证体系完备情况，人力资源配置情况等
5	装备采购资金评估指标	描述装备采购资金相关情况	主要包括装备采购经费总体情况、经费分类，以及每类经费使用情况等
6	装备采购技术评估指标	描述相关技术对装备采购工作的支撑情况	主要包括装备采购运用的相关技术、技术手段先进性情况、有关技术支撑装备采购工作的类型和内容等

2）装备预研阶段评估数据项

装备预研阶段评估数据项，见表 7-3。

表 7-3 装备预研阶段评估数据项

序号	名 称	说 明	数 据 内 容
1	装备预研体制	装备预研组织管理体制满足装备预研管理需求情况	装备预研组织管理体制、分工、职责
2	装备预研政策	装备预研政策满足装备预研需求情况	装备预研政策等级、发布单位、出台时间、主要内容
3	装备预研机制	装备预研运行机制满足需求情况	主要业务、业务流程、协同事项、协同流程、责任分工
4	装备预研计划制订效率	预研计划制订是否迅速、如期完成	装备预研计划制订实际花费时间、装备预研计划制订要求时间
5	装备预研计划制订效果	装备预研计划满足装备发展规划情况	装备预研计划、装备发展规划
6	装备预研信息发布率	预研项目信息公开情况	发布信息的装备预研项目数量、装备预研项目总量

续表

序号	名称	说明	数据内容
7	装备预研信息对接完成率	发布的预研项目信息对接完成情况	发布信息的装备预研项目数量、完成对接的装备预研项目数量
8	装备预研信息对接效率	及时有效开展预研项目信息对接情况	实际完成信息对接的平均时间、预定的完成信息对接时间
9	装备预研公开招标比例	装备预研公开招标情况	装备预研公开招标项目数量、公开招标经费数量、装备预研项目数量、装备预研经费数量
10	装备预研邀请招标比例	装备预研邀请招标情况	装备预研邀请招标项目数量、邀请招标经费数量、装备预研项目数量、装备预研经费数量
11	装备预研竞争性谈判比例	装备预研竞争性谈判情况	装备预研竞争性谈判项目数量、竞争性谈判项目经费数量、装备预研项目数量、装备预研经费数量
12	装备预研询价比例	装备预研询价情况	装备预研询价项目数量、询价项目经费数量、装备预研项目数量、装备预研经费数量
13	装备预研市场规模	装备预研市场规模满足需求情况	装备预研承研单位数量、核心业务、能力水平
14	装备预研市场分布	装备预研市场分布满足需求情况	装备预研承研单位类型、领域、主营业务
15	装备预研市场门槛	装备预研市场门槛合理性情况	装备预研市场门槛规定、设置依据或原因说明、社会反映情况
16	装备预研市场管控	装备预研市场管控满足需求情况	违规事项、处理情况
17	装备预研执行率	装备预研执行的进度、经费情况	装备预研完成的平均时间、装备预研项目计划完成平均时间、装备预研项目实际开支的经费、装备预研项目预算经费
18	装备预研成果转化率	装备预研成果向装备采购其他阶段转化情况	装备预研成果向装备采购其他阶段转化的数量、装备预研成果数量
19	装备预研成果质量	装备预研成果质量情况	装备预研成果评审优秀数量、装备预研成果数量
20	装备预研成果满意度	装备预研管理甲方对成果满意情况	装备预研管理甲方对成果满意的数量、装备预研成果数量

3）装备研制阶段评估数据项

装备研制阶段评估数据项，见表7-4。

表7-4 装备研制阶段评估数据项

序号	名称	说明	数据内容
1	装备研制体制	装备研制组织管理体制满足装备研制管理需求情况	装备研制组织管理体制、分工、职责
2	装备研制政策	装备研制政策满足装备研制需求情况	装备研制政策等级、发布单位、出台时间、主要内容
3	装备研制机制	装备研制运行机制满足需求情况	主要业务、业务流程、协同事项、协同流程、责任分工
4	装备研制计划制订效率	研制计划制订是否迅速、如期完成	装备研制计划制订实际花费时间、装备研制计划制订要求时间
5	装备研制计划制订效果	装备研制计划满足装备发展规划情况	装备研制计划、装备发展规划
6	装备研制信息发布率	研制项目信息公开情况	发布信息的装备研制项目数量、装备研制项目总量
7	装备研制信息对接完成率	发布的研制项目信息对接完成情况	发布信息的装备研制项目数量、完成对接的装备研制项目数量
8	装备研制信息对接效率	及时有效开展研制项目信息对接情况	实际完成信息对接的平均时间、预定的完成信息对接时间
9	装备研制公开招标比例	装备研制公开招标情况	装备研制公开招标项目数量、公开招标经费数量、装备研制项目数量、装备研制经费数量
10	装备研制邀请招标比例	装备研制邀请招标情况	装备研制邀请招标项目数量、邀请招标经费数量、装备研制项目数量、装备研制经费数量
11	装备研制竞争性谈判比例	装备研制竞争性谈判情况	装备研制竞争性谈判项目数量、竞争性谈判项目经费数量、装备研制项目数量、装备研制经费数量
12	装备研制询价比例	装备研制询价情况	装备研制询价项目数量、询价项目经费数量、装备研制项目数量、装备研制经费数量
13	装备研制市场规模	装备研制市场规模满足需求情况	装备研制承研单位数量、核心业务、能力水平
14	装备研制市场分布	装备研制市场分布满足需求情况	装备研制承研单位类型、领域、主营业务
15	装备研制市场门槛	装备研制市场门槛合理性情况	装备研制市场门槛规定、设置依据或原因说明、社会反映情况
16	装备研制市场管控	装备研制市场管控满足需求情况	违规事项、处理情况
17	装备研制方案通过率	装备研制方案通过审批情况	批准通过装备研制方案数量、装备研制方案总数量

续表

序号	名称	说明	数据内容
18	装备研制方案制订效率	迅速、及时制订装备研制方案情况	装备研制方案制订实际天数、装备研制方案制订计划天数
19	装备工程研制效率	装备工程研制进度情况	装备工程研制进度周期等
20	装备工程研制性能鉴定效率	装备工程研制性能鉴定完成情况	装备工程研制性能鉴定完成时间周期等
21	装备工程研制作战试验效率	装备工程研制作战试验完成情况	装备工程研制作战试验完成时间周期
22	装备工程研制状态鉴定效率	装备工程研制状态鉴定完成情况	装备工程研制状态鉴定完成时间周期
23	装备定型验收通过率	装备定型验收完成情况	装备定型验收通过的数量、未通过的数量
24	装备工程研制效率	按计划通过装备工程研制验收定型的项目情况	装备工程研制实际天数、装备工程研制计划天数
25	装备研制合同执行率	装备研制项目按合同执行情况	严格执行装备研制合同的项目数量、装备研制项目数量
26	装备研制经费执行率	装备研制项目经费使用情况	实际投入装备研制经费、计划投入装备研制经费

4) 装备订购阶段评估数据项

装备订购阶段评估数据项，见表7-5。

表7-5　装备订购阶段评估数据项

序号	名称	说明	数据内容
1	装备订购体制	装备订购组织管理体制满足装备订购管理需求情况	装备订购组织管理体制、分工、职责
2	装备订购政策	装备订购政策满足装备订购需求情况	装备订购政策等级、发布单位、出台时间、主要内容
3	装备订购机制	装备订购运行机制满足需求情况	主要业务、业务流程、协同事项、协同流程、责任分工
4	装备订购计划制订效率	订购计划制订是否迅速、如期完成	装备订购计划制订实际花费时间、装备订购计划制订要求时间
5	装备订购计划制订效果	装备订购计划满足装备发展规划情况	装备订购计划、装备发展规划
6	装备订购信息发布率	订购项目信息公开情况	发布信息的装备订购项目数量、装备订购项目总量

续表

序号	名称	说明	数据内容
7	装备订购信息对接完成率	发布的订购项目信息对接完成情况	发布信息的装备订购项目数量、完成对接的装备订购项目数量
8	装备订购信息对接效率	及时有效开展订购项目信息对接情况	实际完成信息对接的平均时间、预定的完成信息对接时间
9	装备订购公开招标比例	装备订购公开招标情况	装备订购公开招标项目数量、公开招标经费数量、装备订购项目数量、装备订购经费数量
10	装备订购邀请招标比例	装备订购邀请招标情况	装备订购邀请招标项目数量、邀请招标经费数量、装备订购项目数量、装备订购经费数量
11	装备订购竞争性谈判比例	装备订购竞争性谈判情况	装备订购竞争性谈判项目数量、竞争性谈判项目经费数量、装备订购项目数量、装备订购经费数量
12	装备订购询价比例	装备订购询价情况	装备订购询价项目数量、询价项目经费数量、装备订购项目数量、装备订购经费数量
13	装备订购合同规范率	装备订购合同规范性情况	满足规范要求的装备订购合同数量、装备订购合同总数量
14	装备订购军检验收合格率	装备订购军检验收情况	验收合格的装备数量情况
15	装备订购经费执行率	装备订购项目经费使用情况	实际投入装备订购经费、计划投入装备订购经费
16	装备订购合同执行率	装备订购合同履行情况	严格履行的订购合同数量、装备订购合同总数量
17	装备订购列装部署效率	装备订购列装部署情况	装备订购列装部署数量,计划列装部署数量
18	装备订购部队满意度	装备订购部队满意情况	装备订购部队对装备满意情况、不满意情况等

5) 装备维修阶段评估数据项

装备维修阶段评估数据项,见表7-6。

表7-6 装备维修阶段评估数据项

序号	名称	说明	数据内容
1	装备维修体制	装备维修组织管理体制满足装备维修管理需求情况	装备维修组织管理体制、分工、职责
2	装备维修政策	装备维修政策满足装备维修需求情况	装备维修政策等级、发布单位、出台时间、主要内容

续表

序号	名称	说明	数据内容
3	装备维修机制	装备维修运行机制满足需求情况	主要业务、业务流程、协同事项、协同流程、责任分工
4	装备维修标准规范适用率	现有装备维修标准规范满足需求情况	满足需求的装备维修标准规范数量、现有装备维修标准规范总量
5	装备维修标准规范制订效率	迅速、及时补充装备维修标准规范情况	新装备维修标准规范制订实际使用天数、新装备维修标准规范制订计划使用天数
6	装备维修设施保障率	现有装备维修设施满足需求情况	装备维修设施现有数量、装备维修设施需求数量
7	装备维修设备保障率	现有装备维修设备满足需求情况	装备维修设备现有数量、装备维修设备需求数量
8	装备维修器材保障率	现有装备维修器材满足需求情况	装备维修器材现有数量、装备维修器材需求数量
9	装备维修计划制订效率	维修计划制订是否迅速、如期完成	装备维修计划制订实际花费时间、装备维修计划制订要求时间
10	装备维修计划制订效果	装备维修计划满足装备发展规划情况	装备维修计划、装备发展规划
11	核心能力建设情况	核心能力建设情况	核心能力数量、规模和分布，以及核心能力建设需求情况等
12	装备维修社会力量比率	装备维修社会力量建设情况	装备维修社会力量数量、规模和分布，以及装备维修力量总体情况
13	装备维修力量规模满足需求率	装备维修力量规模满足需求情况	现有装备维修力量规模、装备维修工作量需求等
14	装备修复率	装备修复情况	装备修复数量、计划修复装备的数量
15	装备维修合同执行率	装备维修合同履行情况	严格履行的维修合同数量、装备维修合同总数量
16	装备完好率	装备完好情况	处于良好状态的装备数量规模，装备总体数量规模
17	装备战备率	装备战备值班情况	实际用于装备战备值班的装备数量、计划用于装备战备值班的装备数量
18	装备使用单位的满意度	装备使用单位的满意度	装备使用单位对装备满意情况、不满意情况等

6) 装备采购效益评估数据项

装备采购效益评估数据项，见表 7-7。

表 7-7 装备采购效益评估数据项

序号	名称	说明	数据内容
1	军事需求满足情况	采购的装备满足军事需求情况	计划采购的装备满足军事需求的项目数量，完成的满足军事需求的项目数量
2	战斗力支撑情况	采购的装备支撑战斗力生成情况	装备采购项目总数，采购装备支撑战斗力生成的项目数量
3	军队满意度	部队对装备采购满意情况	装备采购项目总数，部队满意的项目数量
4	装备采购投入产出	装备采购产业投资回报情况	装备采购产业年均投入资金，装备采购产业年利润
5	国家经济贡献度	采购的装备对国家经济贡献度	国内年生产总值，装备采购相关产业年生产总值
6	装备采购成果转化效益	装备采购成果转化收益与总成果转化收益的比例情况	装备采购成果转化收益，总成果转化收益
7	国防知识产权效益	军民知识产权收益与总知识产权收益的比率	总知识产权收益，相关国防知识产权收益
8	拥军爱民态势	拥军爱民态度情况	拥军爱民的舆情指数
9	劳动就业贡献率	装备采购劳动就业情况	年总就业数，装备采购相关就业数
10	市场竞争风气	装备采购竞争情况	军方需求总数，由装备采购引入竞争的项目数
11	国民装备建设信心指数	国民装备建设信心指数	民众对装备建设信心提升的数量，调查的民众数量等
12	装备建设意识指数	装备建设意识指数情况	民众国防意识提升的数量，调查的民众数量等
13	国际装备建设舆论指数	国际装备建设舆论指数情况	国际舆论对我军装备采购的相关舆情数据

7) 装备采购项目前评估数据项

装备采购项目前评估数据项，见表 7-8。

表 7-8 装备采购项目前评估数据项

序号	名称	说明	数据内容
1	战略规划结合度	项目与装备建设战略和规划结合程度	有关项目与装备采购规划计划的数据

续表

序号	名称	说明	数据内容
2	装备建设贡献度	项目对武器装备贡献度	有关项目与装备建设文件数据
3	经济带动作用	项目对经济、社会和产业的带动作用	有关项目对经济、社会和产业的数据
4	技术推动作用	项目对技术进步的推动作用	有关项目关键技术数据
5	项目目标	项目目标制订	有关项目论证数据
6	项目内容	项目建设内容	有关项目论证数据
7	项目创新性	项目在建设内容、方法和途径上的强创新性	有关项目论证数据
8	项目进度	项目进度安排	有关项目论证数据
9	技术路线	项目拟解决关键技术问题和初步技术方案	有关项目论证数据
10	军事应用潜力	项目成果能够带来的军事效益,或者能够解决国防领域重大关键技术问题	有关项目论证数据
11	民用市场前景	项目带动经济发展和产业发展,促进社会进步	有关项目论证数据
12	项目责任单位基础	项目责任单位经验、基础和条件	有关项目论证数据
13	项目经费预算	项目预算	有关项目论证数据
14	管理风险	项目提出的防范和应对管理风险的措施	有关项目论证数据
15	技术风险	项目提出的防范和应对技术风险的措施	有关项目论证数据
16	资源风险	项目提出的防范和应对资源风险的措施	有关项目论证数据

8) 装备采购项目中评估数据项

装备采购项目中评估数据项,见表7-9。

表7-9 装备采购项目中评估数据项

序号	名称	说明	数据内容
1	进度	项目进度情况	计划完成时间数据,实际时间数据
2	成本	项目对武器装备贡献度	计划成本数据,实际成本数据

9) 装备采购项目后评估数据项

装备采购项目后评估数据项,见表7-10。

表 7-10 装备采购项目后评估数据项

序号	名称	说明	数据内容
1	装备采购计划满足度	项目满足装备采购计划需求情况	项目过程数据,以及项目结题材料数据
2	装备建设满足度	项目满足装备建设需求情况	项目过程数据,以及项目结题材料数据
3	项目管理	项目管理制度、项目运行机制、资金使用情况	项目过程数据,以及项目结题材料数据
4	项目完成情况	项目完成全部预期目标和内容,建设进度情况	项目过程数据,以及项目结题材料数据
5	项目成果	项目产生的成果	项目过程数据,以及项目结题材料数据
6	军事效益	项目成果带来了的军事效益,或者解决装备建设领域重大问题	项目过程数据,以及项目结题材料数据
7	经济效益	项目带动经济发展和产业发展情况	项目过程数据,以及项目结题材料数据
8	社会效益	项目促进社会进步情况	项目过程数据,以及项目结题材料数据
9	技术效益	项目实现关键技术的自主可控情况	项目过程数据,以及项目结题材料数据

10) 装备采购承制单位评估数据项

装备采购承制单位评估数据项,见表 7-11。

表 7-11 装备采购承制单位评估数据项

序号	名称	说明	数据内容
1	军品营业额合理情况		当年企业军品营业额数据
2	军品研发投入		当年企业军品研发投入数据
3	世界级奖项数量	考察企业世界领先情况	世界级奖项数量数据
4	国家级奖项数量	考察企业国内领先情况	国家级奖项数量数据
5	省部级奖项数量	考察企业国内先进情况	省部级奖项数量数据
6	发明专利数量	考察企业自主创新情况	发明专利数量数据
7	研发人员数量	考察企业自主创新潜力	研发人员能力素质和规模等数据
8	武器装备资质数量	考察企业承担武器装备科研生产的基本情况	军工相关资质证书数据

续表

序号	名称	说明	数据内容
9	装备应用前景	考察企业产品技术满足装备建设需求情况	承制单位产品技术情况数据
10	可替代进口	考察企业产品技术可替代国内同类产品情况	承制单位产品技术情况数据
11	可解决装备瓶颈	考察企业产品技术可解决装备技术制约瓶颈问题情况	承制单位产品技术情况数据
12	装备采购创新举措	考察企业在参与装备采购中出台的创新举措情况	创新举措及效果相关数据
13	装备采购效益	考察企业参与装备采购过程中产生的社会效益、军事效益、经济效益等	装备采购效益相关数据

3. 评估数据引接项

数据引接项主要包括与政府、军队、企事业单位、第三方团队等相关应用系统引接的数据。

4. 评估决策支持数据项

决策支持数据项主要是面向装备采购评估决策需求,依据有关分析挖掘模型,对各类数据进行汇总、整合、清洗、抽取等处理后产生的各类综合性、统计性、分析性数据。

5. 系统运行数据项

系统运行数据项主要包括系统的用户数据和运行服务过程中的各类日志数据。

7.3.6 模型设计

装备采购评估模型设计,主要包括评估模型管理、评估过程指引、知识内容参考、智能模型推荐 4 项功能。

1. 评估模型管理

装备采购评估模型管理,主要实现权重模型、单指标模型和综合评估模型的管理,便于用户分类查找使用,并详细描述其理论基础、实施过程等,在用户选取评估方法时提供必要信息。装备采购评估模型库,包括权重模型库、单指标评估模型库和综合评估模型库。

1) 装备采购评估指标权重模型库

装备采购评估指标权重模型库，主要包括主成分分析法、集对分析法、层次分析法、熵值法等。

2) 装备采购单指标评估模型库

装备采购单指标评估模型库，包括模糊综合法、理想点评估法、云重心理论、证据推理法、粗糙集法、贝叶斯法、专家评估法、物元分析法、可信度分析法、灵敏度分析法、肯德尔和谐系数法和兼容度分析法。

3) 装备采购综合评估模型库

装备采购综合评估模型库，包括灰色理论、数据包络分析、线性加权法、效用函数法、神经网络评估法、Petri 网评估法、系统动力学法和综合集成法。

2. 评估过程指引

系统根据用户输入的问题类型自动与评估方法的特性做以匹配，找出一种或几种适合的评估方法显示给用户备选。针对具体评估方法，系统以向导形式按选定评估方法的步骤和对数据、专家的要求，指引用户使用评估方法。对一些综合评估的术语，提供对其意义、作用和相关计算的详细解释，使非专业人员也可以理解评估过程。

3. 知识内容参考

用户一方面可利用评估模型管理系统的历史知识库查看相似的已有问题，通过借鉴历史评估案例经验，有效提高评估效率；另一方面还可检索并查看各种评估方法的相关应用文献，从不同专家视角加深对评估模型方法的理解和掌握。

4. 智能模型推荐

通过知识推理，实现评估模型之间灵活组合和协作、模型的智能选取。系统可根据具体指标体系的特点，指标值的获取方式以及实际评估问题的特点，结合模型对信息的需求、能解决的问题类型、适用条件及操作过程，进行评估模型与评估问题的匹配，智能地选择出几种适合的评估模型供用户参考或使用。

7.3.7 关键技术设计

针对装备采购评价架构设计技术、装备采购评价全流程统一管理技术、装备采购评价开放设置技术、装备采购评价指标智能构建技术、装备采购评价数据检验技术、装备采购数据引接和转化技术、装备采购评价数据分析技术、装备采购评价可视化技术、装备采购评价模型整合技术和装备采购评价结果精准服务技术等提出初步技术解决途径。

1. 装备采购评估系统架构设计技术解决途径

运用体系结构建模理论，设计装备采购评估系统体系结构，该方法能够从宏观层面描述平台的系统功能、系统边界、系统构成和系统环境等。运用系统架构设计理论，设计装备采购评估系统体系结构，分析与外部系统关系，实现系统的高内聚、松耦合、弹性扩展、灵活配置和高质量。该方法能够系统分析业务架构、技术架构、应用架构等。运用自主可控相关技术，提出装备采购评估系统体系结构和软硬件需求。

2. 装备采购评估全流程统一管理技术解决途径

运用系统工程理念和软件工程方法，采取一体化设计、一体化建设和一体化管理的方式，实现装备采购评估任务选择、组织机构建立、评估指标确定、评估标准构建、评估模型优选、评估实施、评估报告生成和评估结果应用等评估全流程、全要素、全主体的统一管理。

3. 装备采购评估开放设置技术解决途径

利用复杂巨系统理论和复杂网络理论，结合装备采购评估目标，采用灵活的架构设置和功能设置，支持管理人员在相对松散耦合的模式下，动态开放设置装备采购评估任务、评估指标、评估模型和数据采集模块，为开展不同类型、不同领域的装备采购评估提供支持。

4. 装备采购评估指标智能构建技术解决途径

利用智能化手段，辅助专家选择与确定装备采购指标，并赋予相应权重。

（1）利用指标体系数据库和专家知识，采用基于评估任务的动态指标构建技术，实现评估指标自动分类和关联关系分析，智能化生成和重组装备采购评估指标。

基于评估任务的动态指标构建技术综合运用了模糊匹配、精确匹配、语义搜索以及知识库技术，构建了一套基于知识库技术的动态指标构建体系，如图7-13所示。

基于评估任务的动态指标构建技术，首先需要建立覆盖所有评估目标的完备评估指标知识库，以便为动态构建评估指标体系提供知识来源。针对评估任务，通过任务分解并完成评估任务特征提取，为后续评估指标与任务进行关联提供基础输入。精确匹配、模糊匹配以及语义搜索技术主要实现对基于评估指标知识库与评估指标特征之间的关联，达到动态构建评估任务和评估指标体系目标。

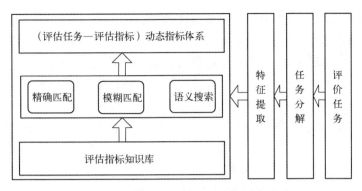

图 7-13 基于评估任务的动态指标构建技术原理图

（2）利用深度学习技术，对装备采购评估指标权重历史数据进行学习和分析，辅助专家计算和修改指标权重。

5. 装备采购评估数据检验技术解决途径

运用先进的数据校验技术，通过人工制订数据检验规则，从规则性、时效性、完整性、一致性、有效性和真实性等多个维度，对装备采购评估数据质量进行检验，减少人工干预，提高数据校验效率，为管理用户和专家用户真实有效的评估数据。

6. 装备采购评估数据引接和转化解决途径

（1）运用先进数据接引技术，采取离线和在线方式，引接多源、异构业务系统（如，全军武器装备采购信息网）数据，为开展部分装备采购指标的评估奠定基础。

（2）运用数据融合技术，实现对海量原始评估数据的压缩、归并等聚合处理，为评估信息整合处理、综合呈现提供可靠、可信、精炼的数据，同时提升基础评估数据的质量，提升融合处理效率和准确性。

依据装备采购评估指标体系的内容，建立针对评估指标体系的数据引接采集模块，将收集到的每一类评估数据进行分类处理，对相同类别数据，依据属性的值域和类别，选取不同的相似度量函数，利用度量函数求解属性之间的相似性。同时，按照数据的不同特点，对信息的属性分配不同的权值，最后依据所有属性的相似度以及属性权值分配计算多条信息之间的相似度，从而决定是否需要对数据进行压缩和去重等处理。

（3）运用先进数据转化技术，实现装备采购评估相关数据的结构异构转化、语义异构转化、编码异构转化和值异构转化等，为装备采购评估数据的统一表述和归类提供支持。

7. 装备采购评估数据分析技术解决途径

利用先进的数据分析手段，对装备采购评估历史数据进行深度学习和挖掘分析，形成关联关系，挖掘数据的潜在价值，将数据转化为知识，反映装备采购的本质和影响因素，辅助开展装备采购战略决策，提升装备采购"运筹帷幄"能力。

采用面向关键评估任务的图谱构建技术，充分利用评估任务、指标体系、专家信息、领域信息、评估反馈意见等数据之间的关联，通过路径推理演化技术，构建评估任务的知识图谱，通过知识图谱能够发现专家信息、专业领域、指标体系等实体之间的内在交互关系，如图7-14所示。通过构建的知识图谱能够支撑装备采购管理部门开展装备采购趋势的研判和分析。

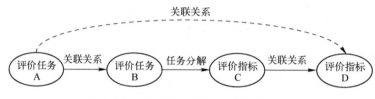

图7-14　基于路径推理演化过程示意图

基于路径推理方法是根据知识图谱的图形结构特点，实体之间的成对关系以及实体间的路径内在交互关系而进行学习和推理。通过对知识图谱中的路径进行学习和推理，能更好地推理出实体与实体之间的关联，更深层次地反映出评估系统中各实体之间的联系。

8. 装备采购评估可视化技术解决途径

利用先进的数据可视化技术，从数量、分类、关系、聚类、趋势等方面，将装备采购评估结果转化为多维、多层、多角度的图像或图形，提供高度定制化的可视化系统。常见的展现方式包括折线图、柱状图、散点图、饼状图、雷达图、仪表盘、热力图、矩形树图、树图、字符云、动态数据图等。

9. 装备采购评估模型整合技术解决途径

采取自建、引接和购买等方式，构建面向不同任务和对象的装备采购评估模型库，并利用模型整合技术，对不同类型、不同参数、不同领域的模型进行融合分析和处理，形成统一服务、便捷高效的装备采购评估模型群。

10. 装备采购评估结果精准服务技术解决途径

装备采购评估具有涵盖对象多、标准复杂、指标类型杂等特点，采取主成分分析技术，针对装备采购评估活动的关键要素和核心目的，根据装备采购评估管理部门需求，采取数据分析和挖掘手段，自动将多个评估指标转化为一个或少量的关键指标，实现装备采购评估"量到质、多到精"，深入洞察装备采购指标中的相互关系，分析装备采购内在规律，掌握装备采购变化情况，提升"一叶知秋"的能力，为管理部门提供定制化、精准化的智慧服务，最大化发挥装备采购评估结果的效果。

第 8 章 装备采购评估未来发展趋势

辩证唯物主义认为，任何事物都是在不断地发展和变化，否则就会僵化，甚至死亡。装备采购的新形势、新变化和新趋势，导致装备采购评估指导思想和原则、评价目标和内容、评价指标和标准、评估模型和方法也随之发生变化。未来，装备采购评估应以装备建设发展战略为牵引，紧贴装备现代化治理体系建设发展新要求，紧跟评估理论与技术新发展，适应大数据时代装备采购评估数据海量增长的新形势，不断进行实践和改革创新。下一步，装备采购评估理论研究和实践将更加注重目标导向性、评估指标针对性、评估数据全维应用、评估实施高效科学性和评估关键技术突破。

8.1 装备采购评估更加注重目标导向性

装备采购评估目标，是装备采购评估的灵魂和核心，是提升装备采购评估工作针对性和有效性的核心保障。实践证明，开展装备采购评估必须弄清评估的本质与目标，根据评估目标选择科学适当的评估方案，确定评估的基本程序和方式方法，才能使评估工作有效地推进。如果评估目标随意且指导性不强，将会造成装备采购评估的盲目性和片面性，导致不必要的人力、财力和物力浪费。下一步装备采购评估目标将呈现出多元化、聚焦化和多功能化等趋势。

8.1.1 评估目标更加多元化

装备采购经历了由简单到丰富、由分散零乱到系统科学、从少量要素向全要素、从单个领域向多个领域发展的过程。装备采购评估必将随着装备采购变化而呈现出多元化趋势。

1. 评估目标层次多元化

装备采购评估目标应包括全军层面、军兵种层面，以及承制单位层面等多个层次的装备采购评估，每个层次的评估目标既相互联系，又相互区别。如，全军层面装备采购评估目标更加关注装备采购规划计划执行效果，取得的军事经济效益等，而承制单位评估目标则更加关注承制单位经营情况，以及完成任务效果等。

2. 评估目标阶段多元化

随着装备预研、装备研制、装备订购和装备维修等阶段的差异化发展，导致装备采购评估目标具有多元化的趋势。如，装备预研评估目标，将更加关注预研成果转化为研制阶段的能力和水平；装备维修评估目标，将更加关注维修工作的完成率和有效率等。

3. 目标内容多元化

随着装备采购不同阶段发展任务、要求和重点工作的不同，必将导致装备采购评估目标内容多元化。如，"十四五"初期装备采购评估将更加关注规划制订的科学性和有效性；"十四五"后期，装备采购评估将更加关注装备采购工作取得的成果，以及实施效果。

8.1.2 评估目标更加聚焦化

装备采购评估本身是手段，其核心是评判装备采购能否满足武器装备现代化建设发展需要。新形势下装备采购评估必须聚焦提升装备采购质量效益和提高装备综合治理能力总体要求，以点带面全面推进装备采购全面深化发展。具体来说，装备采购评估目标就是要引导评估对象理解和贯彻装备采购政策制度，为武器装备现代化建设服务；引导评估对象及时准确掌握本单位装备采购存在问题和短板，不断深化装备采购工作，提高装备采购质量效益。

8.1.3 评估目标更加多功能化

装备采购评估不仅仅是简单地获取评估信息，发现瓶颈问题，预测发展趋势，更重要是验证装备采购评估目标，衡量装备采购实践工作是否与评估目标一致。随着装备采购工作复杂化和多样化发展，下一步装备采购评估目标将在现有目标基础上，进一步向诊断、导向、激励和预测等多功能化发展，从而实现从多个目标维度促进装备采购工作。装备采购"诊断"评估目标，主要是基于现状及时找出装备采购过程的薄弱环节和瓶颈问题，进而提醒和督促评估对象采取措施有效改进。装备采购"导向"评估目标，主要是基于目标描绘装备采购远景，及时引导装备采购实践工作，从而保证装备采购总体目标不偏离。装备采购"激励"评估目标，主要是通过评估协助评估对象正确认识自己，发现自身长处和不足，找准定位，激励评估对象取长补短、固强补弱，全面提高装备采购质量效益。装备采购"预测"评估目标，主要是通过评估预测评估对象未来发展重点和趋势，以及发展方向，有助于协助评估对象改进工作快速适应未来发展。

8.2 装备采购评估更加注重指标体系针对性

装备采购评估指标体系，是以评估目标为依据，从不同维度考察和衡量评估对象的具体方面或属性。通常，装备采购评估指标体系并不能完全反映评估对象的所有方面或属性，只能重点体现评估对象与评估目标密切相关的方面或属性。随着装备采购评估对象的多样化和差异性发展，下一步装备采购评估指标体系将向多维化、重视效果和专项指标等方面发展。

8.2.1 评估指标体系由统一向多维化转变

装备采购工作涉及预研、研制、订购和维修等多个阶段，包括合同管理、项目管理、人员管理等内容，呈现多维化特点。由于不同部门、不同层次、不同领域的装备采购工作特点、基础条件、目标定位和任务要求等都有所不同，如果用统一评估指标体系进行评估，可能导致装备采购工作本身趋同，在一定程度上影响装备采购评估的客观性和公正性。下一步装备采购评估指标体系将由统一的指标体系向多维度的评估指标体系转变，主要表现在以下几个方面：一是评估指标体系需要更全面地反映评估目标，评估内容更贴近不同军兵种、不同层次、不同主体的装备采购工作实际，以及评估目标要求。二是评估指标体系更加简单化，改变过去大而全的评估指标体系。三是评估指标体系更能够准确反映评估对象的角色定位、职责任务和发展重点。四是评估指标体系更贴近装备采购发展阶段特点，走特色化个性化之路，避免装备采购管理部门忽视了自身定位。五是评估指标体系更有利于不同部门突出装备采购工作建设重点，形成比较优势，从而提升核心能力。

8.2.2 评估指标体系由评工作向评效果转变

当前,装备采购评估指标体系主要关注实际工作完成情况,往往忽视了装备采购工作效果和质量效益。下一步装备采购评估将由以评工作为重点向以评效果为重点转变。以效果为中心的装备采购评估,重点是关注采购工作的建设效果,以军事效果、经济效果社会效果、政治效果等为主要标准,而不以装备采购工作完成情况为重要标准。主要表现在以下几个方面:一是构建评估指标体系导向上,强调效果为中心地位,将军事、经济、社会和政治效益作为重要的装备采购评估导向。二是构建评估指标内容上,关注装备采购效益相关评估指标,形成效益为中心的评估指标体系。

8.2.3 评估指标体系由综合性指标向专项指标转变

装备采购综合性评估指标体系,是指从全面建设的维度,构建装备采购评估指标体系,实现装备采购全面工作的整体性评估。装备采购专项评估指标体系,是指针对关注的装备采购某一单项和某几个方面构建专项评估指标体系。专项评估指标体系与综合评估指标体系相比,具有以下优势:一是综合评估指标体系大而强,而专项评估指标体系针对性强,能够促进装备采购某些方面的建设和发展。二是综合评估指标体系重点发现全面装备采购工作中存在的问题和薄弱环节,而专项评估指标体系聚焦关键内容,起到以点带面作用,以某一方面为突破口,提升装备采购工作质量效益。三是专项评估指标体系有利于评估对象针对建设重点,充分挖掘自身资源优势,并以专项评估内容为纽带将相关资源进行汇聚。下一步装备采购评估指标体系既要发挥综合性评估指标体系的全面功能,更要发挥专项评估指标体系的精准化推进功能,促进装备采购评估工作向分层分类的专业化方向发展。如,装备采购专项评估指标体系包括装备采购规划计划专项评估指标体系、政策制度专项评估指标体系等。

8.3 装备采购评估更加注重数据全维应用

随着云计算、大数据、移动互联、物联网等信息技术的飞速发展和广泛应用,"计算无所不在、网络无所不在、数据无所不在、软件无所不在"的信息环境逐步形成。数据信息发生爆炸式增长,日益成为驱动变革创新、推进社会转型的基础性战略资源,大数据意味着大机遇,同时也意味着大挑战,正在深度渗透和融合到武器装备建设各个方面、各个领域和各个阶段。未来，装备采购评估将"以数据感知汇聚为牵引、数据融合处理为重点、数据分析挖掘为核心、信息平台建设为基础"，体系化、系统化和科学化推动评估数据的快速感知、标准化采集、融合化共享、协作化开发和合理化利用，为装备采购评估提供高质量、高可信的数据。

8.3.1 以数据全面感知为牵引，破解评估"瞎子摸象"难题

当前，装备采购评估数据存在数量少、来源单一、类型单一、要素单一、属性单一等问题，导致难以全面真实还原装备采购全貌。下一步，利用新一代信息技术、物联网技术为基础，采用嵌入或嫁接等方式，加速传感器等数据设备和工具向装备采购全领域渗透和无缝化嵌入，将数据基因植入装备采购过程，促进装备采购工作变得更聪明、更智能、更高效、更精确。以日常工作为中心，实时感知和采集装备采购过程中文本、语音、图像和视频等数据，掌握装备采购执行现状、执行效果和执行风险，构建覆盖全领域、全要素、全单元的数据池，为装备采购评估提供全方位、多层次的原始数据。

8.3.2 以数据融合汇聚为重点，破解评估"粗放低效"难题

当前，装备采购评估数据存在无效数据多、失真数据多、数据精准度不高，以及数据格式不统一、表述不标准等问题，导致需要采取人工和机器相结合的方式，进行评估数据校验和清洗，在一定程度上影响了装备采购评估的科学性。下一步，利用先进数据清洗技术，从规则性、时效性、完整性、一致性、有效性和真实性等多个维度，实现对海量异构原始装备采购评估数据的清洗、融合和处理，为装备采购评估提供可靠、可信、精炼的数据。同时，打破评估数据蜂窝煤式的数据孤岛和数据死水，实现不同来源、不同类型、不同性质全域全维数据的快速汇聚、异构化转换、高效化清洗和集约化整合，在最广范围、最深程度、最高层次激发装备采购评估数据潜在价值，发挥评估数据融合质量效益。

8.3.3 以数据智能分析为核心，破解评估"数据不敢说话"难题

当前，装备采购评估数据存在数据单一、关联数据少、前提条件不足等问题，导致可用的评估数据分析手段非常有限，无法有力支撑装备采购评估。下一步，综合应用军事学、计算机科学、社会科学及其他应用学科的技术方

法,在汇总装备采购各类型数据基础上,针对评估特点和要求,构建基于数据的定量化装备采购评估指标和模型,建立评估数据分析和挖掘方法群,发现和探索评估数据的关联关系和隐藏信息,形成以数据为驱动的装备采购效果全息画像,全景式展示发展态势,动态刻画发展热点,精准发现发展洼地,提升装备采购评估专业化、精细化和科学化水平,提升装备采购管理和决策"运筹帷幄"能力。

8.3.4 以信息平台建设为基础,畅通评估数据"任督二脉"

当前,装备采购评估数据无法实现数据采集、数据处理、数据分析和数据可视化的一站式服务,无法为评估实践工作提供手段支撑。下一步,应建立技术先进、安全可靠、功能全面的通用专用结合、线上线下融合、多级多层联动的装备采购评估数据分析平台,全面推行评估上网、数据上线,实现数据采集、汇聚、处理和分析的信息化和智能化。面向不同类型用户提供高水平、差异化、全覆盖的数据服务和多层次可视化评估数据产品,让数据"多跑路",让评估"少费心",实现评估工作"足不出户"就能实时掌握、查询和评估装备采购效果,为装备采购评估提供先进的工具和手段。

8.4 装备采购评估更加注重实施高效科学性

当前,随着装备采购评估工作常态化实施,以及装备采购需求和目标多元化和差异化发展,装备采购评估组织实施逐步呈现出更加多元化和专业化的发展趋势。

8.4.1 评估主体更加多样化和差异化

传统的装备采购评估主体较为单一,主要是军队管理部门依托相关单位实施评估活动,往往既是运动员,又是裁判员。下一步,为了适应装备采购评估差异化发展需要,以及装备采购评估需求多元化趋势,装备采购评估主体将趋于多样化。除了本单位组织开展下属单位装备采购评估,第三方专业评估机构或者兄弟单位都可能成为装备采购评估工作的主体,组织相关评估工作,逐步形成自评估与多样化评估相结合的的新局面。第三方专业评估机构,组织开展装备采购评估工作,能够充分发挥自身优势,从第三方视角和客观维度,分析评估对象装备采购现状、存在问题,以及未来改进方向等。当然开展自我评估也是非常有必要的,评估对象通过自我评估,能够充分挖掘和发挥评估对象主观能动性，从"要我评"引导到"我要评"观念上来，主动改进和提高装备采购工作。

8.4.2 评估队伍更加专业化

装备采购评估工作是理论与技术性较强的实践应用型科学，具有较强的政策性和专业性，需要建立由评估研究人员、技术人员和管理人员等组成的评估队伍。理论水平高、业务素质好、结构合理、专业化程度高的评估队伍是提高装备采购评估质量和效率的根本保证。下一步，装备采购评估工作应建立专家库，遴选一批既懂装备采购业务，又了解评估理论与技术的专业评估专家，有效支撑开展装备采购评估实践工作。

8.5 装备采购评估更加注重关键技术突破

装备采购评估关键技术主要包括评估目标深度挖掘技术、评估指标自适应构建技术、评估标准系统化构建技术、评估数据统计分析技术、评估模型差异化构建技术、评估系统自主可控设计技术、评估区块链和智能合约技术等。

8.5.1 评估目标深度挖掘技术

当前装备采购评估缺乏评估目标、评估方案和评估想定等高质量输入，导致装备采购评估容易失去方向和目标，也缺少参照物。下一步装备采购评估应以"目标"为标靶，确保"按纲评估"，遵照"按目标分析评估对象、按目标开展评估工作"总体思路，运用文本分析和特征提取等技术，从评估目标中提取评估指标和标准，为装备采购评估提供精准标靶，全面提升装备采购评估整体效益和集约化水平。

8.5.2 评估指标自适应构建技术

装备采购评估涉及的主体多、对象多、领域多、要素多、层次多，且由于装备预研、装备研制、装备订购、装备维修等阶段装备采购的特色、基础、条件和目标等大相径庭。下一步，开展装备采购评估需要研究探索装备采购评估指标自适应构建技术，根据评估目标和要求，采取人机结合方式，构建针对不同要素、不同阶段、不同层次的装备采购评估指标。

8.5.3 评估标准系统化构建技术

装备采购评估标准是评估指标的具体尺度和衡量准则，是确保装备采购评估科学性、可行性的前提和基础。下一步，开展装备采购评估需要研究探索装备采购评估标准系统化构建技术，针对不同类型的评估指标，快速准确调用和建立简单易行、易于操作的标准规范和范式。

8.5.4 基于大数据技术的评估数据统计分析方法

装备采购评估数据具有多元、海量和异构等特点，下一步开展装备采购评估，需要研究探索数据统计分析技术，实现装备采购数据的自动化采集、标准化分类、精确化清洗、智能化分析和定制化挖掘等。

8.5.5 评估模型差异化构建技术

装备采购评估模型既有定性模型也有定量模型，既有静态模型也有动态模型，既有线性模型也有非线性模型。下一步开展装备采购评估，需要研究探索装备采购评估模型差异化构建技术，建立装备采购全口径评估、装备采购要素、阶段、效益、共性基础，以及装备采购项目等评估模型群和方法群。

8.5.6 评估系统自主可控设计技术

装备采购评估包括评估指标构建、评估组织实施、模型验证、算法检验、仿真推演等多项任务。下一步开展装备采购评估，需要综合运用和体系集成项目管理、建模仿真、大数据、可视化等技术，研究探索基于自主可控的评估系统设计技术，开发装备采购评估系统，全景式展示装备采购的现状、趋势和问题，动态仿真和智能推演装备采购过程，实现装备采购评估的可视化、科学化和实用化。

8.5.7 评估区块链和智能合约技术

针对装备采购评估过程中数据采集不及时、评估工作繁琐、评估不公开等难题，加强区块链和智能合约技术在装备采购评估中的探索与应用。

1. 确保评估数据真实性

装备采购评估工作广泛运用区块链和智能合约技术，可保证装备采购评估数据无法删除修改，实现历史数据的可追溯，有效规避评估实施过程中可能存在的造假、欺骗等行为。

2. 提高评估工作效率

装备采购评估工作广泛运用区块链和智能合约技术，可使评估工作自动写入区块链的智能合约，并以数字化形式进行扭转，确保存储、读取、执行过程都是透明的、不可篡改且可跟踪，大幅度降低装备采购评估成本，有效提高评估质量效率。

3. 提升评估工作公正性

装备采购评估工作广泛运用区块链和智能合约技术，可使评估数据或相关事件通过"账本"详细记录，任何人都能查证此记录。由此实现装备采购评估活动参与者按照权限对装备采购评估过程中的所有数据和动态事件等进行查询和追踪，有效提高评估工作公正性。

内 容 简 介

本书紧紧围绕装备采购评估重大现实问题，开展了装备采购评估概述、装备采购评估基础理论、装备采购评估体系、装备采购评估指标、装备采购评估模型、装备采购评估管理、装备采购评估系统和装备采购评估未来发展趋势等方面的研究。

本书可作为装备采购、领域评估、管理决策等专业培训教材，也可作为供科研单位和院校相关研究人员以及从事装备采购管理、第三方评估等工作的从业人员参考书。

This book focused on the major practical problems of weapon equipment acquisition evaluation, and researched the overview of equipment acquisition evaluation, basic theory of equipment acquisition evaluation, equipment acquisition evaluation system, equipment acquisition evaluation index, equipment acquisition evaluation model, equipment acquisition evaluation management, equipment acquisition evaluation software system and future development trend of equipment acquisition evaluation.

This book can be used as training materials for equipment acquisition, field evaluation, management decision, etc., as well as for relevant researchers of scientific research institutions and colleges, and also for practitioners of equipment acquisition management and third-party evaluation.